普通高等教育"十三五"规划教材

Office 高级应用实用教程

主 编 牛 莉 刘卫国

中国水利水电出版社
www.waterpub.com.cn
·北京·

内 容 提 要

本书是根据教育部高等学校大学计算机课程教学指导委员会关于大学计算机基础课程教学的基本要求，结合全国计算机等级考试"二级 MS Office 高级应用"的考试要求以及当前高等学校大学计算机基础教学的实际需要而编写的，主要内容包括计算机基础知识、Word文档编辑与美化、Word 表格与图文混排、长文档的编辑与管理、文档审阅与邮件合并、Excel工作表制作与数据计算、Excel 图表操作、Excel 数据分析与管理、Excel 宏与数据共享、PowerPoint 演示文稿内容编辑、PowerPoint 演示文稿外观设计、PowerPoint 演示文稿放映设计、PowerPoint 演示文稿保护与输出。本书结合案例分析，突出操作技能与应用能力训练。

本书可作为高等学校"大学计算机（Office 高级应用）"课程的教材或计算机等级考试的教学用书，也可供各类计算机应用人员阅读参考。

图书在版编目（ＣＩＰ）数据

Office高级应用实用教程 / 牛莉，刘卫国主编. --
北京 ：中国水利水电出版社，2019.4（2023.8 重印）
普通高等教育"十三五"规划教材
ISBN 978-7-5170-7623-0

Ⅰ．①O… Ⅱ．①牛… ②刘… Ⅲ．①办公自动化－应用软件－高等学校－教材 Ⅳ．①TP317.1

中国版本图书馆CIP数据核字(2019)第074792号

策划编辑：石永峰　　　责任编辑：张玉玲　　　封面设计：李　佳

书　　　名	普通高等教育"十三五"规划教材 Office 高级应用实用教程 Office GAOJI YINGYONG SHIYONG JIAOCHENG
作　　　者	主　编　牛　莉　刘卫国
出版发行	中国水利水电出版社 （北京市海淀区玉渊潭南路 1 号 D 座　100038） 网址：www.waterpub.com.cn E-mail：mchannel@263.net（答疑） 　　　　sales@mwr.gov.cn 电话：（010）68545888（营销中心）、82562819（组稿）
经　　　售	北京科水图书销售有限公司 电话：（010）68545874、63202643 全国各地新华书店和相关出版物销售网点
排　　　版	北京万水电子信息有限公司
印　　　刷	三河市鑫金马印装有限公司
规　　　格	184mm×260mm　16 开本　19.25 印张　473 千字
版　　　次	2019 年 4 月第 1 版　2023 年 8 月第 5 次印刷
印　　　数	11001—14000 册
定　　　价	48.00 元

前　　言

"大学计算机"课程是高等学校的公共必修课，在培养学生的计算机应用能力与素质方面具有基础性和先导性的重要作用。办公软件是指能完成文字处理、表格处理、演示文稿制作、简单数据库处理等方面工作的一类软件，其应用范围非常广泛，大到社会统计，小到会议记录，数字化办公都离不开办公软件的支持。可以说，在现代社会里，人人都应该学会办公软件的使用，大学生更应具备熟练的办公软件应用技能。

本书是根据教育部高等学校大学计算机课程教学指导委员会关于大学计算机基础课程教学的基本要求，结合全国计算机等级考试"二级 MS Office 高级应用"的考试要求以及当前高等学校大学计算机基础教学的实际需要而编写的，希望能帮助学生提高办公软件的操作与应用能力，并适应计算机等级考试的需求。

全书共分 13 章：计算机基础知识、Word 文档编辑与美化、Word 表格与图文混排、长文档的编辑与管理、文档审阅与邮件合并、Excel 工作表制作与数据计算、Excel 图表操作、Excel 数据分析与管理、Excel 宏与数据共享、PowerPoint 演示文稿内容编辑、PowerPoint 演示文稿外观设计、PowerPoint 演示文稿放映设计、PowerPoint 演示文稿保护与输出，每章都有相应内容的案例分析及操作方法，突出操作技能与应用能力训练。本书提供所有案例及课后习题素材，便于学生练习、巩固、提高。

本书由牛莉、刘卫国任主编，参与编写的还有黄春花、刘艳松、李晓梅、曹岳辉、童键、蔡旭晖、吕格莉、奎晓燕、刘泽星、李利明、何小贤等。在编写过程中，许多老师就本书的内容组织、体系结构提出了宝贵意见，在此表示衷心感谢。

由于编者水平有限，书中不妥之处在所难免，恳请读者提出宝贵意见，我们将不断加以改进和完善。

编　者
2019 年 2 月

目　　录

第1章　计算机基础知识

计算机的诞生、发展和普及，是 20 世纪科学技术的卓越成就，是人类历史上最伟大的发明之一，是新技术革命的重要基础。计算机的应用领域已渗透到社会的各行各业，正在改变着传统的工作、学习和生活方式，推动着社会的发展。在新的形势下，大学生需要掌握计算机基础知识并具有良好的计算机应用能力，以适应信息社会的要求。

本章知识要点包括计算机的发展与应用；计算机系统的组成、工作原理及信息的表示；多媒体技术、计算机病毒及计算机网络基础知识；数据结构、程序设计及软件工程的基础知识；数据库的基础知识。

1.1　概述

计算机（Computer）是一种能对各种信息进行存储和高速处理的现代化电子设备。计算机的出现和广泛应用对现代社会的发展产生了巨大影响。掌握计算机知识并具备较强的计算机应用能力，已经成为人们必须具备的基本素质。

1.1.1　计算机的发展

计算，是人类认知世界的一种重要能力。计算需要借助一定的工具来进行，人类最初的计算工具是自己的双手。随着人类文明的不断进步，人类突破了双手的局限性，计算工具也经历了从简单到复杂、从低级到高级的发展过程，例如算筹、算盘、计算尺、手摇机械计算机、电动机械计算机等。它们在不同的历史时期发挥了各自的作用，同时也孕育了电子计算机的雏形和设计思路。

1. 计算机的诞生

在第二次世界大战期间，美军为了研制新型武器，在马里兰州的阿伯丁设立了"弹道实验室"。但是，参与研制的研究人员为研究新型武器所需的大量计算头疼不已，他们迫切需要一种新型的计算工具来完成这些复杂而烦琐的计算工作，宾夕法尼亚大学莫尔电机学院的莫克利（JohnW.Mauchly）博士提出了试制一台电子计算机的设想，于是他们开始合作研制。在埃克特（J.Presper Eckert）等的共同努力下，终于在 1946 年 2 月 14 日，第一台电子计算机 ENIAC（Electronic Numerical Integrator And Calculator，电子数字积分计算机）研制成功，如图 1-1 所示。

用 ENIAC 计算弹道只要 3 秒，比机械计算机快 1000 倍，比人工计算快 20 万倍。也就是说炮弹打出去还没有落地，弹道就可计算出来。ENIAC 看上去完全是一个庞然大物，占地面积达 170m²，重量达 30t，耗电量为 150kW·h，运算速度为 5000 次/s，共使用了 18000 多只电子管、1500 多个继电器以及其他器件。它的问世，标志着人类计算工具发生了历史性的变革，人类从此进入了电子计算机的新时代。

图 1-1　世界上第一台电子计算机 ENIAC

2．计算机体系结构的形成

虽然 ENIAC 的运算速度已经相当快了，但它的存储容量太小，而且计算程序是用线路连接的方式实现的，不便于使用。为了进行一个新的计算，可能要花费几小时甚至几天的时间进行线路连接准备。后来美籍匈牙利数学家冯·诺依曼（Von Neumann）提出了存储程序的思想，从而解决了这个问题。

冯·诺依曼与 ENIAC 的碰撞迸发出了计算机发展的火花。他认为计算机应具备运算器、逻辑控制设备、存储器、输入设备和输出设备五个部分，并提出一个全新的存储程序通用电子计算机方案——EDVAC 方案，于 1950 年研制成功。EDVAC 首次实现了制造电子计算机的程序设计的新思想：一是计算机内部直接采用二进制数进行运算；二是将指令和数据都存储起来，由程序控制计算机自动执行。半个多世纪以来，尽管计算机制造技术发生了巨大变化，但冯·诺依曼体系结构仍然被沿用至今，冯·诺依曼被誉为"计算机之父"。

3．计算机的发展

计算机硬件性能与所采用的元器件密切相关，因此元器件更新换代也作为现代计算机换代的主要标志。按所用逻辑元器件的不同，将计算机的发展分为 4 个阶段，如表 1-1 所示。

表 1-1　计算机发展的 4 个阶段

年代 部件	第一阶段 （1946～1959）	第二阶段 （1959～1964）	第三阶段 （1964～1971）	第四阶段 （1971 年至今）
主机电子器件	电子管	晶体管	中小规模集成电路	大规模/超大规模集成电路
内存	汞延迟线	磁芯存储器	半导体存储器	半导体存储器
外存	穿孔卡片、纸带	磁带	磁带、磁盘	磁盘、磁带、光盘等大容量存储器
处理速度 （每秒指令数）	5 千至几千条	几万至几十万条	几十万至几百万条	上千万至万亿条
软件	机器语言及汇编语言	操作系统及高级程序设计语言	分时操作系统以及结构化、规模化程序设计	数据库管理系统、网络管理系统和面向对象语言
用途	军事和科学计算	事务处理、工业控制	文字处理、图形图像处理	办公室自动化、多媒体及网络应用

1.1.2　计算机的类型

计算机按照用途分为通用计算机和专用计算机；按照所处理的数据类型可分为模拟计算机、数字计算机和混合型计算机等；按照运算速度、字长、存储容量、软件配置等多方面的综合性能指标可分为巨型计算机、大型计算机、小型计算机、微型计算机和工作站 5 类。

1. 巨型计算机

巨型计算机是目前功能最强、速度最快、价格最贵的计算机，一般用于解决诸如气象、航天、能源、医药等尖端科学研究和战略武器研制中的复杂计算。这种机器价格昂贵，号称国家级资源，体现一个国家的综合科技实力。

2016 年 6 月，完全采用中国设计和制造的处理器的"神威·太湖之光"计算机荣登全球超级计算机 500 强榜首，成为全球运行速度最快的超级计算机（如图 1-2 所示），中国超级计算机上榜总数量有史以来首次超过美国，名列第一。在过去六届 TOP500 榜单上，我国超级计算机"天河二号"一直名列榜首。2017 年 6 月 19 日，新一期榜单公布，中国"神威·太湖之光"和"天河二号"第三次携手夺得前两名。

图 1-2　"神威·太湖之光"超级计算机

2. 大型计算机

大型计算机通用性强，具有很强的综合处理能力，并允许相当多的用户同时使用。这类机器通常用于大型企业、商业管理或大型数据库管理系统中，也可用作大型计算机网络中的主机。

3. 小型计算机

小型计算机比大型计算机要小，但仍能支持十几个用户同时使用。这类机器价格便宜，适合于中小型企事业单位采用。

4. 微型计算机

微型计算机简称微机，也称个人计算机（Personal Computer，PC）。自 IBM 公司于 1981 年采用 Intel 的微处理器推出 IBM PC 以来，微机因具有小巧灵活、通用性强、价格低廉等优点在短时间内得到迅速发展，成为计算机的主流。微机的出现，完成了计算技术发展史上的又一次革命。它使计算机进入了几乎所有的行业，极大地推动了计算机的普及应用。可以说，PC 无所不在，无处不用。常见 PC 机包括台式机、一体机、笔记本、平板电脑、掌上电脑等。

根据微机是否由最终用户使用，微机又可分为独立式微机（即日常使用的微机）和嵌入式微机（或称嵌入式系统）。嵌入式微机作为一个信息处理部件安装在应用设备里，最终用户不直接使用计算机，使用的是该应用设备。例如包含有微机的医疗设备，电冰箱、电视机顶盒、微波炉、空调等家用电器。

5. 工作站

工作站是一种介于 PC 与小型机之间的高档微机系统。工作站具有大、中、小型机的多任务、多用户能力，又兼有微型机的操作便利和良好的人机界面，可连接多种输入输出设备，具有很强的图形交互处理能力及网络功能。因此，在工程领域，特别是在图像处理、计算机辅助设计领域得到了广泛的应用。它还可应用于商业、金融、办公等方面。注意，这里的工作站与网络系统中的工作站含义不同。

1.1.3　计算机的应用

伴随着计算机硬件和软件技术的发展，尤其是近 10 多年来网络技术和 Internet 技术的迅速发展，计算机的应用范围从科学计算、数据处理等传统领域扩展到了办公自动化、多媒体、电子商务、远程教育等领域。

1. 数值计算

科学计算主要用于解决科学研究和工程技术中提出的数学计算问题。利用计算机的高速度、高精度和存储容量大等特点，可以解决各种现代科学技术中计算量大、公式复杂、步骤烦琐的计算问题，如高能物理、工程设计、地震预测、气象预报、航天技术等。

2. 数据处理

数据处理也称为非数值计算。计算机的"数据"不仅包括"数值"，而且包括更多的其他非数值数据形式，如文字、图像、声音信息等。数据处理是指使用计算机来加工、管理与操作任何形式的数据资料，如企业管理、物资管理、报表统计、账目计算、信息情报检索等。这是目前计算机应用最多的一个领域。

3. 过程控制

过程控制也称实时控制或自动控制，是指利用计算机对工业生产过程中的某些信号自动进行检测，并把检测到的数据存入计算机，再根据需要对这些数据进行处理。如在电力、冶金、石油化工、机械制造等工业部门采用过程控制。

4. 计算机辅助技术

计算机辅助技术是通过计算机来帮助人们完成特定任务的技术，它以提高工作效率和工作质量为目标。计算机辅助技术包括计算机辅助设计（CAD）、计算机辅助制造（CAM）、计算机辅助教育（CAI）、计算机辅助测试（CAT）等。

5. 人工智能

人工智能（Artificial Intelligence，AI）是使计算机模拟人类的智能活动，诸如感知、判断、理解、学习、问题求解和图像识别等。2016 年 3 月 15 日，在人机围棋大战中，谷歌围棋人工智能 AlphaGo 以总比分 4:1 战胜世界围棋冠军李世石，标志着此次人机围棋大战，最终以机器的完胜结束，这是人机智能较量的典型实例。

6. 多媒体技术

媒体是指表示和传播信息的载体，例如文字、声音、图像等。随着 20 世纪 80 年代以来数字化音频和视频技术的发展逐渐形成了集声、文、图、像于一体的多媒体计算机系统。它不仅使计算机应用更接近人类习惯的信息交流方式，而且将开拓许多新的应用领域。

7. 娱乐

可以用计算机进行各种娱乐活动，如玩游戏、听音乐、看电影等。

8. 网络应用

计算机技术与通信技术的结合构成了计算机网络。计算机网络的建立，不仅解决了一个单位、一个地区、一个国家中计算机与计算机之间的通信、各种软硬件资源的共享，也大大促进了国际间的文字、图像、视频和声音等各类数据的传输与处理，如电子邮件、WWW 服务、数据检索、IP 电话、电子商务、电子政务、BBS、远程教育等。计算机网络已经并将继续改变人类的生产和生活方式。

1.2　计算机软硬件系统

根据冯·诺依曼提出的计算机设计思想，计算机系统包括硬件系统和软件系统两大部分。计算机硬件系统包括组成计算机的所有电子、机械部件和设备，是计算机工作的物质基础。计算机软件系统包括所有在计算机上运行的程序以及相关的文档资料，只有配备完善而丰富的软件，计算机才能充分发挥其硬件的作用。

1.2.1　计算机硬件系统

计算机硬件是计算机中的物理装置，是看得见、摸得着的实体。计算机的组成都遵循冯·诺依曼结构，由控制器、运算器、存储器、输入设备和输出设备 5 个基本部分组成，如图 1-3 所示。

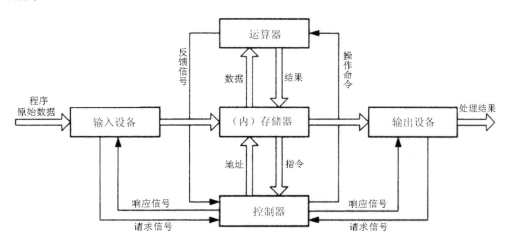

图 1-3　计算机硬件系统组成结构图

计算机各部件间的联系通过信息流动来实现，有两种信息流：一种是数据流，另一种是控制流。数据流是指原始数据、源程序和各种结果，控制流是指各部件向控制器发出的请求信号以及控制器向各部件发出的控制信号与命令。原始数据和程序通过输入设备送入内存储器，在运算处理过程中，数据从内存储器读入运算器进行运算，运算结果存入内存储器，必要时再经输出设备输出。指令也以数据形式存于内存储器中，运算时指令由内存储器送入控制器，由控制器控制各部件的工作。

在五大部件中，运算器和控制器在结构关系上非常密切，它们之间有大量信息频繁地进行交换，共用一些寄存器单元，因此将运算器和控制器合称为中央处理器（Central Processing Unit，CPU）。根据存储器和 CPU 的关系，存储器又分为内存储器和外存储器两类。将 CPU 和内存储器合称为主机，将输入设备和输出设备称为外部设备。由于外存储器不能直接与 CPU 交换信息，而它与主机的连接方式和信息交换方式与输入输出设备没有太大差别，因此，一般把它列入外部设备的范畴，这样，外部设备包括输入设备、输出设备和外存储器。

1. 输入设备和输出设备

输入设备接收用户提交给计算机的程序、数据及其他各种信息，并把它们转换成计算机能够识别的二进制代码，存入内存储器。常用的输入设备有键盘、鼠标、扫描仪、摄像头、光电笔、手写输入板、游戏杆、语音输入装置等。

输出设备是把计算机的处理结果用人们能识别的数字、字符、图形、曲线、表格等形式输出。常用的输出设备有显示器、打印机、绘图仪、影像输出及语音输出装置等。

磁盘等外存储器既可作为输入设备，又可作为输出设备。

2. 控制器

控制器是整个计算机的控制中心，它按照从内存储器中取出的指令向其他部件发出控制信号，使计算机各部件协调一致地工作，另一方面它又不停地接收由各部件传来的反馈信息，并分析这些信息，决定下一步的操作，如此反复，直到程序运行结束。

控制器由指令寄存器（Instruction Register，IR）、指令译码器（Instruction Decode，ID）、操作控制器（Operation Controller，OC）和程序计数器（Program Counter，PC）组成。IR 用以保存当前执行或即将执行的指令代码；ID 将指令中的操作码翻译成控制信号；OC 则根据 ID 的译码结果产生该指令执行过程中所需的全部控制信号和时序信号；PC 总是保存下一条要执行的指令地址，从而使程序可以自动、持续地运行。

（1）机器指令。简单说来，指令就是给计算机下达的一道命令，它告诉计算机每一步要进行什么操作、参与此项操作的数据来自何处、操作结果又将送往哪里。所以，一条指令由操作码（命令动词）和操作数（命令对象，或称地址码）两部分组成。

1）操作码：指明指令所要完成操作的性质和功能。

2）操作数：指明操作码执行时的操作对象。操作数的形式可以是数据本身，也可以是存放数据的内存单元地址或寄存器名称。操作数又分为源操作数和目的操作数，源操作数指明参加运算的操作数来源，目的操作数指明保存运算结果的存储单元地址或寄存器名称。

（2）指令的执行过程。CPU 整个指令的执行过程可以描述为：

1）取指令。CPU 根据其内部的程序计数器 PC 中的地址，从内存储器中取出对应的指令并送往指令寄存器 IR，同时程序计数器增加 1，使其为下一条指令的地址。

2）分析指令。由译码器 ID 对存放在指令寄存器中的指令进行分析，分析指令的操作性质，对操作码进行译码，将操作码转换成相应的控制电位信号。

3）执行指令。CPU 根据指令的分析结果，由操作控制线路发出完成该操作所需要的一系列控制信息，完成该指令操作码所要求的操作。

4）重复 1）～3），继续进行操作直至任务执行完成。

3. 运算器

运算器又称算术逻辑单元（Arithmetic Logic Unit，ALU），它接收由内存送来的二进制数据并对其进行算术运算和逻辑运算。

在计算机中，各种算术运算可归结为加法和移位这两种基本操作。减法运算可以通过加负数实现，而乘法和除法，可以通过一系列的加法和移位操作来实现。因此，加法器和移位器是运算器的核心。加法器实现两数相加，移位器实现左移、右移等操作。另外，为了使运算器在操作过程中减少对内存的依赖和访问次数，从而提高运算速度，运算器中还需要若干寄存器。这些寄存器既可暂时存放操作数，又可存放运算的中间结果或最终结果。

至于逻辑运算，是由逻辑门来实现的。由于两个数的逻辑运算是一位对一位进行的，每一位都得到一个独立结果，而不涉及其他位，所以逻辑运算要比算术运算简单些。

4. 存储器

存储器是用于存放原始数据、程序以及计算机运算结果的部件。存储器分为两大类：一类是属于主机中的内存储器（又称主存），用于存放当前 CPU 要用的数据和程序，能与 CPU 直接交换信息；一类是属于外部设备的外存储器（又称辅存），用于存放暂时不用的数据和程序，需要时应先调入内存。

（1）内存。内存储器分为随机存取存储器（Random Access Memory，RAM）和只读存储器（Read Only Memory，ROM）。

1）随机存取存储器。

通常计算机内存容量均指 RAM 存储器容量。RAM 的特点是：用户既可以从中读出信息，又可以将信息写入其中；断电后 RAM 中所存储的信息将全部丢失，由于 RAM 的这一特点，所以也称它为临时存储器。

RAM 又可分为 SRAM（Static RAM，静态随机存储器）和 DRAM（Dynamic RAM，动态随机存储器）两种。SRAM 的存取速度比 DRAM 快，但 SRAM 具有集成度低、功耗大、价格贵等缺陷，一般用于 CPU 的一级缓冲和二级缓冲。计算机内存条采用的是 DRAM，DRAM 的功耗低、集成度高、成本低。

2）只读存储器。

ROM 中的信息是在制造时用专门设备一次写入，用户是无法修改的。ROM 常用来存放计算机系统管理程序，如监控程序、基本输入/输出系统模块 BIOS 等。ROM 的特点是：用户只能从中读出信息，不能将信息写入其中；断电以后，ROM 中所存储的信息不会丢失。

随着半导体技术的发展，已经出现了很多种形式的只读存储器，如可一次编程的只读存储器 PROM（Programmable ROM）、可擦除和编程的只读存储器 EPROM（Erasable Programmable ROM）、电可擦除可编程的只读存储器 EEPROM（Electrically Erasable Programmable ROM）。

3）高速缓冲存储器（Cache）。

高速缓冲存储器位于 CPU 与内存之间，用于解决 CPU 和主存速度不匹配的问题，提高了存储器速度。Cache 暂存 CPU 最常用的部分数据指令，它的存取速度高于内存，能够大大提高系统性能，但其价格一般较高，容量较小。

Cache 一般采用静态随机存储器 SRAM，通常分为 L1Cache（一级缓存）和 L2Cache（二级缓存），L1Cache 主要是集成在 CPU 内部，速度接近 CPU，而 L2Cache 集成在主板上或 CPU 上。

4）内存储器的性能指标。

存储器的主要性能指标有两个：存储容量和存取速度。

● 存储容量：存储器包含的存储单元总数，反映了存储空间的大小。

● 存取速度：一般用存储周期（也称读写周期）来表示。存取周期就是存取一次数据所需要的时间，时间越短，速度越快。半导体存储器的存取周期一般为 60～100ns。

（2）外存。目前最常用的外存有硬盘、U 盘和光盘等。与内存相比，这类存储器的特点是存储容量大、价格较低，而且在断电的情况下也可以长期保存信息，所以又称为永久性存储器。

1）硬盘。

从外观上看微型计算机使用的硬盘是一个密封的金属盒子，而硬盘内部有若干片固定在同一个轴上、同样大小、同时高速旋转的金属圆盘片，每个盘片的两个表面都涂覆了一层很薄的磁性材料，作为存储信息的介质。每个盘面被划分为若干同心圆磁道，每个磁道又分为若干扇区。靠近每个盘片的两个表面各有一个读写磁头。这些磁头全部固定在一起，可同时移到磁盘的某个磁道位置。硬盘及其内部结构如图 1-4 所示。

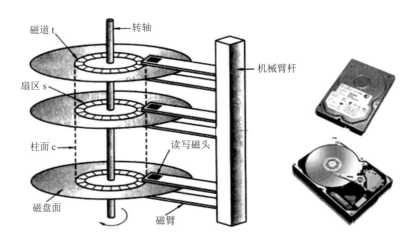

图 1-4　硬盘及其内部结构示意图

硬盘容量可以按照以下公式计算：

$$硬盘容量=盘面数×柱面数×扇区数×每个扇区字节数$$

硬盘转速是指硬盘内电机主轴的旋转速度，即硬盘盘片在一分钟内旋转的最大转数。转速快慢是标志硬盘档次的重要参数之一，也是决定硬盘内部传输率的关键因素之一，在很大程度上直接影响到硬盘的速度。硬盘转速单位为 rpm（revolutions per minute），即转/分。

2）光盘。

光盘是利用激光原理进行读写的设备，是一种新型的大容量辅助存储器，需要有光盘驱动器配合使用，可以存放各种文字、声音、图形、图像和动画等多媒体数字信息。

光盘通常分为两类：一类是只读型光盘，包括 CD-ROM 和 DVD-ROM（Digital Versatile Disk-ROM）等；一类是可记录型光盘，包括 CD-R、CD-RW（CD-Rewritable）、DVD-R、DVD+R、DVD+RW 等。

CD-ROM：即只读型光盘，用一张母盘压制而成，上面的数据只能被读取而不能被写入或修改。

CD-R：即一次写入型光盘，只能写一次，写完后的数据无法被改写，但可以被多次读取，可用于重要数据的长期保存。

CD-RW：即可擦写型光盘，可以多次将文件刻录到 CD-RW，也可以从光盘上删除不需要的文件。

DVD-ROM：CD-ROM 的后继产品。DVD 采用波长更短的红色激光、更有效的调制方式和更强的纠错方法，具有更高的密度，并支持双面双层结构。在与 CD 大小相同的盘片上，DVD 可提供相当于普通 CD 盘片 8～25 倍的存储容量及 9 倍以上的读取速度。

蓝光光盘（Blue-ray Disc，BD）是 DVD 之后的下一代光盘格式之一，用于高品质影音及高容量数据的存储。蓝光的命名是由于其采用波长 405nm 的蓝色激光光束来进行读写操作。通常来说波长越短的激光，能够在单位面积上记录或读取的信息越多。因此，蓝光极大地提高了光盘的存储容量。

光盘容量：CD 光盘的最大容量大约是 700MB；DVD 盘片单面最大容量为 4.7GB、双面为 8.5GB；蓝光光盘单面单层为 25GB、双面为 50GB。

倍速：衡量光盘驱动器传输速率的指标叫倍速。光驱的读取速度以 150kb/s 数据传输率的单倍速为基准。后来驱动器的传输速率越来越快，就出现了倍速、四倍速直至现在的 32 倍速、40 倍速甚至更高。

3）U 盘。

U 盘的全称是"USB 闪存盘"，它是一种使用 USB 接口的无需物理驱动器的微型高容量移动存储产品，通过 USB 接口与计算机连接，实现即插即用。

U 盘体积很小，仅大拇指般大小，重量极轻，特别适合随身携带。U 盘中无任何机械式装置，抗震性能极强。另外，U 盘还具有防潮、防磁、耐高低温等特性，安全可靠性很好。

4）存储器的层次结构。

在存储层次中，存储器系统的基本要求是存储容量大、存取速度快和成本低。为同时满足上述三个要求，计算机需有速度由慢到快，容量由大到小的多层次存储器，以最优的控制调度算法和合理的成本构成存储器系统，如图 1-5 所示。

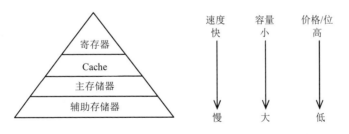

图 1-5　存储器系统结构

现代计算机系统基本都采用 Cache、主存和辅存三级存储系统。存储器的层次结构实质上体现为"缓存－主存"和"主存－辅存"这两个存储层次。从 CPU 的角度看，"缓存－主存"层次的速度接近于缓存，容量与每位价格则接近于主存。因此，解决了速度与成本之间的矛盾。而"主存－辅存"这一层次，从整体分析，其速度接近于主存，容量接近于辅存，平均位价也接近于低速、廉价的辅存位价，这又解决了速度、容量、成本这三者间的矛盾。

1.2.2　计算机软件系统

计算机软件是计算机程序以及与程序有关的各种文档的总称。没有软件的计算机硬件系统称为"裸机"，不能做任何工作，只有在配备了完善的软件系统之后才具有实际的使用价值。因此，软件是计算机与用户之间的一座桥梁，是计算机不可缺少的部分。

1．软件的概念

（1）程序。

程序（Program）是为实现特定目标或解决特定问题而用计算机语言编写的指令集合。程序这个概念其实与生活很贴近。在日常工作、生活中，不管做什么事情，总有一定的思路、一定的步骤，这就是程序。计算机为解决某一问题，不管简单还是复杂，也需要一定的思路、一定的步骤。于是，人们就需要用一定的规则来编写计算机程序，告诉计算机"如何"去解题。

（2）程序设计语言。

1）机器语言。

机器语言是计算机最原始的语言，是由二进制代码编写的、能够直接被计算机识别和执行的一种机器指令的集合。机器语言是唯一不需要翻译就能被计算机直接识别和执行的语言，执行速度是最快的。

在计算机诞生初期，为了使计算机能按照人们的意志工作，人们必须用机器语言编写程序。但是机器语言难记忆、难编写、难移植，这限制了计算机的发展。

2）汇编语言。

为了便于使用，人们开始研究将机器语言代码用英文字符串来表示，于是出现了汇编语言。汇编语言是一种用英文助记符表示机器指令的程序设计语言，例如，用 ADD 表示加法指令，用 SUB 表示减法指令。汇编语言指令和机器语言指令基本是一一对应的，但汇编语言更容易记忆、修改，可以说是计算机语言发展史上的一次进步。

用汇编语言编写的程序还必须用汇编程序再翻译成二进制形式的目标程序（机器语言程序），才能被计算机识别和执行。这个翻译过程称为汇编。

3）高级语言。

每一种类型的计算机都有自己的机器语言和汇编语言，不同机器之间互不相通。由于它们依赖于具体的计算机，因此被称为"低级语言"。

高级语言不依赖于具体的计算机，而是在各种计算机上都通用的一种计算机语言。高级语言接近人类习惯使用的自然语言和数学语言，使人类易于学习和使用。高级语言的出现是计算机发展史上一次惊人的成就，它使得成千上万的非专业人员也能方便地编写程序，操纵计算机进行工作。

计算机是不能直接识别高级语言的，必须先将高级语言编写的程序（又称"源程序"）翻译成计算机能识别的机器指令，才能被执行。通常有两种翻译方式：编译方式和解释方式。

编译方式是将高级语言源程序整个编译成目标程序，然后通过连接程序将目标程序连接成可执行程序的方式。将高级语言源程序翻译成目标程序的软件称为编译程序，这种翻译过程称为编译。

解释方式是将源程序逐句翻译、逐句执行的方式，解释过程不产生目标程序，基本上是翻译一行执行一行，边翻译边执行。常见的解释型语言有 BASIC 语言。

2．软件系统组成

按软件的功能来分，软件可分为系统软件和应用软件两大类。系统软件又可分为操作系统、语言处理程序、数据库管理系统和支撑软件等。

（1）系统软件。系统软件是在硬件基础上对硬件功能的扩充与完善，功能主要是控制和管理计算机的硬件资源、软件资源和数据资源，提高计算机的使用效率，发挥和扩大计算机的功能，为用户使用计算机系统提供方便。

1）操作系统。操作系统是管理和控制计算机系统软件、硬件和系统资源的大型程序，是用户和计算机之间的接口。操作系统的主要作用是提高系统资源的利用率，为用户提供方便友好的用户界面和软件开发与运行环境。操作系统是直接运行在计算机上的最基本的系统软件，是系统软件的核心，任何计算机都必须配置操作系统。

2）语言处理程序。程序设计语言分为机器语言、汇编语言和高级语言。机器语言程序能被计算机直接识别并执行，但用汇编语言或高级语言编写的程序要经过翻译以后才能被计算机执行，这种翻译程序称为语言处理程序，包括汇编程序、解释程序和编译程序。

3）数据库管理系统。数据库（Database，DB）是指长期保存在计算机的存储设备上并按照某种数据模型组织起来的可以被各种用户或应用共享的数据的集合。对数据库中的数据进行组织和管理的软件称为数据库管理系统（Database Management System，DBMS）。DBMS 能够有效地对数据库中的数据进行维护和管理，并能保证数据的安全，实现数据的共享。

4）支撑软件。支撑软件是用于支持软件开发、调试和维护的软件，可帮助程序员快速、准确、有效地进行软件研发、管理和评测。如编辑程序、连接程序和调试程序等。编辑程序为程序员提供了一个书写环境，用来建立、编辑、修改源程序文件。连接程序用来将若干目标程序模块和相应高级语言的库程序连接在一起，产生可执行程序文件。调试程序可以跟踪程序的执行，帮助发现程序中的错误，以便修改。

（2）应用软件。

应用软件是为满足用户不同领域、不同问题的应用需求而开发的软件。应用软件可以拓宽计算机系统的应用领域，扩充硬件的功能。应用软件根据应用的不同领域和不同功能可划分为若干子类，例如财务软件、办公软件、CAD 软件等。

需要指出的是，计算机软件发展非常迅速，新软件层出不穷，系统软件和应用软件的界线正在变得模糊。一些具有通用价值的应用软件，可以纳入系统软件之中，作为一种资源提供给用户。

3．计算机硬件和软件之间的关系

计算机系统包括硬件和软件两大部分，其组成如图 1-6 所示。

在计算机系统中，硬件和软件是不可缺少的两个部分。计算机的功能不仅取决于硬件系统，在更大程度上是由所安装的软件系统所决定的。硬件系统和软件系统互相依赖，不可分割。

图 1-7 表明了计算机硬件和软件之间的关系。内层是外层的支持环境，而外层不必了解内层细节，只需根据约定调用内层提供的服务。最内层是硬件，表示它是所有软件运行的物质基础。与硬件直接接触的是操作系统，它处在硬件和其他软件之间，表示它向下控制硬件，向上支持其他软件。在操作系统之外的各层分别是各种语言处理程序、数据库管理系统、各种支撑软件，最外层才是最终用户使用的应用程序。

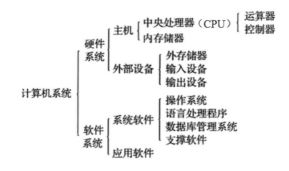

图 1-6   计算机系统的组成

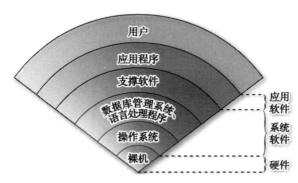

图 1-7   计算机硬件和软件之间的关系

1.2.3   计算机的主要技术指标

计算机的性能涉及体系结构、指令系统、软硬件配置等多种因素，通常有以下几个技术指标：

（1）字长。

字长是指计算机运算部件一次能同时处理的二进制数据的位数。在计算机中，一串数码是作为一个整体来处理和运算的，称为一个计算机字，简称字（Word）。通常计算机字长越长，计算机的运算精度就越高，数据处理能力越强，运算速度也越快。通常，字长是 8 的整倍数，如 8、16、32、64 位等。现在微机的 CPU 大多是 64 位的。

（2）运算速度。

计算机的运算速度是指每秒所能执行的指令条数。常以 MIPS 和 MFLOPS 为计量单位来衡量运算速度。

MIPS（Million Instruction per Second）表示每秒能执行多少百万条指令，这里的指令一般是指加、减运算这类短指令。MFLOPS（Million Floating-point Operations per Second）表示每秒能执行多少百万次浮点运算。

（3）主频。

CPU 主频即 CPU 内核工作的时钟频率，是指 CPU 在单位时间（秒）内发出的脉冲数。通常，主频以兆赫（MHz）或吉赫（GHz）为单位。一般来说，在其他因素相同的情况下，主频越快，速度越快。由于微处理器发展迅速，微机的主频也不断提高。目前酷睿 i7 的主频已达到了 3.2GHz。

（4）内存容量。

内存容量是指计算机系统所配置的内存大小，它反映计算机的记忆能力和处理信息的能力。一般计算机内存容量是指 RAM 容量，不包括 ROM 容量。内存容量越大，机器所能运行的程序越大，处理能力就越强。尤其是当前微机应用多涉及图像信息处理，要求的存储容量越来越大，甚至没有足够大的内存容量就无法运行某些软件。

1.3　信息的表示与存储

计算机科学的研究主要包括信息采集、存储、处理和传输，而这些都与信息的量化和表示密切相关。本节将从信息的定义出发，对数据的表示、处理、存储方法进行论述，从而得出计算机对信息的处理方法。

1.3.1　数据与信息

1. 数据

数据是指计算机能够接收和处理的物理符号，包括数值、文字、符号、声音和图像等。

2. 信息

信息是指经过加工处理后的数据，是数据的具体含义，数据经过解释并赋予一定意义后便成了信息。

数据是没有实际意义的，而信息是有意义的。例如，数据 2、4、6、8、10、12 是一组数据，其本身是没有意义的，但对它进行分析后，这是一组等差数列，我们可以根据前面的数字推导得出后面的数字，这便给这组数据赋予了意义，称为信息，是有用的数据。

1.3.2　计算机中的数据

电子计算机是超大规模电子元器件的集成，在电子元器件之间传输的是电信号。信息在计算机中是以物理器件的状态来表示的，如电流的有和无、电平的高和低、晶体管的导通和截止、开关的打开和闭合等。两种不同的状态可以表示为二进制的"0"和"1"，因此计算机中的数据是以二进制编码来表示的。

二进制只有"0"和"1"两个数，相对十进制而言，采用二进制表示不但运算简单、易于物理实现、通用性强，更重要的优点是所占用的空间和消耗的能量小得多，机器可靠性高。

由于计算机的物理器件构成所限定，计算机能够直接识别和处理的数据是二进制数据，计算机内部均采用二进制数来表示各种信息,但计算机与外部交往仍采用人们熟悉和便于阅读的形式，如十进制数据、文字、声音、图像等。其间的转换，则由计算机系统的硬件和软件来实现。

1.3.3　计算机中的数据单位

在计算机中，数据都是以二进制进行存储的，数据以位、字节、字等为度量单位。

1. 位（bit，b）

位是计算机中数据的最小单位，也称为比特（bit，b），1 比特为 1 个二进制位，可以存储一个二制数 0 或 1。

2. 字节（Byte，B）

由于 1 比特太小，不易表示数据的信息含义，所以引入字节（Byte，B）作为数据存储的基本单位。在计算机中规定，8 个二进制位组成一个字节，即 1B=8b。数据的存储容量除了用字节表示外，还可以用千字节（KB）、兆字节（MB）、吉字节（GB）、太字节（TB）等表示。它们之间的换算关系如下：

$$1KB = 1024B = 2^{10}B \qquad 1MB = 1024KB = 2^{20}B$$
$$1GB = 1024MB = 2^{30}B \qquad 1TB = 1024GB = 2^{40}B$$

3. 字（Word，W）

计算机一次能并行处理信息的单位是字（Word，W），构成一个字的二进制数的位数称为字长。在计算机诞生初期，计算机一次能同时处理 8 位二进制数。随着电子技术的发展，计算机的并行处理能力越来越强，由 8 位、16 位、32 位发展到今天微型机的 64 位，大型机已达 128 位。

1.3.4 字符的编码

字符包括西文字符（字母、数字、其他各种符号）和中文字符。由于计算机是以二进制的形式存储和处理数据的，因此字符也必须按特定的规则进行二进制编码才能存储在计算机中并进行处理，用以表示字符的二进制编码称为字符编码。

1. ASCII 码

计算机中广泛使用的字符编码是 ASCII（American Standard Code for Information Interchange），即美国信息交换标准代码。ASCII 码有 7 位版本和 8 位版本两种，国际上通用的是 7 位版本。7 位版本的 ASCII 码有 128 个元素，只需用 7 个二进制位（$2^7=128$）表示，其中控制字符 34 个、阿拉伯数字 10 个、大小写英文字母 52 个、各种标点符号和运算符号 32 个，如表 1-2 所示。

表 1-2 ASCII 字符编码表

b3b2b1b0 \ b6b5b4	000	001	010	011	100	101	110	111
0000	NUL	DLE	SP	0	@	P	`	p
0001	SOH	DC1	!	1	A	Q	a	q
0010	STX	DC2	"	2	B	R	b	r
0011	ETX	DC3	#	3	C	S	c	s
0100	EOT	DC4	$	4	D	T	d	t
0101	ENQ	NAK	%	5	E	U	e	u
0110	ACK	SYN	&	6	F	V	f	v
0111	BEL	ETB	'	7	G	W	g	w
1000	BS	CAN	(	8	H	X	h	x
1001	HT	EM	)	9	I	Y	i	y
1010	LF	SUB	*	:	J	Z	j	z

b6b5b4 \ b3b2b1b0	000	001	010	011	100	101	110	111
1011	VT	ESC	+	;	K	[	k	{
1100	FF	FS	,	<	L	\	l	|
1101	CR	GS	-	=	M	]	m	}
1110	SO	RS	.	>	N	^	n	~
1111	SI	US	/	?	O	_	o	DEL

例如，表 1-2 中，字母 "A" 在表的第 100 列第 0001 行，字母 "A" 的 ASCII 码是 1000001。在计算机实际应用中用一个字节（8 个二进制位）表示一个字符，最高位为 "0"。

2. 汉字编码

汉字也是字符，与西文字符比较，汉字数量大，字形复杂，同音字多，这就给汉字在计算机内部的存储、传输、交换、输入、输出等带来了一系列的问题。为了能直接使用西文标准键盘输入汉字，必须为汉字设计相应的编码，以适应计算机处理汉字的需要。

（1）区位码。

1980 年我国颁布了《信息交换用汉字编码字符集·基本集》，代号为 GB2312−80，是国家规定的用于汉字信息处理使用的代码依据，这种编码称为国标码。在国标码的字符集中共收录了 6763 个常用汉字和 682 个非汉字字符（图形、符号），其中一级汉字 3755 个，以汉语拼音为序排列，二级汉字 3008 个，以偏旁部首进行排列。

GB2312−80 规定，所有的国标汉字与符号组成一个 94×94 的矩阵，在此方阵中，每一行称为一个 "区"（区号为 01～94），每一列称为一个 "位"（位号为 01～94）。该方阵实际组成了 94 个区，每个区内有 94 个位的汉字字符集，每一个汉字或符号在码表中都有一个唯一的位置编码，称为该字符的区位码。例如，汉字 "啊" 在第 16 区第 01 位上，十进制数 1601 就是 "啊" 字的区位码。

使用区位码方法输入汉字时，必须先在表中查找汉字并找出对应的代码才能输入。区位码输入汉字的优点是无重码，而且输入码与内部编码的转换方便。

（2）国标码。

为避免在信息传输过程中与控制字符混淆，国标码从二进制数 100000（即十进制的 32）开始编码，表示为十六进制，即为 20H。因此，要把区位码转换为十六进制的国标码，需要分别在区号和位号上加上十六进制数 20H，区位码与国标码之间存在如下关系：

国标码=区位码+2020H

例如，汉字 "啊" 的区位码为 1601，国标码为 3021H。

（3）机内码。

汉字的机内码是计算机系统内部对汉字进行存储、处理、传输统一使用的代码，又称为汉字内码。由于汉字数量多，一般用 2 个字节来存放汉字的内码。在计算机内汉字字符必须与英文字符区别开，以免造成混乱。英文字符的机内码是用一个字节来存放 ASCII 码，一个 ASCII 码占一个字节的低 7 位，最高位为 "0"，为了区分，汉字机内码中两个字节的最高位均置 "1"。国标码与机内码之间存在如下关系：

机内码=国标码+8080H

例如，汉字"阿"的国标码为 3021H，机内码为 B0A1H。

GB2312－80 支持的汉字太少，后来对汉字编码字符集进行了扩充。1995 年的汉字扩展规范 GBK1.0 收录了 21886 个符号，分为汉字区和图形符号区。汉字区包括 21003 个字符。2000 年的 GB18030 是取代 GBK1.0 的正式国家标准，该标准收录了 27484 个汉字。2005 年发布 GB18030 第二版，收录汉字 70000 余个，以及多种少数民族文字。

（4）汉字字形码。

字形码是汉字的输出码，输出汉字时都采用图形方式，无论汉字的笔画多少，每个汉字都可以写在同样大小的方块中。为了能准确地表达汉字的字形，每一个汉字都有相应的字形码，目前大多数汉字系统中都是以点阵的方式来存储和输出汉字的字形。所谓点阵就是将字符（包括汉字图形）看成一个矩形框内一些横竖排列的点的集合，有笔画的位置用黑点表示，没笔画的位置用白点表示。在计算机中用一组二进制数表示点阵，用 0 表示白点，用 1 表示黑点。一般的汉字系统中字形点阵有 16×16、24×24、48×48 几种，点阵越大，显示出的质量就越高，但占据的存储空间也越大。例如，用 16×16 点阵来显示汉字，每一行上的 16 个点需要用两个字节表示，一个 16×16 点阵的汉字字形码用 2×16=32 个字节表示，这 32 个字节中的信息是汉字的数字化信息，即汉字字模，如图 1-8 所示。

0	0	0	0	0	0	0	0	0	0	0	0	0	0	0	0
0	0	0	0	0	0	1	1	1	0	0	0	0	0	0	0
0	0	0	0	0	0	1	1	0	0	0	0	0	0	0	0
0	1	1	1	1	1	1	1	1	1	1	1	1	1	1	0
0	1	1	1	1	1	1	1	1	1	1	1	1	1	1	0
0	0	1	0	0	1	1	1	0	0	0	0	0	0	0	0
0	0	0	0	0	1	1	0	1	0	0	0	0	0	0	0
0	0	0	0	1	1	0	0	1	0	0	0	0	0	0	0
0	0	0	0	1	1	0	0	1	1	0	0	0	0	0	0
0	0	0	1	1	0	0	0	0	1	0	0	0	0	0	0
0	0	0	1	1	0	0	0	1	1	0	0	0	0	0	0
0	0	1	1	0	0	0	0	1	1	0	0	0	0	0	0
0	0	1	1	0	0	0	0	0	1	1	0	0	0	0	0
0	0	0	0	0	0	0	0	0	0	1	1	0	0	0	0
0	1	0	0	0	0	0	0	0	0	0	1	1	1	0	0
0	0	0	0	0	0	0	0	0	0	0	0	0	0	0	0

图 1-8   16×16 点阵模型

所有汉字字模的集合称为字库。对于用 16×16 点阵字模组成的字库需要大约 220KB 存储容量。汉字字模在字库中的位置按汉字内码升序存入字库中。

1.4 多媒体技术

多媒体技术（Multimedia Technology）是一门跨学科的综合技术，它是利用计算机对文本、图形、图像、声音、动画、视频等多种信息进行综合处理、建立逻辑关系和人机交互的技术。

1.4.1 多媒体的特征

多媒体是指能够同时获取、处理、编辑、存储和显示两个以上不同类型信息媒体的技术。

这些信息媒体包括文字、声音、图形、图像、活动影像等。由于计算机技术和数字信息处理技术的快速发展，人们已经拥有了处理多种媒体信息的能力。现在所谓的"多媒体"常常不是指多种媒体信息本身，而主要是处理和应用它的一整套技术。因此多媒体与多媒体技术被视为同义语。

根据国际电信联盟（ITU）对媒体所作的定义，媒体分为感觉媒体、表示媒体、表现媒体、存储媒体和传输媒体 5 类。

多媒体技术具有多维性、集成性、交互性和实时性 4 个基本特征，这也是现代计算机系统区别于传统计算机系统的显著特征。

1．多维性

多维性是指多媒体技术具有的处理信息范围的空间扩展和放大的能力。这种多维性指能对输入的信息加以变换、创作和加工，对输出的信息增加其表现能力，丰富其显示效果。

2．集成性

集成性体现为各种媒体设备、多种媒体信息以及多种技术的系统集成。它包含了当今计算机领域最新的硬件、软件技术，将不同性质的设备和信息媒体集成为一个整体，并以计算机为中心综合地处理各种信息。

3．交互性

交互性是指用户可以与计算机实现复合媒体处理的双向性和互动性，是多媒体应用区别于传统信息交流媒体的主要特点之一。交互特征使得人们更加注意和理解信息，同时也增强了有效控制和使用信息的手段。

4．实时性

实时性是指当多种媒体集成时，对其中与时间密切相关的声音和运动图像的处理速度要求快速及时，使这些信息在显示过程中不出现延迟现象。比如，视频会议系统和可视电话等要求音频和视频信息的传递保持流畅，不出现停滞现象。

1.4.2　媒体的数字化

为了使计算机能够处理多媒体信息，首先需要将感觉媒体形式的各种多媒体信息转换成计算机可以识别的表示媒体——二进制的数字编码。

1．多媒体数据的编码过程

模拟信号是指用连续变化的物理量表示的信息，信号的幅度或频率或相位随时间作连续变化。感觉媒体都是一些连续变化的物理量，如目前广播的声音信号或图像信号等。模拟信号的特点是至少在时间（空间）或幅值上有一个要素是连续的。

数字信号是指幅度取值为离散的信号，幅值表示被限制在有限个数值之内。二进制码就是一种数字信号。数字信号的特点是：信号在时空和幅值上都是离散的，"离散"意味着"有限"。

如何将模拟信号转变为计算机能够表示的数字信号呢？模拟信号数字化的一般过程包含采样、量化、编码 3 个环节。

（1）采样。采样也称抽样或取样，是模拟信号数字化过程的第一步。在时间（空间）方向上取模拟信号中的一些代表性点值，用所取得的有限个点值来代替原始模拟信号，这个操作过程叫采样；所取得的代表性点叫样本，样本的值叫样值。采样过程实现了信号数据个数的有限化，称为时间（空间）上的离散化。

（2）量化。由于存储样值的内存单元长度是有限的，因此有限长度的内存单元只能够存储有限种不同值，长度为 n 个二进制位的内存单元最多只能存放 2^n 种不同值的数据。因此采样数据的大小等级数最终会受限于内存单元长度（即采样数据的二进制位数）。于是，人们需要把采样值划分成有限个等级，属于同一等级内的多个数都用一个相同数代替，这种处理叫做量化，其中划定的等级数目叫量化级数。

（3）编码。编码是模拟信号数字化过程的第三步。这个环节就是要把量化值变成计算机可以存储的二进制数字编码，即二进制化。编码过程就是要设计一种将量化值转换为二进制代码的规则。

2. 声音

声音是一种重要的媒体，其种类繁多，如人的语音、动物的声音、乐器声、机器声等。声音作为听觉媒体是一种随时间连续变化的模拟信号。要得到数字化的音频信号，同样要经历采样、量化和编码 3 个处理步骤。

常见的数字化音频文件的扩展名有 WAV、MP3、WMA、RA、VQF、MIDI、CD。

WAV 文件也称为波形文件，是微软和 IBM 共同开发的 PC 标准声音格式。它依照声音的波形进行存储，因此要占用较大的存储空间。

WMA 是 Windows Media Audio 的缩写，是微软定义的一种流式声音格式。采用 WMA 格式压缩的声音文件比起由相同文件转化而来的 MP3 文件要小得多，但在音质上却毫不逊色。

MP3 是 MPEG Layer-3 的缩写，是人们比较熟知的一种数字音频格式，网络中大多数歌曲、音乐文件采用了这种格式。

RA 是 RealAudio 的缩写，是 RealNetwork 公司推出的一种流式声音格式。这是一种在网络上很常见的音频文件格式，但是为了确保在网络上传输的效率，在压缩时声音质量损失较大。

MIDI 是通过数字化乐器接口（Musical Instrument Digital Interface，MIDI）输入的声音文件的扩展名，这种文件只是像记乐谱一样地记录下演奏的符号，所以其体积是所有音频格式中最小的。

可以利用一些音频格式转换软件对音频文件的格式进行转换，转换格式实际上将变换音频在计算机内存储的编码方式，因为不同格式的音频其编码方式是不同的。

3. 图像

图像，一般是指自然界中的客观景物通过某种系统的映射，使人们产生的视觉感受。其中静止的图像称为静态图像，活动的图像称为动态图像。静态图像根据其在计算机中生成的原理不同，分为矢量图形和位图图像两种。动态图像又分为视频和动画。习惯上将通过摄像机拍摄得到的动态图像称为视频，而用计算机或绘画的方法生成的动态图像称为动画。

（1）图像的编码。

图像编码过程即图像数字化过程，该过程把真实的图像（如自然界的各种景物图、传统的照片、纸张印刷图片等）转变成计算机能够表示的二进制编码。而数字化过程一般也要经过取样、量化和编码等处理步骤。

对图像采样实际上就是要对空间坐标进行离散化，取有限数目的点来描述一幅图像。在保证图像分辨率（像素分布密度）一定时，采样点数越多则图像尺寸越大，需要的存储空间也越大。采样要考虑图像分辨率和图像总的点数（即图像的像素大小）。

量化是指要使用多大范围的数值来表示图像取样之后的每一个点，这个数值的取值范围由存储一个图像点所使用的二进制位数决定，即量化位数。量化位数就是图像的颜色深度，它决定图像所能拥有的颜色总数。量化位数越多，图像能表示的颜色数越多，产生的图像效果越细致逼真，但占用的存储空间也越大。量化的结果决定了图像能拥有的颜色种数。

编码则与图像的类型（二值图像、灰度图像、RGB 真彩色图像）以及文件所采用的格式有关，许多文件格式在图像编码之前要对图像数据进行压缩处理。

（2）常见图形图像文件的格式。

常见图形图像文件的格式有 BMP 格式、GIF 格式、TIF（TIFF）格式、JPG 格式、PNG格式、PSD 格式等。

BMP 格式是 Microsoft Windows 所定义的图像文件格式，在 Windows 环境中运行的图形图像软件都支持 BMP 图像格式。BMP 图像文件的结构比较简单。

GIF 格式即图形交换格式（Graphics Interchange Format，GIF），是由 CompuServe 公司为了方便网络和 BBS 使用者传送图像数据而制定的一种图像文件格式。

TIF（TIFF）是标记图像文件格式（Tag Image File Format，TIFF），文件类型常标识为*.TIF，这是由 Aldus 公司与微软公司共同开发设计的图像文件格式。

JPG 格式是采用 JPEG 有损压缩方案存储的图像文件格式，常用来压缩存储批量图片（压缩比可达 20 倍）。当对一个图像文件在相应程序中以.jpg 扩展名存储时，就会将文件保存为 JPG格式，在"保存"对话框中会进一步询问使用哪档图像品质来压缩，而在软件中打开 JPG 文件时会自动解压。

PNG 格式是网景公司为适应网络传输而设计的一种图像文件格式，它综合了 JPG 和 GIF格式的优点，支持 24 位色彩（RGB 真彩色），压缩不失真并支持透明背景和渐显图像的制作，所以称它为传统 GIF 的替代格式。

PSD 格式是 Photoshop 图像处理软件特有的图像文件格式，支持 Photoshop 中所有的图像类型。它可以将所编辑的图像文件中的所有关于图层和通道的信息都记录下来，方便今后用Photoshop 再次打开文件时继续对文件进行编辑，故称为 Photoshop 源文件。

（3）视频。

运动的图像称为视频。运动的图像实际上就是图像的内容在随时间变化，也就是说视频信息实际上是由许多幅静止图像在时间上连续显示形成的，每一幅画面称为一帧。一般情况下视频信息中还同时包含音频数据。

常见的视频文件格式有以下几种：

- avi：是 Windows 操作系统中数字视频文件的标准格式。
- mov：是 QuickTime for Windows 视频处理软件所采用的视频文件格式，其图像画面的质量比 AVI 文件要好。
- ASF（Advanced Stream Format）：是高级流格式，主要优点是本地或网络回放、可扩充的媒体类型，部件下载以及扩展性好等。
- WMV（Windows Media Video，Windows 媒体视频）：是微软推出的视频文件格式，是 Windows Media 的核心，使用 Windows Media Player 可以播放 ASF 和 WMV 两种格式的文件。

1.4.3　多媒体数据压缩

多媒体信息数字化之后，数据量往往非常庞大。为了存储、处理和传输多媒体信息，人们考虑采用压缩的方法来减少数据量。

根据解码后数据与原始数据是否完全一致进行分类,压缩方法可分为无损压缩和有损压缩两大类。

（1）无损压缩。

无损压缩也称可逆压缩、无失真编码等。原理：去除或减少冗余值，但这些值可在解压缩时重新插入到数据中，恢复原始数据。

无损压缩是不会产生失真的。从信息角度讲，无损压缩泛指那种不考虑被压缩信息性质的压缩技术。它是基于平均信息量的技术，并把所有的数据当作比特序列，而不是根据压缩信息的类型来优化压缩。也就是说，平均信息量编码忽略被压缩信息的内容。在多媒体技术中一般用于文本、数据的压缩，它能保证百分之百地恢复原始数据。但这种方法压缩比比较低，压缩比一般在 2:1～5:1 之间。典型算法有 Huffman 编码、Shannon-Fano 编码、算术编码、游程编码和 Lenpel-Ziv 编码等。

（2）有损压缩。

有损压缩也称不可逆压缩。此法在压缩时减少了的数据信息是不能恢复的，是与原始数据不同但是非常接近的压缩方法。有损压缩以损失文件中的某些信息为代价来换取较高的压缩比，其损失的信息多是对视觉和听觉感知不重要的信息，但压缩比通常较高，约为几十到几百，常用于音频、图像和视频的压缩。

典型的有损压缩编码方法有预测编码、变换编码、基于模型编码、分形编码、矢量量化编码等。

1.5　计算机病毒

《中华人民共和国计算机信息系统安全保护条例》中计算机病毒被明确定义为："计算机病毒，是指编制或者在计算机程序中插入的破坏计算机功能或者破坏数据，影响计算机使用并且能够自我复制的一组计算机指令或者程序代码。"

当前，计算机安全的最大威胁是计算机病毒。通常计算机病毒程序的目标任务就是破坏计算机系统程序、毁坏数据、强占系统资源、影响计算机的正常运行。

1.5.1　计算机病毒的特征和分类

1. 计算机病毒的特征

计算机病毒之所以称为病毒，是因为它与生物病毒有许多相似的特征。

（1）传染性。这是病毒的基本特征。计算机病毒具有很强的自我复制能力，能在运行过程中不断再生，迅速搜索并感染其他程序，进而扩散到整个计算机系统。

（2）破坏性和危险性。破坏性和危险性是计算机病毒的主要特征。任何计算机病毒感染了系统后，都会对系统产生不同程度的影响。发作时轻则占用系统资源、干扰运行、破坏数据或文件，影响计算机运行速度，降低计算机工作效率，使用户不能正常使用计算机，重则破坏数据、删除文件、加密文件、格式化磁盘，造成系统瘫痪，产生严重后果。

（3）寄生性。计算机病毒一般都不是独立存在的，而是寄生于其他的程序，当执行这个程序时，病毒代码就会被执行。一般在正常程序未启动之前，用户是不易发觉病毒的存在的。

（4）隐蔽性。计算机病毒具有很强的隐蔽性，它通常附在正常的程序之中或藏在磁盘的隐蔽地方，有些病毒采用了极其高明的手段来隐藏自己，如使用透明图标、注册表内的相似字符等，而且有的病毒在感染了系统之后，计算机系统仍能正常工作，用户不会感到有任何异常，在这种情况下，普通用户是无法在正常的情况下发现病毒的。

（5）潜伏性。潜伏性是指计算机病毒具有的依附于其他程序而寄生的能力。计算机病毒一般不能单独存在，在发作前常潜伏于其他程序或文件中，只有触发了特定条件才会进行传染或对计算机进行破坏。如黑色星期五病毒，不到预定时间不会觉察出异常，但每逢 13 日的星期五就会发作，对系统进行破坏。

2. 计算机病毒的分类

计算机病毒的分类方法有多种。例如，依据传播途径，计算机病毒分为单机病毒和网络病毒。单机病毒主要在交换文件时传播，传染媒介一般是软盘、移动硬盘、闪盘等。网络病毒主要通过网络传播，如通过电子邮件或网页传播。依据破坏能力，计算机病毒分为良性病毒和恶性病毒。良性病毒往往只和用户开玩笑，而不破坏用户的文件和系统等，恶性病毒会给用户造成很大损失。计算机病毒较为流行的分类方法则是按计算机病毒的感染方式进行分类。

（1）引导型病毒。引导型病毒是利用计算机系统的启动机制而设计的，一般藏匿在磁盘主引导区，通过改变引导区的内容来达到破坏的目的。引导型病毒通常用病毒信息来取代正常的引导记录，而把正常的引导记录存储到磁盘的其他空间中。由于磁盘的引导区是磁盘正常工作的先决条件，系统引导型病毒在操作系统启动时就获得了控制权，因此具有很大的传染性和危害性。

（2）文件型病毒。文件型病毒主要攻击可执行文件（以.COM 和.EXE 文件为主），然后将自身置于其中，通常寄生在可执行文件中。当这些文件被执行时，病毒程序就立即获得控制权。

（3）宏病毒。宏病毒从本质上讲是一种文件型病毒。宏病毒的产生是利用了一些数据处理系统内置"宏"命令编程语言的特性而形成的。病毒可以把特定的宏命令代码附加在指定文件上，通过文件的打开或关闭来获取控制权。

（4）网络型病毒。网络型病毒分为通过因特网传播的单机病毒和直接的网络病毒。单机病毒实际包括了各种类型的病毒，它们只不过是通过网络传播而已。直接的网络病毒专门使用网络协议（如 TCP、FTP、UDP、HTTP、电子邮件协议等）来进行感染。网络病毒感染计算机内存，强制这些计算机向网络发送大量数据包，因而破坏力很强，可能导致网络速度下降、非法使用网络资源、发送垃圾信息，甚至使网络系统完全瘫痪。

（5）复合型病毒。简单的复合型病毒兼具引导型病毒和文件型病毒的特性。由于这个特性，使得这种病毒具有相当程度的传染力，一旦发病，可以使计算机不断重新启动，破坏程度非常大。更严重的是混合型病毒能够合并传统的病毒行为，以不同的方式感染计算机，或者发动拒绝式服务攻击计算机。

3. 计算机感染病毒后的常见症状

计算机感染了病毒后的症状很多，常见的症状如下：

（1）计算机系统运行速度明显减慢。

（2）计算机经常无缘无故地死机或重新启动。

（3）丢失文件或文件长度莫名其妙地增加、减少或产生新的文件。

（4）系统文件的时间、日期、大小发生变化

（5）以前能正常运行的软件经常发生内存不足的错误，甚至死机。

（6）显示器屏幕出现花屏、奇怪的信息或图像。

（7）打印机的通信发生异常，无法进行打印操作，或打印出来的是乱码。

（8）浏览器自动链接到一些陌生的网站。

1.5.2　计算机病毒的防治

通过采取技术上、管理上的措施，计算机病毒是可以防治的。目前主要的病毒防治技术有病毒预防、病毒检测和使用杀毒软件等。

1．病毒预防

预防是指在病毒尚未入侵时就建立一道屏障或刚刚入侵时就拦截、阻击病毒的入侵或立即报警，这是病毒防治工作的关键。预防措施主要有以下几种：

（1）使用正版软件，所有软件经病毒检测后再使用。

（2）不随便打开或下载不明身份的邮件附件或其他软件工具。

（3）保证网络系统管理员有最高的访问权限并避免过多地出现超级用户。

（4）在网络中出现病毒传播迹象时，应立即隔离被感染的系统和网络。

（5）采用可靠的杀毒软件并请有经验的专家处理，必要时报告安全监察部门，不使其继续扩散。

（6）建立程序的特征值档案（用文件名、大小、时间、日期等形成一个检查码）、随时观察计算机及网络系统的异常，一旦发现问题，立即采用杀毒软件进行检测。

（7）安装病毒防火墙，在局域网与 Internet、用户与网络之间进行隔离。

（8）对重要文件和数据采取加密方式传输。

2．病毒检测

病毒检测主要有两种方式，即异常情况诊断和病毒检查。

异常情况诊断依据系统的现状诊断出是否感染了病毒，在发现了病毒的情况下再采取相应的措施。如果计算机工作过程中出现硬件、软件和网络运行的异常现象时，则有可能感染了病毒。病毒检查则是通过检查计算机系统的相应特征来确定是否感染了病毒，如磁盘主引导扇区记录、文件分配表、系统中断向量、中断程序入口地址、可用内存空间等，以及依据特征字查找病毒。

3．使用杀毒软件

为了对抗计算机病毒，许多公司推出了各种反病毒软件，能够有效地查出和消除计算机病毒。反病毒软件种类繁多，一般都具有查毒、杀毒的基本功能，有些软件还可以进行网络预防与杀毒、实时监测，能随时监测系统中是否存在病毒并能及时地向用户进行警示。

目前常用的杀毒软件有金山毒霸、瑞星、KILL、KV 等，其技术都在不断更新，版本不断升级。

1.6　计算机网络

计算机网络是计算机科学技术与通信技术逐步发展、紧密结合的产物，是信息交换、资源共享和分布式应用的重要手段。计算机网络技术的发展，将形成一个支撑社会发展，改善生活品质的全新系统。全球网络化对当今社会政治、经济、科技、教育和文化产生了深远的影响，改变着人们的生活方式、工作方式和思维方法。

1.6.1　计算机网络的基本概念

1. 计算机网络与数据通信

计算机网络就是利用通信设备和线路将地理位置不同、功能独立的多个计算机系统互连起来，并配备功能完善的网络操作系统、网络通信协议等网络软件，实现资源共享和信息传递的系统。在计算机网络中，各计算机都安装有操作系统，具有独立的信息处理能力。

数据通信是通信技术和计算机技术相结合而产生的一种新的通信方式。数据通信是指在两个计算机或终端之间以二进制的形式进行信息交换，传输数据。数据通信技术是计算机网络的基础与关键所在，通信技术的完美和迅捷程度决定了计算机网络的优劣。同时，计算机网络的迅速发展与分布处理系统的出现也推动了数据通信技术的发展。

2. 计算机网络的分类

计算机网络系统的构成方法很多，有各自不同的特点，因此，根据不同的标准，计算机网络分类方法也很多。根据网络覆盖的地理范围划分是一种通用的网络划分标准。按这种标准可以把计算机网络划分为局域网（Local Area Network，LAN）、城域网（Metropolitan Area Network，MAN）和广域网（Wide Area Network，WAN）3 种。

（1）局域网。局域网是最常见的一种网络，得到充分应用和普及，几乎每个单位都有自己的局域网，甚至有的家庭都有自己的小型局域网。所谓局域网就是在局部地区范围内的网络，它所覆盖的地区范围较小。局域网在计算机数量配置上没有太多的限制，少的可以只有两台，多的可达几百台。在网络所涉及的地理距离上一般来说可以是几米至 10km。局域网一般位于一个建筑物或一个单位内。目前常见的局域网有以太网（Ethernet）和无线局域网（WLAN）。

（2）城域网。城域网一般来说是一个城市或地区的计算机互联。这种网络的连接距离可以在 10km～100km。城域网与局域网相比，传输的距离更长，连接的计算机数量更多，在地理范围上可以说是局域网的延伸。在一个大型城市或地区，一个城域网通常连接着多个局域网。如连接政府机构的局域网、医院的局域网、公司企业的局域网等。

（3）广域网。广域网也称为远程网，所覆盖的范围比城域网更广，一般是在不同城市之间的局域网或城域网互联，地理范围可从几百千米到几千千米。因为距离较远，信息衰减比较严重，所以这种网络一般要租用专线，通过接口信息处理（Interface Message Processor，IMP）协议和线路连接起来。Internet 是一个非常典型的广域网。

3. 网络的拓扑结构

计算机网络的拓扑结构是指网络中的通信线路和节点间的几何排序，并用以表示网络的整体结构外貌，同时也反映了各个模块之间的结构关系的几何构型。按其计算机及网络设备在空间上的排列形式可将网络分为总线型、星型、环型、树型和网状型 5 种。

（1）总线型。总线型网络是一种比较简单的计算机网络结构，它采用一条称为公共总线的传输介质，将各计算机直接与总线连接，信息沿总线介质逐个节点广播传送，其结构如图1-9 所示。在这种结构中，节点的插入或拆卸是非常方便的，利于网络的扩充。另外网络上的某个节点发生故障时，对整个系统影响很小，网络的可靠性较高。目前的局域网大多采用这种结构。

（2）星型。星型网络由中心节点和其他从节点组成，中心节点可直接与从节点通信，而从节点间必须通过中心节点才能通信，其结构如图 1-10 所示。这种结构主要用于分级的主从式网络，采用集中控制，中心节点就是控制中心。星型结构的优点是增加节点时成本低，缺点是中心节点设备出故障时整个系统瘫痪，故可靠性较差。

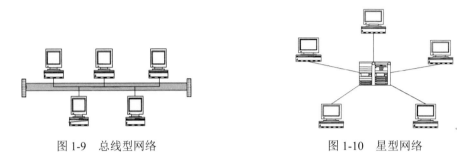

图 1-9　总线型网络　　　　　　　　　　　图 1-10　星型网络

（3）环型。环型网络将计算机连成一个环。在环型网络中，各计算机地位相等，网络中通信设备和线路比较节省。在环型结构中，信息的传输沿环的单方向传递，两节点之间仅有唯一的通道，如图 1-11 所示。环型网络上各节点之间没有主次关系，各节点负担均衡，但网络扩充及维护不太方便，如果网络上有一个节点或者是环路出现故障，将可能引起整个网络故障。

（4）树型。在树型网络中，各节点按一定的层次连接起来，形状像一棵倒置的树，所以称为树型结构，如图 1-12 所示。在树型结构中，顶端的节点称为根节点，它可带若干分支节点，每个分支节点又可以再带若干子分支节点。信息的传输可以在每个分支链路上双向传递。树型结构的优点是通信线路比较简单，网络管理软件也不复杂，维护方便；缺点是资源共享能力差，可靠性低，如果主机出现故障，则和该主机连接的终端均不能工作。

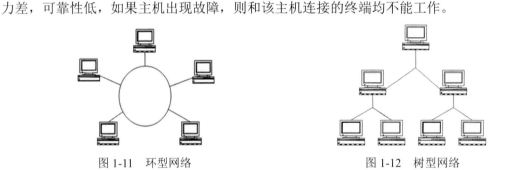

图 1-11　环型网络　　　　　　　　　　　图 1-12　树型网络

（5）网状型。在网状拓扑结构中，网络上的节点连接是不规则的，每个节点却可以与任何节点相连，且每个节点可以有多个分支，如图 1-13 所示。在网状结构中，信息可以在任何分支上进行传输，这样可以减少网络阻塞的现象，网状结构的优点是有多条路径；可以选择最佳路径，减少时延，改善流量分配，提高网络性能，可靠性高，适用于大型广域网；缺点是结构复杂，不易管理和维护，线路成本高。

以上介绍了几种网络基本拓扑结构，但在实际组建网络时，可根据具体情况选择某种拓扑结构或选择几种基本拓扑结构的组合来完成网络拓扑结构的设计。

网络的分类还有其他方法。例如，按网络的使用性质，可以划分为专用网和公用网；按网络的使用范围和环境，可以分为企业网、校园网和政府网等；按传输介质，可分为同轴电缆网（低速）、双绞线网（低速）、光纤网（高速）、微波及卫星网（高速）、无线网等；按网络的带宽和传输能力，可分为基带（窄带）低速网和宽带高速网等。

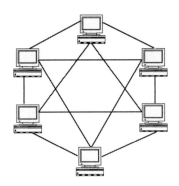

图 1-13　网状型网络

4．计算机网络的组成

计算机网络系统由网络硬件和网络软件两部分组成。在计算机网络系统中，硬件对网络的性能起着决定性的作用，是网络运行的基础，而网络软件则是提高网络运行效率和开发网络资源的工具。

（1）网络硬件。

网络系统的硬件包括计算机、传输介质、网络接口设备和网络互连设备等。

1）网络中的计算机。网络系统中的计算机可分为服务器和工作站两大类。

● 服务器。服务器是整个网络系统的核心，是为网络用户提供共享资源和服务的计算机。它管理整个网络，在其上面运行着网络操作系统。通常用小型机、专用 PC 服务器或高档微型计算机作服务器。

● 工作站。工作站又称为客户机，客户机是与服务器相对的一个概念。在计算机网络中享受其他计算机提供的服务的计算机就称为客户机。工作站由具有一定处理能力的 PC 机来承担。

2）传输介质。传输介质是通信网络中发送方和接收方之间的物理通路，也是通信中实现信息传送的载体。通常将传输介质分为两类：有线传输介质和无线传输介质。常见的有线传输介质有双绞线、同轴电缆和光纤，常见的无线传输介质有微波、卫星、红外线和无线电短波等。

3）网络接口设备。

● 网络接口卡。网络接口卡（简称网卡）是构成网络必需的基本设备，用于将计算机和通信电缆连接起来。网络接口卡除了起到物理接口的作用外，还有控制数据传送的功能。网络接口卡一方面负责接收网络上传过来的数据包，解包后将数据传输给本地计算机；另一方面将本地计算机上的数据打包后送入网络。

● 调制解调器。为了能利用现有的电话、有线电视等模拟传输系统传输数字信号，必须先将数字信号变换成模拟信号（称为调制），到达目标计算机后，再把模拟信号转换成数字信号（称为解调）。通常都把调制器和解调器做在一起而称为调制解调器，俗称"猫"。

4）网络互连设备。常用的网络互连设备有交换机、路由器、无线 AP（Access Point）、无线路由器等。

● 交换机。交换机是一种存储转发设备，工作于数据链路层，一般用于互连相同类型的局域网，例如以太网与以太网的互连。

- 路由器。路由器工作在网络层，是一种典型的网络层设备，一般用于广域网之间的连接或广域网与局域网之间的连接。
- 无线 AP。无线 AP 也称为无线接入点，是有线局域网络与无线局域网络之间的桥梁。利用无线 AP，装有无线网卡的主机可以连接有线局域网络。
- 无线路由器。无线路由器（Wireless Router）是无线 AP 与宽带路由器的结合体，借助于路由器的功能，可实现家庭无线网络中的 Internet 连接共享，实现 ADSL 和小区宽带的无线共享接入。

（2）网络软件。

网络软件是指与计算机网络有关的软件系统，能控制和管理计算机网络的运行，是实现网络功能所不可缺少的软环境。网络软件通常包括网络操作系统（Network Operating System，NOS）、网络协议软件等。

1）网络操作系统。网络操作系统可对整个网络的资源进行协调管理，进行合理的调度和分配，实现计算机间高效可靠的通信，提供各种网络服务和为网络用户提供便利的操作与管理平台。网络操作系统是计算机网络系统的核心，是网络应用软件运行的"宿主"。目前网络操作系统种类繁多，常用的有 UNIX、Linux、NetWare、Windows NT 等。

2）网络协议软件。网络系统中的计算机依靠网络协议实现互相通信，网络协议就是通信双方都必须要遵守的通信规则，是一种约定。为了降低网络设计的复杂性，网络协议通常都按结构化的层次方式来进行组织，绝大多数网络都划分层次，每一层都在其下一层的基础上，每一层都向上一层提供特定的服务。

TCP/IP 协议是当前最流行的商业化协议，它将计算机网络划分为 4 个层次：应用层、传输层、互联层和主机到网络层。

- 应用层。面向不同的网络应用引入了不同的应用层协议，有文件传输协议（FTP）、虚拟终端协议（Telnet）、超文本传输协议（HTTP）等。
- 传输层。为应用层实体提供端到端的通信功能，保证了数据包的顺序传送及数据的完整性。该层定义了两个主要的协议：传输控制协议（TCP）和用户数据报协议（UDP）。
- 互联层。确定数据包从源端到目的端如何选择路由，有网际协议（IP）、互联网组管理协议（IGMP）和互联网控制报文协议（ICMP）。
- 主机到网络层。确定了数据包从一个设备的网络层传输到另一个设备的网络层的方法。

1.6.2　计算机与网络信息安全

互联网的高速发展使得网络已经融入到大多数人的生活、学习和工作之中，然而人们在享受互联网带来便利的同时，也深受个人信息泄露之苦。不仅个人越来越依赖网络，国家的各个方面也越来越依赖网络，因此，网络信息安全是一个关系到国家安全和主权、社会稳定、民族文化继承和发扬的重要问题，而且正随着全球信息化步伐的加快变得越来越重要。

1．网络信息安全的概念

网络信息安全是一门涉及计算机科学、网络技术、通信技术、密码技术、信息安全技术、应用数学、数论、信息论等多种学科的综合性学科。它主要是指网络系统的硬件、软件及系统中的数据受到保护，不因偶然的或者恶意的原因而遭到破坏、更改、泄露，系统连续可靠正常地运行，网络服务不中断。

2. 网络信息安全的特征

为了保证信息安全，最根本的就是保证信息安全的基本特征发挥作用。因此，下面先介绍信息安全的五大特征。

（1）完整性。指信息在传输、交换、存储和处理过程中保持非修改、非破坏和非丢失的特性，即保持信息原样性，使信息能正确生成、存储、传输，这是最基本的安全特征。

（2）保密性。指信息按给定要求不泄漏给非授权的个人、实体或过程，或提供其利用的特性，即杜绝有用信息泄漏给非授权个人或实体，强调有用信息只被授权对象使用的特征。

（3）可用性。指网络信息可被授权实体正确访问，并按要求能正常使用或在非正常情况下能恢复使用的特征，即在系统运行时能正确存取所需信息，当系统遭受攻击或破坏时，能迅速恢复并能投入使用。可用性是衡量网络信息系统面向用户的一种安全性能。

（4）不可否认性。指通信双方在信息交互过程中，确信参与者本身及参与者所提供的信息的真实同一性，即参与者都不能否认或抵赖本人的真实身份，以及提供信息的原样性和完成的操作与承诺。

（5）可控性。指对流通在网络系统中的信息传播及具体内容能够实现有效控制的特性，即网络系统中的任何信息要在一定传输范围和存放空间内可控。

3. 网络信息安全的防控

（1）从访问控制方面提高安全指数。为防止非法用户通过不法途径进入他人计算机网络系统进行侵害，可以采用认证机制。此项访问控制可通过身份认证、报文认证、访问授权、数字签名等方式和途径得以实现。此外，还可以对网络进行安全监视。网络安全方面的许多问题都可以通过网络安全监视来实现，它会在整个网络运行的过程中进行动态监视，防止出现病毒入侵等现象。

（2）从数据传输方面加大安全保护力度。在数据传输的过程中对其进行拦截和"体检"，做到防范于未然。首先对数据连接层进行加密以便减少数据在传输过程中被盗取的危险；其次是对传输层进行加密，可以为数据在传输的过程中穿上一层"保护套"；最后对应用层进行加密，防止一些网络应用程序将数据加密或解密。

（3）努力提高用户对网络安全的认识程度。在进行必要的舆论宣传的同时，开展思想与网络安全意识培养的活动，进一步普及相关网络安全知识，并正确地引导网络用户提高对网络安全的认识。

（4）加大培养网络人才的步伐，致力于开发网络技术。想要推出先进的网络技术，就必须有一批高素质的网络人才，并源源不断地向技术的前沿输送。在有了强大的技术力量的前提下，才能够令网络环境有所保障，同时也给不法犯罪分子以威慑。只有我们在网络技术上占有绝对的优势时，才能够有效地减少网络犯罪现象。

（5）从技术层面提高管理力度，可以提高计算机网络安全的技术主要有防火墙、实时扫描技术、病毒情况分析报告技术、实时监测技术、系统安全管理技术和完整性检验保护技术等。针对技术层面的要求，可采取建立安全管理制度、提高网络反病毒技术能力、数据库的备份与恢复、切断传播途径、网络控制、应用密码技术、研发并完善原有技术等方法。

1.6.3 因特网基础

因特网也称为国际互联网，是 Internet 的音译。Internet 将世界各国、各地区、各机构的数以万计的计算机网络联接在一起，被形容为网络的网络，是目前世界上覆盖面最广、规模最大、信息资源最丰富的计算机网络。它的信息资源向全世界开放，已成为世界范围内实现通信、传播和交流各种信息的最主要的渠道。

1. 因特网的发展

Internet 起源于美国国防部 1969 年组建的一个名为 ARPANET（Advanced Research Projects Agency Network）的网络。ARPANET 最初只连接了美国西部的 4 所大学，是一个只有 4 个节点的实验性网络，但该网络被公认为世界上第一个采用分组交换技术组建的网络，并向用户提供电子邮件（E-mail）、文件传输和远程登录等服务，是 Internet 的雏形。

20 世纪 80 年代，世界先进工业国家纷纷接入 Internet，使之成为全球性的互联网络。20 世纪 90 年代是 Internet 迅速发展的时期，互联网的用户数量以平均每年翻一番的速度增长。据不完全统计，全世界有 180 多个国家和地区加入到了 Internet 中。

我国于 1994 年 4 月正式接入因特网，从此中国的网络建设进入了大规模发展阶段。到 1996 年初，中国的 Internet 已经形成了中国科技网（CSTNET）、中国教育和科研计算机网（CERNET）、中国公用计算机互联网（CHINANET）和中国金桥信息网（CHINAGBN）四大具有国际出口的网络体系。前两个网络主要面向科学和研究机构，后两个网络向社会提供 Internet 服务，以经营为目的，属于商业性质。Internet 开始进入公众生活，并在中国得到了迅速的发展。互联网已在我国整体经济社会中占据了重要地位，互联网应用正逐步改变人们的生活形态，对日常生活中的衣食住行均有较大改变。

2. IP 地址与域名系统

众所周知，使用邮政通信，要知道对方的邮箱地址；使用电话通信，要知道对方的电话号码。在 Internet 中通信也类似，在网络中，具有独立工作能力的计算机称为主机，主机的数量相当多，为了唯一地标识每一台主机，应采用 Internet 地址。Internet 地址有两种形式：IP 地址和域名地址。

（1）IP 地址。

IP 地址是 TCP/IP 协议中所使用的网络层地址标识。IP 协议主要有两个版本：IPv4 协议和 IPv6 协议，目前 Internet 大部分使用的是 IPv4 的 IP 地址。

IPv4 的 IP 地址，主机地址采用 4 个字节共 32 位二进制数来标识，字节之间用小圆点分隔，如某台主机的 IP 地址为 11001010.01110011.01010000.00000001。为了表示方便，将每个字节转化为一个十进制数（0～255），称为点分十进制形式。这样上述 IP 地址就可写成 202.115.80.1。IP 地址由网络号和主机号两部分组成，网络号长度将决定整个 Internet 中能包含多少个网络，主机号长度则决定每个网络能容纳多少台主机。

IP 地址采用层次结构，其层次是按逻辑网络结构进行划分的。按照 IP 地址的逻辑层次来分，IP 地址可以分成 5 种类型：A 类、B 类、C 类、D 类、E 类。5 类 IP 地址中，目前一般使用的是 A 类、B 类、C 类，它们的地址格式如图 1-14 所示。D 类地址是一种组播地址，留给因特网内部使用；E 类地址保留在今后使用。

位数	31	30	29	28	27	26	25	24	23 ⋯ 16	15 ⋯ 8	7 ⋯ 0
A 类	0				网络号					主机号	
B 类	1	0				网络号				主机号	
C 类	1	1	0			网络号					主机号

图 1-14　IP 地址格式

（2）域名系统。

数字式的 IP 地址不容易记忆和分类，为此，TCP/IP 协议引进了一种字符型的主机命名机制，这就是域名（Domain Name，DN）。域名的实质就是用一组具有助记功能的英文简写名称代替 IP 地址。域名的定义工作由域名系统（Domain Name System，DNS）完成，它把形象化的域名翻译成对应的数字式 IP 地址。

由于域名与 IP 地址一样众多，为了避免域名的重名，域名采用层次结构，各层次的子域名之间用圆点"."隔开，从右至左分别是第一级域名（或称顶级域名）、第二级域名、第三级域名，直至主机名（最低级域名），形成了域名的名称结构，如下：

主机名.…….第三级域名.第二级域名.第一级域名

国际上，第一级域名采用通用的标准代码，它分组织机构和地理模式两类。由于因特网诞生在美国，所以其第一级域名采用组织机构域名，美国以外的其他国家和地区都采用主机所在地的名称为第一级域名，例如 CN（中国）、JP（日本）、HK（中国香港）、UK（英国）等。表 1-3 所示为常用一级域名的标准代码。

表 1-3　常用一级域名的标准代码

域名代码	意义	域名代码	意义
COM	商业机构	NET	主要网络支持中心
EDU	教育机构	ORG	其他组织
GOV	政府机关	INT	国际组织
MIL	军事部门	<country code>	国家和地区代码（地理域名）

例如，域名 www.sina.com.cn，其中 www 表示主机名称（万维网服务），sina 表示主机名称（新浪网站的名字），com 表示商业机构，cn 表示中国。

3．Internet 的接入方式

一台计算机要连入 Internet，并非直接与 Internet 相连，而是通过某种方式与 Internet 服务供应商（Internet Service Provider，ISP）提供的某台服务器相连，通过它再接入 Internet。目前，中国经营主干网的 ISP 除了 CHINANET、CERNET、CSTNET、CHINAGBN 这四家政府资助的外，还有大批 ISP 提供因特网接入服务，如中国移动、中国联通、中国电信等。

用户计算机与 ISP 连接的方式有两种：一种是将计算机接入已经与 ISP 连接的局域网；另一种是单机直接与 ISP 连接，包括电话线接入、无线接入等方式。

（1）局域网接入。

对于建立了局域网的单位和小区（如校园网），只要向 ISP 租用一条专线，就使得该局域网的所有用户都可通过局域网接入到 Internet。对于单位用户，只要给计算机安装网卡，并通过网线接入已经与 ISP 连接的局域网，然后对 TCP/IP 参数进行设置，该计算机就接入了 Internet。

（2）电话线接入。

通过电话线接入到 Internet，对家庭用户来说是最为经济、简单的一种方式。目前普遍采用的是 ADSL（非对称数字用户线路）方式。

ADSL 是一种通过普通电话线提供高速宽带数据业务的技术，采用了新的调制解调技术，使得从 ISP 到用户的传输速率（下行速率）可以达到 8Mb/s，而从用户到 ISP 的传输速率（上行速率）将近 1Mb/s。这种非对称的特性非常适合那些需要从网上下载大量信息，而用户向网络发送的信息较少的应用，如 Internet 远程访问、视频点播等。

采用 ADSL 接入因特网，除了一台带有网卡的计算机和一条直拨电话线外，还需要向电信部门申请 ADSL 业务。由相关服务部门负责安装话音分离器、ADSL 调制解调器和拨号软件。完成安装后，就可以根据提供的用户名和口令拨号上网了。

（3）无线接入。

无线连接方便简单，不需要布线，因此为组网提供了极大的便捷，并且在网络环境发生变化需要更改的时候，也易于更改和维护。

无线连接需要一台无线 AP，AP 很像有线网络中的集线器或交换机，是无线局域网络中的桥梁。有了 AP，装有无线网卡的计算机或支持 Wi-Fi 功能的手机等设备就可以快速轻易地与网络相连，通过 AP，这些计算机或无线设备就可以接入因特网。

1.6.4　因特网应用

目前 Internet 上提供的应用功能很多，随着 Internet 的不断发展，它所提供的应用将会进一步增加。

1. WWW 服务

WWW（World Wide Web）译为万维网，简称 Web，它是目前 Internet 上发展最快、应用最广泛的服务类型。

（1）WWW 概述。WWW 是一个基于超文本（Hypertext）方式的信息检索服务系统。用户可以利用浏览器（Browser）访问 WWW 网站中的网页。网页是用超文本标记语言（Hyper Text Markup Language，HTML）编写的，并在超文本传输协议（HyperText Transfer Protocol，HTTP）支持下运行。一个网站的第一个 Web 页称为主页或首页，它主要体现出这个网站的特点和服务项目。每一个 Web 页都有一个唯一的地址（URL）来表示。

（2）超文本和超链接。超文本是用超链接的方法将各种不同的信息组织在一起的网状文本，它不仅包含有文本信息，还可以包含图形、声音、图像和视频等多媒体信息。超文本文档称为网页，也称为 Web 页。Web 页通过超链接连接到其他网页，超链接在网页上一般突出显示，用鼠标单击它就可以从一个网页跳转到另一个网页进行阅读。

（3）统一资源定位器（URL）。URL 是在 WWW 上进行资源定位的标准，使 WWW 的每一个文档在整个 Internet 范围内具有唯一的标识符。URL 的形式为：

　　　　协议类型://存放资源的主机域名/路径/资源文件名

例如，中南大学网站"校内导航"的 URL 是：

　　　　http://www.csu.edu.cn/index/xndh.htm

其中，http 表示采用超文本传输协议访问 WWW 服务器；www.csu.edu.cn 代表存放网页的 WWW 服务器的域名或站点服务器的名称；index 为该服务器上的文件夹，表示资源文件的搜索路径；xndh.htm 是文件夹 index 中的一个 HTML 文件。

（4）HTTP 协议。超文本传输协议 HTTP 是 Web 浏览器和 Web 服务器之间的应用层通信协议，它保证计算机正确快速地传输超文本文档。HTTP 是一种请求/响应型的协议。一个客户机与服务器建立连接后，发送一个请求给服务器，服务器接到请求后，给予相应的响应信息。

（5）浏览器。浏览器是用于浏览 WWW 的工具，安装在客户端的机器上，是一种客户软件。它能够把用超文本标记语言描述的信息转换成便于理解的形式。此外，它还是用户与 WWW 之间的桥梁，把用户对信息的请求转换成网络上计算机能够识别的命令。浏览器有很多种，目前比较常用的 Web 浏览器是微软公司的 Internet Explorer（IE）。

2．电子邮件

电子邮件（E-mail）是 Internet 中目前使用最频繁最广泛的服务之一，利用电子邮件不仅可以传送文本信息，还可以传送声音、图像等信息。

邮件服务器有两种类型：发送邮件服务器（SMTP 服务器）和接收邮件服务器（POP3 服务器）。发送邮件服务器采用 SMTP（Simple Mail Transfer Protocol）协议，作用是将用户的电子邮件转交到收件人邮件服务器中。接收邮件服务器采用 POP3（Post Office Protocol）协议，用于将发送的电子邮件暂时寄存在接收邮件服务器里，等待接收者从服务器上将邮件取走。E-mail 地址中"@"后的字符串就是一个 POP3 服务器名称。很多电子邮件服务器既有发送邮件的功能，又有接收邮件的功能，这时 SMTP 服务器和 POP3 服务器的名称是相同的。

电子邮件的收发需要电子邮箱。电子邮件地址的格式为：abc@xyz，其中，@（读音为 at）左边为用户名，在用户申请邮箱时由用户自己命名，可以是字符组合或代码，@右边是提供电子邮件服务的服务器域名。例如，电子邮箱地址 jszx@mail.csu.edu.cn 中的 jszx 为用户名，mail.csu.edu.cn 为电子邮件服务器的域名。

3．FTP 与 Telnet 服务

文件传输协议 FTP 与远程登录协议 Telnet 是 Internet 上使用广泛的基本服务，它们既是应用程序，又是协议。

（1）FTP 服务。FTP 使用客户端/服务器模式，提供交互式的访问，允许服务器指明文件的类型和格式，允许文件具有存取权限（如访问文件的用户必须经过授权并输入有效的口令）。

在网络环境中，各计算机存储数据的格式、文件命名规则、访问控制方法各有不同，FTP 减少或消除了在不同操作系统下处理文件的不兼容性，可将文件从一台计算机复制到另一台计算机。FTP 屏蔽了各计算机系统的细节，因而适合在异构网络中的任意计算机之间传输文件。

（2）Telnet 服务。远程登录（Telecommunications Network，Telnet）给用户提供了一种通过与其联网的终端登录远程服务器的方式。Telnet 通过 TCP 端口号 23 工作。

Telnet 采用客户端/服务器工作模式，使用 Telnet 要求在客户端运行一个名为 Telnet 的程序与指定的远程机建立连接。客户机和远程机一旦连接起来，用户输入的所有信息都会传输给远程机，远程机的响应信息全部在本地客户机上显示。

4．网络信息搜索

随着 Internet 的迅速发展，电子信息不断地丰富起来，然而这些信息却是散布在无数个服务器上。对于普通用户来说，如何能迅速准确地找到自己需要的信息是一项急需解决的重要问题。搜索引擎（Search Engine）就在用户和信息源之间架起了沟通的桥梁。

（1）搜索引擎。

搜索引擎是专门查询信息的站点。由于这些站点提供全面的信息查询功能，就像发动机一样强劲有力，所以被称为"搜索引擎"。

搜索引擎按其工作方式主要分为 3 类：全文搜索引擎（Full Text Search Engine）、目录索引搜索引擎（Search Index/Directory）和元搜索引擎（Meta Search Engine）。

- 全文搜索引擎。全文搜索引擎（如国外具有代表性的 Google、Inktomi、Teoma、WiseNut 等，国内著名的百度）是通过从 Internet 上提取各个网站的信息（以网页文字为主）而建立的数据库，它检索与用户查询条件匹配的相关记录，然后按一定的排列顺序将结果返回给用户。
- 目录索引搜索引擎。目录索引虽然有搜索功能，但严格意义上算不上是真正的搜索引擎，仅仅是按目录分类的网站链接列表而已。用户完全可以不用进行关键词查询，仅靠分类目录也可查找到需要的信息。目录索引中最具代表性的是雅虎（Yahoo!），国内的搜狐、新浪、网易也属于这类搜索引擎。
- 元搜索引擎。元搜索引擎没有自己的数据，而是将用户的查询请求同时向多个搜索引擎递交，将返回的结果进行重复排除、重新排序等处理后作为自己的结果返回给用户。服务方式为面向网页的全文检索。优点是返回结果的信息量更大、更全，缺点是不能充分使用搜索引擎的功能，用户需要做更多的筛选。著名的元搜索引擎有 InfoSpace、Dogpile 等，中文元搜索引擎中最具代表性的是搜星搜索引擎。

（2）信息检索。

Internet 上有很多信息检索系统，例如查询天气预报、电话费、期刊文献资料等的，能为用户提供非常多的专业信息，这些专业信息很可能是通过搜索引擎无法查找到的。

Internet 上的信息查询系统的工作方式跟搜索引擎表面上类似，用户通过它们可以查询到很多信息，而且提供给用户的操作界面和操作方法也相似，例如天气预报查询系统、图书期刊检索系统、电话费查询系统。

这些信息查询系统和搜索引擎的本质区别在于信息的来源不一样。搜索引擎的信息来源于 Internet 上的网站或网页，而信息查询系统向用户提供的信息基本上来自于自身，很少到 Internet 上去搜索信息供用户查询。例如，电信局为用户提供的电话费及话费清单的数据库来源于电信局；某全文检索系统的数据库的内容仅来源于几种杂志或期刊上发表的文章，为科研人员检索文献提供服务。

5. 其他应用

（1）即时通信。即时通信（Instant Messenger，IM）是 Internet 提供的一种能够即时发送和接收信息的服务。目前即时通信不再是一个单纯的个人聊天工具，而是已发展成集通信交流、休闲娱乐、信息发布、资源搜索、电子商务、办公协作和企业客户服务等为一体的综合化信息平台。

即时通信是目前 Internet 上最为流行的通信方式，各种各样的即时通信软件也层出不穷，服务提供商也提供了越来越丰富的通信服务功能。即时通信软件可以说是我国上网用户使用率最高的软件，目前有腾讯的 QQ、微软的 MSN 和 Skype 等。

（2）微信。微信（WeChat）是腾讯公司于 2011 年 1 月推出的一款通过网络快速发送文字、图片、视频、支持多人语音对讲的手机聊天软件。微信提供公众平台、朋友圈、消息推送等功能，用户可以通过"摇一摇""搜索号码""附近的人"和扫二维码方式添加好友和关注公众平台，通过微信与好友进行形式上更加丰富的类似于短信、彩信等方式的联系。

1.7　数据结构基础

计算机是通过执行人们所编制的程序来完成预定的任务。在广义上讲，计算机按照程序所描述的算法对某种结构的数据进行加工处理。著名的瑞士计算机科学家沃思（N. Wirth）教授曾提出：算法+数据结构=程序。

算法是对数据运算的描述，而数据结构是指数据的逻辑结构和存储结构。程序设计的实质是对实际问题选择一种好的数据结构，加之设计一个好的算法，而好的算法在很大程度上取决于描述实际问题的数据结构。

1.7.1　算法

许多数值计算问题的数学模型常常是数学方程，如线性方程组、微分方程，所以这类数值计算问题的解决就归结于对数学模型设计算法、编写程序。然而在实际应用中存在着许多非数值计算问题，这类问题涉及的数据元素之间的相互关系一般无法用数学方程式加以描述。因此，解决此类问题的关键已不再是分析数学模型和计算方法，而是要设计出合适的数据结构。

1. 算法的定义及特性

算法（Algorithm）是对问题求解步骤的一种描述，具有以下 5 个基本特征：

（1）有穷性。一个算法必须总是在执行有穷步之后结束，每步指令的执行次数必须是有限的，且每一步都在有穷时间内完成。

（2）确定性。算法中每一条指令必须有确切的含义，不存在二义性。

（3）可行性。一个算法是可行的，即算法描述的操作都可以通过已经实现的基本运算执行有限次来实现，每条指令的执行时间都是有限的。

（4）输入。具有 0 个或多个输入的外界量（算法开始前的初始量），这些输入取自于某个特定的对象集合。

（5）输出。至少产生一个输出，这些输出是同输入有着某些特定关系的量，它们是算法执行完后的结果。

2. 算法设计的要求

评价一个好的算法有以下 5 个标准：

（1）正确性。算法应满足具体问题的需求。例如，程序不含语法错误；程序对于几组输入数据能够得出满足规格说明要求的结果；程序对于一切合法的输入数据都能产生满足规格说明要求的结果。

（2）可读性。算法应容易供人阅读和交流，可读性好的算法有助于对算法的理解和修改。

（3）健壮性。算法应具有容错处理。当输入非法或错误数据时，算法应能适当地作出反应或进行处理，而不会产生错误的输出结果或造成程序无法执行。

（4）通用性。算法应具有一般性，即算法的处理结果对于一般的数据集合都成立。

（5）效率与存储量需求。效率指的是算法执行的时间；存储量需求指算法执行过程中所需要的最大存储空间。要求速度快，存储容量小。一般地，这两者与问题的规模有关。

3. 算法的复杂度

算法的复杂度主要包括时间复杂度和空间复杂度。

（1）时间复杂度。

算法的时间复杂度是指执行算法所需要的计算工作量。因为基本运算反映了算法运算的主要特征，因而可以用算法在执行过程中所需基本运算的执行次数来度量算法的工作量。

算法所执行的基本运算次数还与问题的规模有关，当算法的工作量用算法所执行的基本运算次数来度量时，算法所执行的基本运算次数又是问题规模的函数，即：

$$算法的工作量 = f(n)$$

其中 n 是问题的规模。例如，两个 n 阶矩阵相乘所需的基本运算（即两个实数的乘法）次数为 n^3，即计算工作量为 n^3，也就是时间复杂度为 n^3。

在具体分析一个算法的工作量时，还会存在这样的问题：对于一个固定的规模，算法所执行的基本运算次数还可能与特定的输入有关，而实际上又不可能将所有可能情况下算法所执行的基本运算次数都列举出来。在同一个问题规模下，如果算法执行所需的基本运算次数取决于某一特定输入时，可以用平均性态分析和最坏情况复杂性方法来分析算法的工作量。平均性态分析是指用各种特定输入下的基本运算次数的加权平均值来度量算法的工作量。最坏情况复杂性则是以最坏的情况估算算法执行时间的一个上界。一般情况下后者更为常用。

（2）空间复杂度。

算法的空间复杂度是指执行这个算法所需要的内存空间，包括 3 个方面：一是存储算法本身所占用的存储空间；二是算法中的输入输出数据所占用的存储空间；三是算法在运行过程中临时占用的存储空间。

1.7.2　数据结构

数据结构是研究程序中数据的最佳组织方式，以达到程序执行速度快、数据占用的内存空间少、能够更快地访问这些数据的目的。掌握数据结构的基本概念以及一些最常用的数据结构既是学习其他软件知识的基础，又能对提高程序设计和软件开发水平提供极大帮助。

1. 数据结构的定义

（1）数据。数据是对客观事物的符号表示，在计算机科学中是指能够输入到计算机中，并被计算机识别和处理的符号的总称。因此，对计算机科学而言，数据的含义极为广泛，诸如数字、字母、汉字、图形、图像、声音都称为数据。

（2）数据元素与数据项。

数据元素（Data Element）是组成数据的基本单位，在计算机程序中通常作为一个整体进行考虑和处理。

数据元素是一个数据整体中相对独立的单位，但它还可以分割成若干具有不同属性的项（字段），称为数据项。数据项（Data Item）是数据的不可分割的最小单位。比如，包括书名、作者名、分类号、出版单位及出版时间在内的一条书目信息在计算机图书管理程序中被作为一个数据元素来看待，而书名、分类号等被称为数据项。

（3）数据对象。数据对象（Data Object）是性质相同的数据元素组成的集合，是数据的一个子集。例如，整数数据对象的集合可表示为 N={0，±1，±2，…}，字母字符数据对象的集合可表示为 C={ 'A'，'B'，…，'Z' }。

（4）数据结构。数据结构（Data Structure）是指相互之间存在一种或多种特定关系的数据元素所组成的集合。具体来说，数据结构包含 3 个方面的内容，即数据的逻辑结构、数据的存储结构和对数据所施加的运算。

2.　数据的逻辑结构

数据元素之间的逻辑关系就是数据的逻辑结构。一般情况下，一组数据元素并不是杂乱无章的，而是具有某种联系形式。这里的联系形式指数据元素与数据元素间的相互关系。数据之间的联系可以是固有的，也可以是根据数据处理的需要人为定义的。

数据的逻辑结构划分有两种方法。第一种方法是将数据元素之间的逻辑结构划分为线性结构和非线性结构两种基本类型。在线性结构中有且仅有一个开始结点和一个终端结点，并且所有结点都最多只有一个直接前驱和一个直接后继，如线性表、栈、队列和串等；在非线性结构中一个结点可能有多个直接前驱和直接后继，如树和图等。

第二种方法是将数据元素之间的逻辑结构划分为如图 1-15 所示的 4 种基本类型。集合结构中的数据元素之间除了"同属于一个集合"的关系外，别无其他关系；线性结构中的数据元素之间存在一对一的关系，第一个元素无直接前驱，最后一个元素无直接后继，其余元素都有一个直接前驱和直接后继；树型结构中数据元素之间存在一对多的关系；图状结构中数据元素间存在多对多的关系。

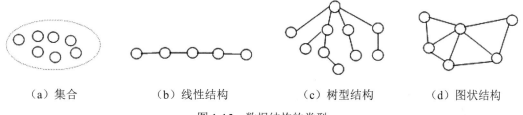

（a）集合　　　　　（b）线性结构　　　　　（c）树型结构　　　　　（d）图状结构

图 1-15　数据结构的类型

3.　数据的物理结构

数据的物理结构是指数据结构（包括数据及其之间的关系）在计算机存储器上的存储表示，也称为存储结构。

数据的逻辑结构和物理结构是两个密切相关的方面，任何一个算法的设计取决于选定的逻辑结构，而算法的实现依赖于采取的存储结构。

数据的存储结构有顺序存储、链接存储、索引存储和散列存储 4 种。一种数据结构可以根据需要表示成一种或多种存储结构。

（1）顺序存储。也叫向量存储，是指所有元素存放在一片连续的存储单元中，逻辑上相邻的元素存放到计算机内存中仍然相邻。

（2）链式存储。是指所有元素存放在可以不连续的存储单元中，但元素之间的关系可以通过地址确定，逻辑上相邻的元素存放到计算机内存后不一定是相邻的。

（3）索引存储。是指存放元素的同时，需要建立附加的索引表，索引表中的每一项称为索引项，索引项的一般形式是：（关键字，地址），其中的关键字是能唯一标识一个结点的那些数据项。

（4）散列存储。通过构造散列函数，用函数的值来确定元素存放的地址。

4. 数据的类型

数据类型（Data Type）是指在一种程序设计语言中变量所具有的数据种类。

数据类型是一个值的集合和定义在该值集上的一组操作的总称。数据类型是和数据结构密切相关的一个概念。例如，C 语言的数据类型有基本类型和构造类型，基本类型包括整型、实型、字符型等，构造类型包括结构体、共用体等。

数据结构不同于数据类型，也不同于数据对象，它不仅要描述数据类型的数据对象，而且要描述数据对象各元素之间的相互关系。

5. 数据的运算

研究数据结构，除了研究数据结构本身以外，还要研究与数据结构相关联的运算。这里的运算是指对数据结构中的数据元素进行的操作处理，而这些操作与数据的逻辑结构和物理结构有直接的关系，结构不同，则实现方法也不同。

数据结构运算的种类很多，主要运算包括：

- 创建（Create）：建立一个数据结构。
- 撤销（Destroy）：消除一个数据结构。
- 删除（Delete）：从一个数据结构中删除一个数据元素。
- 插入（Insert）：把一个数据元素插入到一个数据结构中。
- 访问（Access）：对一个数据结构进行访问。
- 修改（Modify）：对一个数据结构中的数据元素进行修改。
- 排序（Sort）：按照指定的关键字对一个数据结构进行从小到大或从大到小的整理排序。
- 查找（Search）：根据指定关键字对一个数据结构进行查找。

1.7.3　线性表

线性表是最简单、最常用的一种数据结构。

1. 线性表的定义

线性表（Linear List）是 n（n≥0）个数据元素 a_1，a_2，…，a_n 组成的有限序列，其中 n 称为数据元素的个数或线性表的长度。当 n=0 时称为空表，n>0 时称为非空表。通常将非空的线性表记为（a_1，a_2，…，a_n），其中的数据元素 a_i（1≤i≤n）是一个抽象的符号，具体含义在不同情况下是不同的，即它的数据类型可以根据具体情况而定。

从线性表的定义可以看出线性表有如下特征：

- 有且仅有一个开始结点（表头结点）a_1，它没有直接前驱，只有一个直接后继。
- 有一个终端结点（表尾结点）a_n，它没有直接后继，只有一个直接前驱。
- 其他结点都有一个直接前驱和直接后继。
- 元素之间为一对一的线性关系。

2. 线性表的顺序存储和运算

线性表的顺序存储结构也称为顺序表。

（1）线性表的顺序存储。

顺序表在存储时要求在内存中开辟一片连续存储空间，且该连续存储空间的大小要大于或等于顺序表的长度，然后让线性表中的第一个元素存放在连续存储空间的第一个位置，第二个元素紧跟着第一个之后，其余依此类推。在顺序表中各个元素的存放顺序及位置要求原来相邻的元素存放到计算机内存后一定相邻。

　　假设线性表中的元素为 $(a_1,a_2,\cdots,a_n)$，设第一个元素 a_1 的内存地址为 $Loc(a_1)$，而每个元素在计算机内占 d 个存储单元，则第 i 个元素 a_i 的地址为 $Loc(a_i)=Loc(a_1)+(i-1)\times d$（其中 $1\leqslant i\leqslant n$），如图 1-16 所示。

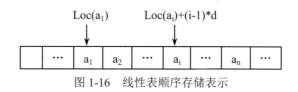

图 1-16　线性表顺序存储表示

　　（2）顺序表的基本运算。

　　顺序存储结构中，很容易实现线性表的一些操作。如初始化、赋值、查找、修改、插入、删除、求长度等。这里仅介绍插入与删除操作。

　　1）顺序表的插入运算。在顺序存储的线性表 L= $(a_1，\cdots，a_{i-1}，a_i，a_{i+1}，\cdots，a_n)$ 中的第 i（$1\leqslant i\leqslant n$）个位置上插入一个新结点 e，使其成为线性表，即 L=$(a_1，\cdots，a_{i-1}，e，a_i，a_{i+1}，\cdots，a_n)$，实现步骤如下：

　　①将线性表 L 中的第 i 个至第 n 个结点后移一个位置。

　　②将结点 e 插入到结点 a_{i-1} 之后。

　　③线性表长度加 1。

　　算法分析：在线性表 L 中的第 i 个元素之前插入新结点，其时间主要耗费在表中结点的移动操作上。设各个位置插入是等概率的，在顺序表上做插入运算，平均要移动表中一半的结点。当表长 n 较大时，算法的效率相当低。

　　2）顺序表的删除运算。在顺序存储的线性表 L=$(a_1，\cdots，a_{i-1}，a_i，a_{i+1}，\cdots，a_n)$ 中删除结点 a_i（$1\leqslant i\leqslant n$），使其成为线性表，即 L= $(a_1，\cdots，a_{i-1}，a_{i+1}，\cdots，a_n)$，实现步骤如下：

　　①将线性表 L 中的第 i+1 个至第 n 个结点依此向前移动一个位置。

　　②线性表长度减 1。

　　算法分析：删除线性表 L 中的第 i 个元素，其时间主要耗费在表中结点的移动操作上。不失一般性，设删除各个位置是等概率的，则在顺序表上做删除运算，平均要移动表中一半的结点。当表长 n 较大时，算法的效率相当低。

　　3. 线性表的链式存储和运算

　　线性表的链式存储结构也称为链表。

　　（1）线性表的链式存储。

　　链表是通过每个结点的指针域将线性表的 n 个结点按其逻辑次序链接在一起的，其存储方式是：在内存中利用存储单元（可以不连续）来存放元素值及它在内存中的地址，各个元素的存放顺序及位置都可以以任意顺序进行，原来相邻的元素存放到计算机内存后不一定相邻，从一个元素找下一个元素必须通过地址（指针）才能实现，故不能像顺序表一样可随机访问，而只能按顺序访问。常用的链表有线性链表（单链表）、循环链表和双向循环链表等。

　　1）性链表。若链表中，每一个结点只包含一个指针域，则该链表称为线性链表，也叫单链表。结点除数据域外还含有一个指针域，用来指出其后继结点的位置。一个链表结点的结构如图 1-17 所示，其中 data 是数据域，存放结点的值；next 是指针域，存放结点的直接后继的地址。

为操作方便，总是在链表的第一个结点之前附设一个头结点 Head，指向线性链表的第一个结点，头结点的数据域可以不存储任何信息（或存储链表长度等信息）。线性链表的最后一个结点无后继结点，它的指针域为空（记为 NIL 或∧），如图 1-18 所示。

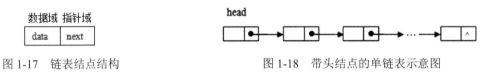

图 1-17　链表结点结构　　　　　　　图 1-18　带头结点的单链表示意图

2）循环链表。循环链表（Circular Linked List）是一种头尾相接的链表。循环链表的特点是最后一个结点的指针域指向链表的头结点，整个链表的指针域链接成一个环，如图 1-19 所示。

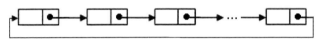

图 1-19　循环链表示意图

对于循环链表而言，只要给定链表中任何一个结点的地址，通过它就可以访问表中所有的其他结点。因此对于循环链表，并不需要像前面所讲的线性链表那样一定要指出指向第一个结点的指针 head。显然对循环链表来说不需明确指出哪个结点是第一个，哪个结点是最后一个。但为了控制执行某类操作（如搜索）的终止，可以指定循环链表中的任一结点，从该结点开始，依次对每个结点执行某类操作，当回到这个结点时，就停止执行这种操作。

（2）线性链表的基本运算。线性链表的运算有插入、删除、查找等，这里仅介绍单链表的插入与删除操作。

1）单链表的插入。对于单链表的插入操作，只需修改相应结点的指针域即可。例如，新结点 p 插入到表的 q 结点的后面，意味着 q 结点的后继结点是 p 结点，p 结点的后继结点是 q 结点原来的后继结点，实现这种改变，只需先将 q 结点原来的指针域赋给 p 结点的指针域，然后将 q 结点的指针域指向 p 结点。

2）单链表的删除。对于单链表的删除操作，同样只需修改相应结点的指针域即可。例如，删除 p 结点后面的 q 结点，意味着 p 结点的后继结点由原来的 q 结点改为 q 结点的后继结点，实现这种改变，只需将 q 结点原来的指针域赋给 p 结点的指针域即可。

1.7.4　栈和队列

栈和队列是两种应用非常广泛的数据结构，它们都来自线性表数据结构，都是"操作受限"的线性表。

1．栈

（1）栈的概念。

栈（Stack）是限制在表的一端进行插入和删除操作的线性表，又称为后进先出（Last In First Out，LIFO）或先进后出（First In Last Out，FILO）线性表。

在栈中，栈顶（top）是允许进行插入、删除操作的一端，又称为表尾。用栈顶指针（top）来指示栈顶元素，每次 top 指向栈顶数值的存储位置。栈底（bottom）是固定端，又称为表头。当栈中没有元素时称为空栈，并用 top=0 表示栈空的初始状态。

如图 1-20 所示，设栈 S=(a_1，a_2，$\cdots$，a_n)，则 a_1 称为栈底元素，a_n 为栈顶元素。栈中元素按 a_1，a_2，$\cdots$，a_n 的次序进栈，退栈的第一个元素应为栈顶元素，即栈的修改是按后进先出的原则进行的。

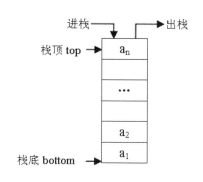

图 1-20　顺序栈示意图

（2）栈的运算。

栈的基本运算有 3 种：进栈、出栈和读栈顶元素。

1）进栈。进栈是栈的插入运算，它是在栈顶插入一个新的元素。操作步骤：先执行 top 加 1，使 top 指向新的栈顶位置，然后将数据元素保存到栈顶（top 所指的当前位置），元素个数加 1。

2）出栈。出栈是栈的删除运算，它将删除栈顶元素。操作步骤：先将 top 指向的栈顶元素取出，然后执行 top 减 1，使 top 指向新的栈顶位置，元素个数减 1。

3）读栈顶元素。读栈顶元素是将 top 指针指向的元素赋给一个指定变量，top 指针及栈中元素个数不变。

2. 队列

（1）队列的概念。

队列（Queue）也是运算受限的线性表，是一种先进先出（First In First Out，FIFO）的线性表。只允许在表的一端进行插入，而在另一端进行删除。在队列中，允许进行删除的一端称为队首（front），允许进行插入的一端称为队尾（rear）。

队列中没有元素时称为空队列。在空队列中依次加入元素 a_1，a_2，$\cdots$，a_n 之后，a_1 是队首元素，a_n 是队尾元素。显然退出队列的次序也只能是 a_1，a_2，$\cdots$，a_n，即队列的修改是依先进先出的原则进行的，如图 1-21 所示。

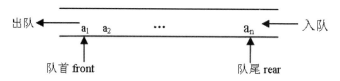

图 1-21　队列示意图

（2）队列的运算。

队列的基本运算有两种：进队和出队。

1）进队。进队是队列的插入运算，它是在队尾插入一个新的元素。其操作步骤是：先执行 rear 加 1，使 rear 指向新的队列的位置，然后将数据元素保存到队尾（rear 所指的当前位置），元素个数加 1。

2）出队。出队是队列的删除运算，它将删除队首元素。操作步骤：先将 front 指向的队首元素取出，然后执行 front 加 1，使 front 指向新的队首位置，元素个数减 1。

（3）循环队列。

顺序队列中存在"假溢出"现象。因为在入队和出队操作中，首、尾指针只增加不减小，致使被删除元素的空间永远无法重新利用。因此，尽管队列中实际元素个数可能远远小于数组大小，但可能由于尾指针已超出向量空间的上界而不能做入队操作，该现象称为假溢出。

为充分利用向量空间，克服上述"假溢出"现象的方法是：将为队列分配的向量空间看成为一个首尾相接的圆环，并称这种队列为循环队列（Circular Queue）。

在循环队列中进行出队、入队操作时，队首、队尾指针仍要加 1，朝前移动。只不过当队首、队尾指针指向向量上界（MAX_QUEUE_SIZE-1）时，其加 1 操作的结果是指向向量的下界 0。

显然，为循环队列所分配的空间可以被充分利用，除非向量空间真的被队列元素全部占用，否则不会上溢。因此，真正实用的顺序队列是循环队列。

在循环队列中入队时尾指针向前追赶头指针，出队时头指针向前追赶尾指针，故队空和队满时头尾指针均相等。因此，无法通过 front=rear 来判断队列"空"还是"满"，如图 1-22（a）和（b）所示。

解决此问题的方法是：约定入队前，测试尾指针在循环意义下加 1 后是否等于头指针，若相等则认为队满，即 rear 所指的单元始终为空。此时，m 个存储空间最多存放 m-1 个元素，如图 1-22（c）所示。

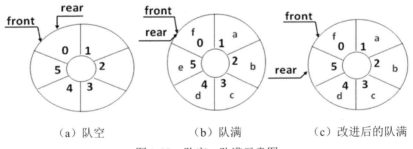

　　（a）队空　　　　　　　（b）队满　　　　　　（c）改进后的队满

图 1-22　队空、队满示意图

注意：无论是栈还是队列，与线性表一样，除了线性存储结构外，还有链式存储结构。

队列在计算机中的应用也十分广泛，硬设备中的各种排队器、缓冲区的循环使用技术、操作系统中的作业队列等都是队列应用的例子。

1.7.5　树和二叉树

树型结构是一类重要的非线性结构，树和二叉树是最常用的树型结构。树在计算机领域中有着广泛的应用，例如在编译程序中，用树来表示源程序的语法结构；在数据库系统中，可用树来组织信息；在分析算法的行为时，可用树来描述其执行过程等。

1. 树

（1）树的定义。

树（Tree）是 n（n≥0）个结点组成的有限集合 T，n=0 时称为空树，对于非空树：

1）有且仅有一个特殊的结点称为树的根（Root）结点。

2）若 n>1 时，则其余的结点被分为 m（m>0）个互不相交的集合 T_1、T_2、T_3、…、Tm，其中每个集合本身又是一棵树，并称其为根的子树（Subtree）。

这是树的递归定义，即用树来定义树，而只有一个结点的树必定仅由根组成，如图 1-23（a）所示。

（2）树的基本术语。

1）结点。结点（Node）是指一个数据元素及其若干指向其子树的分支。例如，图 1-23（a）的 A 结点，图 1-23（b）的 A～N 结点。

2）结点的度、树的度。结点所拥有的子树的棵数称为结点的度（Degree）。树中结点度的最大值称为树的度。如图 1-23（a）中，结点 A 无子树，度为 0，故树的度为 0；图 1-23（b）中，结点 A、D 有 3 棵子树，度为 3，结点 B、E、G 各有 2 棵子树，度为 2，结点 C 有 1 棵子树，度为 1，其余结点无子树，度为 0，由于结点的度最大为 3，故树的度为 3。

3）叶子结点、非叶子结点。树中度为 0 的结点称为叶子（Leaf）结点（或终端结点）。相对应地，度不为 0 的结点称为非叶子结点（或非终端结点或分支结点）。除根结点外，分支结点又称为内部结点。如图 1-23（b）中，结点 F、H～N 是叶子结点，所有其他结点都是分支结点。

4）孩子结点、双亲结点、兄弟结点。一个结点的子树的根称为该结点的孩子结点（Child）或子结点；相应地，该结点是其孩子结点的双亲结点（Parent）或父结点。如图 1-23（b）中，结点 B、C、D 是结点 A 的子结点，而结点 A 是结点 B、C、D 的父结点；类似地，结点 E、F 是结点 B 的子结点，结点 B 是结点 E、F 的父结点。同一双亲结点的所有子结点互称为兄弟结点。如图 1-23（b）中，结点 B、C、D 是兄弟结点；结点 E、F 是兄弟结点。

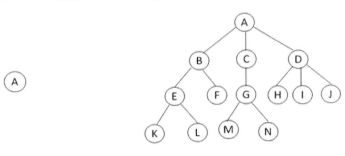

（a）只有根结点　　　　　　　　　　（b）一般的树

图 1-23　树的示例形式

5）层次、堂兄弟结点。规定树中根结点的层次为 1，其余结点的层次等于其双亲结点的层次加 1。若某结点在第 i（i≥1）层，则其子结点在第 i+1 层。双亲结点在同一层上的所有结点互称为堂兄弟结点，如图 1-23（b）中的结点 E、F、G、H、I、J。

6）结点的层次路径、祖先、子孙。从根结点开始，到达某结点 p 所经过的所有结点称为结点 p 的层次路径（有且只有一条）。结点 p 的层次路径上的所有结点（p 除外）称为 p 的祖先（Ancester）。以某一结点为根的子树中的任意结点称为该结点的子孙结点（Descent）。

7）树的深度。树的深度（Depth）是指树中结点的最大层次值，又称为树的高度，如图 1-23（b）中树的高度为 4。

8）有序树和无序树。对于一棵树，若其中每一个结点的子树（若有）具有一定的次序，则该树称为有序树，否则称为无序树。

9）森林。森林（Forest）是 m（m≥0）棵互不相交的树的集合。显然，若将一棵树的根结点删除，剩余的子树就构成了森林。

2．二叉树

（1）二叉树的定义。二叉树（Binary Tree）是 n（n≥0）个结点组成的有限集合。n=0 时称为空树，否则：

1）有且仅有一个特殊的结点称为树的根（Root）结点。

2）n>1 时，其余的结点被分成两个互不相交的集合 T_1、T_2，分别称为左子树和右子树，并且左右子树又都是二叉树。

根据二叉树的定义可知，二叉树的结点度数只能为 0（叶子结点）、1（只有 1 棵子树）或 2（有 2 棵子树）。

（2）二叉树的基本形态。二叉树有 5 种基本形态，如图 1-24 所示。

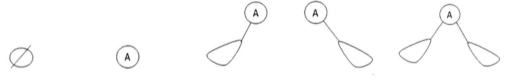

（a）空二叉树　　（b）单结点二叉树　　（c）右子树为空　　（d）左子树为空　　（e）左右子树都不空

图 1-24　树的 5 种形态

（3）满二叉树和完全二叉树。

1）满二叉树。

一棵深度为 k 且有 2k-1 个结点的二叉树称为满二叉树（Full Binary Tree），如图 1-25 所示就是一棵深度为 4 的满二叉树。

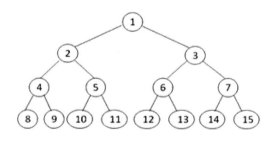

图 1-25　满二叉树

满二叉树的特点是，每一层上的结点数总是最大结点数；除叶子结点外，满二叉树的所有分支结点都有左右子树；可对满二叉树的结点进行连续编号，规定从根结点开始，按"自上而下、自左至右"的原则进行。

2）完全二叉树。

如果深度为 k，有 n 个结点的二叉树，当且仅当其每一个结点都与深度为 k 的满二叉树中编号从 1 到 n 的结点一一对应，则该二叉树称为完全二叉树（Complete Binary Tree），或深度为 k 的满二叉树中编号从 1 到 n 的前 n 个结点构成了一棵深度为 k 的完全二叉树。如图 1-26 所示就是一棵深度为 4 的完全二叉树。完全二叉树是满二叉树的一部分，而满二叉树是完全二叉树的特例。

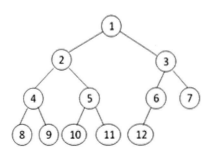

图 1-26　完全二叉树

完全二叉树的特点是，若完全二叉树的深度为 k，则所有的叶子结点都出现在第 k 层或 k-1 层。对于任一结点，如果其右子树的最大层次为 i，则其左子树的最大层次为 i 或 i+1。

（4）二叉树的性质。

性质 1：在非空二叉树中，第 i 层上至多有 2^{i-1} 个结点（i≥1）。

性质 2：深度为 k 的二叉树至多有 2^k-1 个结点（k≥1）。

性质 3：对任何一棵二叉树，若其叶子结点数为 n_0，度为 2 的结点数为 n_2，则 $n_0=n_2+1$。

性质 4：n 个结点的完全二叉树深度为：$\lfloor \log_2 n \rfloor +1$。其中符号 $\lfloor x \rfloor$ 表示不大于 x 的最大整数。

性质 5：若对一棵有 n 个结点的完全二叉树（深度为 $\lfloor \log_2 n \rfloor +1$）的结点按层（从第 1 层到第 $\lfloor \log_2 n \rfloor +1$ 层）序自左至右进行编号，则对于编号为 i（1≤i≤n）的结点：

1）若 i=1，则结点 i 是二叉树的根，无双亲结点；否则，若 i>1，则其双亲结点编号是 $\lfloor i/2 \rfloor$。

2）如果 2i>n，则结点 i 为叶子结点，无左孩子；否则，其左孩子结点编号是 2i。

3）如果 2i+1>n，则结点 i 无右孩子；否则，其右孩子结点编号是 2i+1。

（5）二叉树的存储结构。

计算机中二叉树一般采用链式存储结构。二叉树的链式存储方式下，每个结点包含 3 个域，分别记录该结点的属性值及左右子树的位置，如图 1-27 所示。

指针域	数据域	指针域
lchild	data	rchild

图 1-27　链式存储下二叉树结点的结构

其中，lchild 指向该结点的左子树，rchild 指向该结点的右子树。

这种形式的结点再加上一个指向树根的指针 t 就构成此二叉树的存储表示。图 1-28（b）给出了图 1-28（a）所示的二叉树的链式存储表示。

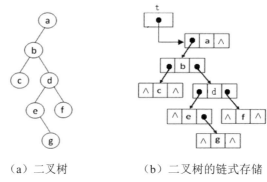

（a）二叉树　　　　　　　（b）二叉树的链式存储

图 1-28　二叉树的链式存储表示

对于满二叉树和完全二叉树来说，还可以自上而下、从左到右按层进行顺序存储。这样不仅可以节省存储空间，还能方便地确定每一个结点的父结点和左右子结点的位置。

（6）二叉树的遍历。

遍历二叉树（Traversing Binary Tree）是指按指定的规律对二叉树中的每个结点访问一次且仅访问一次。所谓访问是指对结点做某种处理，如输出信息、修改结点的值等。

若以 L、D、R 分别表示遍历左子树、遍历根结点和遍历右子树，规定先左后右，则有 3 种遍历方案：先（根）序遍历 DLR、中（根）序遍历 LDR 和后（根）序遍历 LRD。

1）先（根）序遍历 DLR。若二叉树为空，则遍历结束；否则首先访问根结点；然后按照先序遍历左子树；再按照先序遍历右子树。

2）中（根）序遍历 LDR。若二叉树为空，则遍历结束；否则首先按中序遍历左子树；再访问根结点；最后按中序遍历右子树。

3）后（根）序遍历 LRD。若二叉树为空，则遍历结束；否则首先后序遍历左子树；再后序遍历右子树；最后访问根结点。

对图 1-28 所示的二叉树进行遍历，先序遍历结果为 abcdegf，中序遍历结果为 cbegdfa，后序遍历结果为 cgefdba。

1.7.6　查找

查找是数据处理中常用的操作，特别当查找的对象是一个庞大数量的数据集合中的元素时，查找的方法和效率就显得格外重要。

所谓查找是指在给定的数据结构中确定表中是否有一个关键字等于给定值的记录或数据元素。一般来说，应该根据不同的数据结构采用不同的查找方法。查找效率直接影响数据处理结果。衡量查找效率的标准是平均查找长度（Average Search Length，ASL），即查找过程中关键字和给定值比较的平均次数。查找的结果有两种：一是查找成功，找到给定值；二是查找不成功，没找到给定值。

1．顺序查找

顺序查找就是将给定的 K 值与查找表中记录的关键字逐个进行比较，找到要查找的记录。

（1）查找思想。从表的一端开始逐个将记录的关键字和给定 K 值进行比较，若某个记录的关键字和给定 K 值相等，查找成功；否则，若扫描完整个表，仍然没有找到相应的记录，则查找失败。

（2）算法分析。在平均情况下，利用顺序查找方法在线性表中查找一个元素，大约要与线性表中的一半左右的元素进行比较。假定线性表元素个数为 n，最好情况下是比较 1 次，最坏情况下是比较 n 次。不失一般性，设查找每个记录成功的概率相等，则顺序查找成功的平均查找长度为(n+1)/2，其平均复杂度为 $O(n)$。

2. 二分查找

二分查找又称为折半查找，是一种效率较高的查找方法。在查找过程中，先确定待查找记录在表中的范围，然后逐步缩小范围（每次将待查记录所在区间缩小一半），直到找到或找不到记录为止。

注意，采用二分查找要求查找表是顺序存储，且表中的所有记录是按关键字排序（假设按升序）。

（1）查找思想。用 Low、High 和 Mid 表示待查找区间的下界、上界和中间位置指针，初值为 Low=1，High=n。

1）确定中间位置 Mid，Mid=⌊(Low+High)/2⌋。

2）比较中间位置记录的关键字与给定的 K 值。如果相等，则查找成功；如果中间位置记录的关键字大于给定的 K 值，则待查记录在区间的前半段，修改上界指针：High=Mid-1，转1）；如果中间位置记录的关键字小于给定的 K 值，则待查记录在区间的后半段，修改下界指针：Low=Mid+1，转 1）。

3）直到 Low>High，查找失败。

（2）算法分析。

二分查找效率比较高，查找时每经过一次比较，查找范围就缩小一半，在最坏的情况下，需要比较 $\log_2 n$ 次，其时间复杂度为 $O(\log_2 n)$。

1.7.7 排序

将任一文件中的记录通过某种方法整理成为按记录关键字有序排列的处理过程称为排序。排序是数据处理中一种常用的操作。

1. 排序

排序（Sorting）是将一批（组）任意次序的记录重新排列成按关键字有序的记录序列的过程。给定一组记录序列：$\{R_1, R_2, \cdots, R_n\}$，其相应的关键字序列是 $\{K_1, K_2, \cdots, K_n\}$，确定 1，2，…，n 的一个排列 $p_1, p_2, \cdots, p_n$，使其相应的关键字满足如下非递减（或非递增）关系：$K_{p1} \leq K_{p2} \leq \cdots \leq K_{pn}$ 的序列 $\{K_{p1}, K_{p2}, \cdots, K_{pn}\}$，这种操作称为排序。其中，关键字 K_i 可以是记录 R_i 的主关键字，也可以是次关键字或若干数据项的组合。

2. 排序的稳定性

若记录序列中有两个或两个以上关键字相等的记录：$K_i = K_j$（$i \neq j$，i，j=1，2，…，n），且在排序前 R_i 先于 R_j（$i < j$），排序后的记录序列仍然是 R_i 先于 R_j，称排序方法是稳定的，否则是不稳定的。

排序算法有许多，但就全面性能而言，还没有一种公认为最好的。每种算法都有其优点和缺点，分别适合不同的数据量和硬件配置。

评价排序算法的标准有执行时间和所需的辅助空间，其次是算法的稳定性。

3. 内部排序算法的分类

（1）插入排序。

插入排序就是依次将无序序列中的一个记录按关键字值的大小插入到已排好序的一个子序列的适当位置，直到所有的记录都插入为止。具体的方法有基于顺序查找的直接插入排序（Straight Insertion Sort）、基于折半查找的折半插入排序和基于增量逐趟缩小的希尔排序（Shell Sort）。

1）直接插入排序。

直接插入排序的排序思想是每步将一个待排序的对象按其关键码大小插入到前面已经排好序的一组对象的适当位置上，直到对象全部插入为止。即边插入边排序，保证子序列中随时都是排好序的。

一般地，认为待排序的记录可能出现的各种排列的概率相同，则最好与最坏两种情况的平均值作为排序的关键字比较次数和记录移动次数约为 $n^2/4$，则时间复杂度为 $O(n^2)$，空间复杂度为 $O(1)$，是一种稳定的排序方法。

2）折半插入排序。

折半插入排序的排序思想是在插入 R_i 时利用折半查找法寻找 R_i 的插入位置。

折半查找比顺序查找快，所以折半插入排序就平均性能来说比直接插入排序要快。它所需要的关键码比较次数与待排序对象序列的初始排列无关，仅依赖于对象个数。在插入第 i 个对象时，需要经过 $\lfloor \log_2 i \rfloor + 1$ 次关键码比较，才能确定它应插入的位置。当 n 较大时，总关键码比较次数比直接插入排序的最坏情况要好得多，但比其最好情况要差。在对象的初始排列已经按关键码排好序或接近有序时，直接插入排序比折半插入排序执行的关键码比较次数要少，折半插入排序的对象移动次数与直接插入排序相同，依赖于对象的初始排列。

折半插入排序减少了比较次数，但没有减少移动次数，平均性能优于直接插入排序，时间复杂度为 $O(n^2)$，空间复杂度为 $O(1)$，是一种稳定的排序方法。

（2）交换排序。

交换排序就是对于待排序记录序列中的记录，两两比较记录的关键字，并对反序的两个记录进行交换，直到整个序列中没有反序的记录偶对为止。具体的方法有冒泡排序（Bubble Sort）和快速排序。

1）冒泡排序。

冒泡排序的思想是每趟不断将相邻的两个记录两两比较，并按"前小后大"规则交换。

对于冒泡排序来说，每趟结束时不仅能找出一个最大值到最后面位置，还能同时部分理顺其他元素；一旦下趟没有交换，便可提前结束排序。

设对象个数为 n，比较次数和移动次数与初始排列有关：最好情况下，只需 1 趟排序，比较次数为 n-1，不移动；最坏情况下，需 n-1 趟排序，第 i 趟比较 n-i 次，移动 3(n-i)次。冒泡排序算法的时间复杂度为 $O(n^2)$，空间复杂度为 $O(1)$，是一种稳定的排序方法。

2）快速排序。

快速排序的思想是任取一个元素（如第一个）为中心，所有比它小的元素一律前放，比它大的元素一律后放，形成左右两个子表；对各子表重新选择中心元素并依此规则调整，直到每个子表的元素只剩一个。

实验结果表明，就平均计算时间而言，快速排序是所讨论的所有内排序方法中最好的一个。可以证明，快速排序是递归的，需要有一个栈存放每层递归调用时的参数，最大递归调用层次数与递归树的深度一致，要求存储开销为 $O(\log_2 n)$，平均计算时间是 $O(n\log_2 n)$。

在快速排序算法中，每趟确定的元素呈指数增加，故时间效率为 $O(n\log_2 n)$，递归要用到栈空间，其空间效率为 $O(\log_2 n)$，由于可选任一元素为支点，故快速排序算法不稳定。

（3）选择排序。

简单选择排序（Simple Selection Sort）又称为直接选择排序，就是每次从当前待排序的记录中选取关键字最小的记录，然后与待排序的记录序列中的第一个记录进行交换，直到整个记录序列有序为止。即通过 n-i 次关键字间的比较，从 n-i+1 个记录中选取关键字最小的记录，然后和第 i 个记录进行交换，i=1，2，…，n-1。

简单选择排序整个算法采用二重循环：外循环控制排序的趟数，对 n 个记录进行排序的趟数为 n-1 趟；内循环控制每一趟的排序。进行第 i 趟排序时，关键字的比较次数为 n-i，则比较次数为 n(n-1)/2。故简单选择排序算法的时间复杂度是 $O(n^2)$，空间复杂度是 $O(1)$。从排序的稳定性来看，简单选择排序是不稳定的。

4．排序算法的比较

综合前面讨论的各种内部排序方法，有如表 1-4 所示的比较结果。

表 1-4　各种排序算法的比较

类别	排序方法	平均时间	比较次数		移动次数		稳定性	附加存储空间
			最好	最差	最好	最差		
插入类	直接插入	n^2		n^2	0	n^2	稳定	1
	折半插入	n^2	$n\log_2 n$		0	n^2	稳定	1
交换类	冒泡排序	n^2	n	n^2	0	n^2	稳定	1
	快速排序	$n\log_2 n$	$n\log_2 n$	n^2	$n\log_2 n$	n^2	不稳定	$n\log_2 n$
选择类	简单选择	n^2	n^2		0	n	不稳定	1

1.8　程序设计基础

程序（Program）可以理解为让计算机解决某一问题而写出的一系列指令，编写程序的过程就称为程序设计（Programming），用于描述计算机所执行的操作的语言称为程序设计语言（Program Language）。程序设计是一门技术，需要相应的理论、方法和工具来支持。从第一台电子计算机问世以来，硬件技术获得了飞速发展，与此相适应，程序设计方法也经历了早期手工作坊式的程序设计、结构化程序设计到面向对象程序设计等发展阶段。

1.8.1　程序设计的风格和方法

1．程序设计风格

所谓程序设计风格是指编写程序时表现出来的特点、习惯和逻辑思路。"清晰第一，效率第二"的观点已经成为当今主导的程序设计风格。良好的程序设计风格可以使程序结构清晰合理，程序代码便于维护。形成良好的程序设计风格，一般要注重以下几点：

（1）源程序文档使用的符号名应具有一定的含义，以便对程序功能的理解；对源程序适当地注解，以便读者阅读理解程序；在程序中利用空格、空行、缩进等技巧使程序层次清楚。

（2）对程序中的数据进行适当说明。例如按字母顺序说明变量、使用注解来说明复杂数据的结构等。

（3）程序中的语句结构应该简单直接，语句不复杂化。例如，在一行内只写一条语句，避免使用临时变量使程序的可读性下降，避免不必要的转移，避免使用复杂的条件语句，尽量减少使用"否定"条件的语句。

（4）要对程序的所有输入数据检验其合法性，检查输入项的各种重要组合的合理性，输入格式要简单，允许输入默认值，输入一批数据后最好使用结束标志，在交互式输入/输出中使用屏幕提示信息格式。

2．程序设计方法

程序设计风格的实现包括 4 个方面：源程序文档化、数据说明、语句结构和输入/输出方法，力图从编码原则的角度提高程序的可读性，改善程序质量。

（1）源程序文档化。源程序文档化是指在源程序中应包含一些内部文档，以帮助阅读和理解源程序。

（2）数据说明。在编写程序时，需要注意数据说明的风格。为了使程序中的数据说明更易于理解和维护，必须注意以下几点：

● 数据说明的次序应当规范化，使数据属性容易查找。

● 当多个变量名用一个语句说明时，应当对这些变量按字母的顺序排列。

● 如果设计了一个复杂的数据结构，应当使用注释来说明在程序实现时这个数据结构的固有特点。

（3）语句结构。在设计阶段确定了软件的逻辑流结构，但构造单个语句则是编码阶段的任务。语句构造力求简单、直接，不能为了片面追求效率而使语句复杂化。

（4）输入/输出方法。输入/输出信息是与用户的使用直接相关的。输入/输出的方式和格式应当尽可能方便用户的使用。因此，在软件需求分析阶段和设计阶段，就应基本确定输入和输出的风格。系统能否被用户接受，有时就取决于输入和输出的风格。

1.8.2　结构化程序设计

20 世纪 70 年代出现了结构化程序设计（Structured Programming）的思想和方法。结构化程序设计方法引入了工程化思想和结构化思想，使大型软件的开发和编程得到了极大的改善。

1．结构化程序设计的原则

结构化程序设计方法的主要原则为：自顶向下、逐步求精、模块化和限制使用 goto 语句。

（1）自顶向下。就是要求程序设计时先考虑整体，再考虑细节；先考虑全局目标，再考虑局部目标；不要一开始就过多追求众多的细节，先从最上层总目标开始设计，逐步使问题具体化。

（2）逐步求精。对复杂问题设计一些子目标作为过渡，逐步细化。

（3）模块化。实质上，复杂问题往往都是由若干简单的小问题构成。模块化就是将程序要解决的总目标分解为分目标，再进一步分解为具体的小目标，把每个小目标称为一个模块。

（4）限制使用 goto 语句。在程序开发过程中要尽可能不使用或少使用 goto 语句。

2．结构化程序的基本结构

结构化程序的基本结构有 3 种类型：顺序结构、选择结构和循环结构。

- 顺序结构。顺序结构是最基本、最普通的结构形式，按照程序中语句行的先后顺序逐条执行。
- 选择结构。又称为分支结构，它根据条件选择相应的程序分支。选择结构包括简单分支选择结构、双分支选择结构和多分支选择结构。
- 循环结构。根据给定的条件，判断是否要重复执行某一相同的或类似的程序段。循环结构对应两类循环语句：先判断后执行的循环体称为当型循环结构；先执行循环体后判断的称为直到型循环结构。

1.8.3　面向对象程序设计

面向对象程序设计（Object-Oriented Programming，OOP）使用对象、类、继承、封装、消息等概念进行程序设计。面向对象程序设计以对象作为程序的主体。对象是数据和操作的封装体，封装在对象内的程序通过消息来驱动运行。在图形用户界面上，消息可通过键盘或鼠标的某种操作（称为事件）来传递。

面向对象方法涵盖对象及对象属性与方法、类、继承、多态性几个基本要素。

1．对象与方法

（1）对象。

对象是面向对象方法中最基本的概念。对象是指现实世界中具体存在的实体，可以用来表示客观世界中的任何实体，对象是实体的抽象。

属性即对象所包含的信息，在设计对象时确定，一般只能通过执行对象的操作来改变。每一个对象都有自己的属性（包括自己特有的属性和同类对象的共同属性）。属性值应该指的是纯粹的数据值，而不能指对象。属性反映对象自身的状态变化，表现为当前的属性值。

对象具有如下特征：标识唯一性、分类性、多态性、封装性、模块独立性。

（2）方法。

通常把对象的操作也称为方法或服务。方法是用来描述对象动态特征的一个操作序列。如对学生数据的输入、输出、按出生日期排序、查找某个学生的信息等。消息是用来请求对象执行某一操作或回答某些信息的要求，实际上是一个对象对另一个对象的调用。操作描述了对象执行的功能，若通过信息的传递，还可以为其他对象使用。

2．类和实例

类是具有相同属性和方法的一组对象的集合，它描述了属于该对象类型的所有对象的性质，而一个对象则是其对应类的一个实例。

类是关于对象性质的描述，它同对象一样，包括一组数据属性和在数据上的一组合法操作。

在系统中通常有很多相似的对象，它们具有相同名称和类型的属性、响应相同的消息、使用相同的方法。对每个这样的对象单独进行定义是很浪费的，因此将相似的对象分组形成一个类，每个这样的对象被称为类的一个实例，一个类中的所有对象共享一个公共的定义，尽管它们对属性所赋予的值不同。例如，所有的雇员构成雇员类、所有的客户构成客户类等。类的概念是面向对象程序设计的基本概念，通过它可以实现程序的模块化设计。

3. 消息

消息是实例之间传递的信息，它是请求对象执行某一处理或回答某一要求的信息，它统一了数据流和控制流。

一个消息由 3 部分组成：接收消息的对象的名称、消息标识符（消息名）和零个或多个参数。

4. 封装

封装（Encapsulation）是指把对象属性和操作结合在一起，构成独立的单元，它的内部信息对外界是隐蔽的，不允许外界直接存取对象的属性，只能通过有限的接口与对象发生联系。类是数据封装的工具，对象是封装的实现。类的访问控制机制体现在类的成员中可以有公有成员、私有成员和保护成员。对于外界而言，只需要知道对象所表现的外部行为，而不必了解内部实现细节。

5. 继承

继承（Inheritance）是指能够直接获得已有的性质和特征，而不必重复定义它们。它反映的是类与类之间抽象级别的不同，根据继承与被继承的关系，可分为基类和衍生类，基类也称为父类，衍生类也称为子类，正如"继承"这个词的字面含义一样，子类将从父类那里获得所有的属性和方法，并且可以对这些获得的属性和方法加以改造，使之具有自己的特点。一个父类可以派生出若干子类，每个子类都可以通过继承和改造获得自己的一套属性和方法，由此，父类表现出的是共性和一般性，子类表现出的是个性和特性，父类的抽象级别高于子类。继承具有传递性，子类又可以派生出下一代孙类，相对于孙类，子类将成为其父类，具有较孙类高的抽象级别。继承反映的类与类之间的这种关系，使得程序设计人员可以在已有的类的基础上定义和实现新类，所以有效地支持了软件构件的复用，使得当需要在系统中增加新特征时所需的新代码最少。

继承分为单继承和多重继承。单继承是指，一个类只允许有一个父类，即类等级为树型结构。多重继承是指，一个类允许有多个父类。

6. 多态性

对象根据所接受的消息而做出动作，同样的消息被不同的对象接受时可导致完全不同的行动，这种现象称为多态性（Polymorphism）。将多态的概念应用于面向对象程序设计，增强了程序对客观世界的模拟性，使得对象程序具有了更好的可读性，更易于理解，而且显著提高了软件的可复用性和可扩充性。

面向对象程序设计用类、对象的概念直接对客观世界进行模拟，客观世界中存在的事物、事物所具有的属性、事物间的联系均可以在面向对象程序设计语言中找到相应的机制，面向对象程序设计方法采用这种方式是合理的，它符合人们认识事物的规律，改善了程序的可读性，使人机交互更加贴近自然语言，这与传统程序设计方法相比，是一个很大的进步。

1.9   软件工程基础

软件的规模大小、复杂程度决定了软件开发的难度。对一个软件而言，它的程序复杂性将随着程序规模的增加而呈指数级上升趋势。因此，必须采用科学的软件开发方法，采用抽象、分解等科学方法降低复杂度，以工程的方法管理和控制软件开发的各个阶段，以保证大型软件系统的开发具有正确性、易维护性、可读性和可重用性。

1.9.1　软件工程的基本概念

1．软件

软件是计算机系统中与硬件相互依存的另一部分，是包括程序、数据及其相关文档的完整集合。其中，程序是按事先设计的功能和性能要求执行的指令序列；数据是使程序能正常操纵信息的数据结构；文档是与程序开发、维护和使用有关的资料。

软件具有以下特点：

（1）抽象性。软件是一种逻辑实体，而不是具体的物理实体，因而它具有抽象性。

（2）软件的生产与硬件不同，它没有明显的制造过程。对软件的质量控制，必须着重在软件开发方面下功夫。

（3）退化性。在软件的运行和使用期间，没有硬件那样的机械磨损、老化问题。

（4）依赖性。软件的开发和运行常常受到计算机系统的限制，对计算机系统有着不同程度的依赖性。为了解除这种依赖性，在软件开发中提出了软件移植的问题。

（5）软件的开发至今尚未完全摆脱手工的开发方式。

（6）复杂性。软件本身是复杂的，其复杂性可能来自它所反映的实际问题的复杂性，也可能来自程序逻辑结构的复杂性。

（7）成本高。软件相当昂贵，软件的研制工作需要投入大量的、复杂的、高强度的脑力劳动，成本是比较高的。

（8）相当多的软件工作涉及了社会因素。许多软件的开发和运行涉及机构、体制及管理方式等问题，甚至涉及人的观念和心理，它直接影响到项目的成败。

2．软件危机与软件工程

（1）软件危机。

在软件技术发展的过程中，随着计算机硬件技术的进步，要求软件能与之相适应。然而软件技术的进步一直未能满足形势发展提出的要求，致使问题积累起来，形成了日益尖锐的矛盾。

软件危机是指在计算机软件的开发和维护过程中所遇到的一系列严重问题。软件危机，问题归结起来有以下几个方面：

- 缺乏软件开发的经验和有关软件开发数据的积累，使得开发工作的计划很难制定，致使经费预算常常被突破，进度计划无法遵循，开发完成的期限一拖再拖。
- 在开发的初期阶段，软件需求提得不够明确，或是未能得到确切的表达。开发工作开始后，软件人员和用户又未能及时交换意见，造成开发后期矛盾的集中暴露。
- 开发过程没有统一的、公认的方法论和规范指导，参加的人员各行其事。加之设计和实现过程的资料很不完整，或忽视了每个人的工作与其他人的接口，使得软件很难维护。
- 未能在测试阶段充分做好检测工作，提交用户的软件质量差，在运行中暴露出大量的问题。

如果这些障碍不能突破，进而摆脱困境，软件的发展是没有出路的。

（2）软件工程。

我国国家标准中对软件工程完整的定义是：软件工程是应用于计算机软件的定义、开发和维护的一整套方法、工具、文档、实践标准和工序。

软件工程包括 3 个要素：方法（Methodologies）、工具（Tools）和过程（Procedures）。

软件工程方法为软件开发提供了"如何做"的技术。它包括了多方面的任务，如项目计划与估算、软件系统需求分析、数据结构、系统总体结构的设计、算法过程的设计/编码/测试/维护等。

软件工具为软件工程方法提供了自动的或半自动的软件支撑环境。目前，已经推出了许多软件工具，这些软件工具集成起来，建立起称为计算机辅助软件工程（CASE）的软件开发支撑系统。CASE 将各种软件工具、开发机器和一个存放开发过程信息的工程数据库组合起来形成一个软件工程环境。

软件工程的过程则是将软件工程的方法和工具综合起来以达到合理、及时地进行计算机软件开发的目的。过程定义了方法使用的顺序、要求交付的文档资料、为保证质量和协调变化所需要的管理及软件开发各个阶段完成的里程碑。

1.9.2 软件生存周期

1. 软件生存周期的概念

软件生存周期是软件产品从提出、实现、使用、维护到停止使用最终退役为止的整个过程。从目前的发展和应用的情况看，软件生存周期划分为软件定义、软件开发和软件维护 3 个阶段，每个阶段又划分为若干任务。各阶段的任务及产生的相应文档如表 1-5 所示。

表 1-5 软件生命周期各阶段的任务

时期	阶段	任务	文档
软件计划	问题定义	理解用户要求，划清工作范围	计划任务书
	可行性分析	可行性方案及代价	
	需求分析	软件系统的目标及应完成的工作	需求规格说明书
软件开发	概要设计	系统的逻辑设计	软件概要设计说明书
	详细设计	系统模块设计	软件详细设计说明书
	软件编码	编写程序代码	程序、数据、详细注释
	软件测试	单元测试、综合测试	测试后的软件、测试大纲、测试方案与结果
软件维护	软件维护	运行和维护	维护后的软件

（1）软件计划。

问题定义阶段是进行调研和分析，弄清用户想干什么、不想干什么，以确定工作范围。通过调查抽象出"用户想要解决的问题是什么"。

在上述工作的基础上进行可行性分析，本阶段的具体工作是：分析所需研制的软件系统是否具备必要的资源和技术上、经济上的可能性及社会因素的影响，回答"用户要解决的问题能否解决"，即确定项目的可行性。

需求分析要解决"做什么的问题"。经过问题定义、可行性分析阶段后，需求分析阶段要考虑所有的细节问题，以确定最终的目标系统做哪些工作，形成目标系统完整的准确的要求。该阶段最后提交说明系统目标及对系统要求的规格说明书。

（2）软件开发。

软件开发包括概要设计、详细设计、软件编码和软件测试 4 个阶段。

概要设计又称为总体设计、逻辑设计。该阶段要回答"怎样实现目标系统"的问题。首先应考虑实现目标系统的可能方案，并选择一个最佳方案。确定方案后应完成系统的总体设计，即确定系统的模块结构，给出模块的相互调用关系，并产生概要设计说明书。

详细设计阶段回答"应该怎样具体实现目标系统"的问题。在概要设计的基础上，要给出模块的功能说明和实现细节，包括模块的数据结构和所需的算法，最后产生详细设计说明书。

详细设计完成后进入软件编码阶段，程序员根据系统的要求和开发环境选用合适的高级程序设计语言或部分选用汇编程序设计语言编写程序代码。

软件测试分为单元测试和综合测试两个阶段。单元测试是对每一个编制好的模块进行测试，发现和排除程序中的错误。综合测试是通过各种类型的测试检查软件是否达到预期的要求。综合测试中主要有集成测试和验收测试。集成测试是将软件系统中的所有模块装配在一起进行测试，验收测试是按照规格说明书的规定由用户（或有用户参加）对目标系统进行验收。

（3）软件维护。

软件维护阶段是长期的过程，因为经过测试的软件可能还有错误；用户的要求还会发生变化；软件运行的环境也可能变化，在上述情况发生时，都要进行软件的维护。因此，交付使用的软件仍然需要继续排错、修改和扩充，这就是软件维护。

2．软件设计的目标和原则

（1）软件工程项目的基本目标。软件工程的目标可概括为在给定成本、进度的前提下，开发出具有有效性、可靠性、可理解性、可维护性、可重用性、可适应性、可移植性、可追踪性和可互操作性并满足用户需要的产品。基于此目标，软件工程理论和技术性研究的内容主要包括软件开发技术和软件工程管理技术。

（2）软件设计的原则。

上述的软件工程基本目标适合于所有的软件工程项目。为达到这些目标，在软件开发过程中必须遵循抽象、信息隐蔽、模块化和模块独立性等软件设计原则。

1）抽象。抽取事物最基本的特性和行为，忽略非基本的细节。采用分层次抽象、自顶向下、逐层细化的办法控制软件开发过程的复杂性。即从概要设计到详细设计逐步降低。

2）信息隐蔽。将模块设计成"黑箱"，实现的细节隐藏在模块内部，不让模块的使用者直接访问。这就是信息封装，使用与实现分离的原则。使用者只能通过模块接口访问模块中封装的数据。

3）模块化。模块是程序中逻辑上相对独立的成分，是独立的编程单位，应有良好的接口定义。模块化是指解决一个复杂问题时自顶向下逐层把软件系统划分成若干模块的过程。如 C 语言程序中的函数、C++语言程序中的类。模块化有助于信息隐蔽和抽象，有助于表示复杂的系统。

4）模块独立性。模块独立性是指每个模块只完成系统要求的独立的子功能，并且与其他模块的联系最少且接口简单。模块的独立程度是评价设计好坏的重要度量标准。衡量软件的模块独立性使用耦合性和内聚性两个定性的度量标准。

内聚性是信息隐蔽和局部化概念的自然扩展。一个模块的内聚性越强则该模块的模块独立性越强。一个模块与其他模块的耦合性越强则该模块的模块独立性越弱。内聚性是度量一个模块功能强度的一个相对指标。内聚是从功能角度来衡量模块的联系，它描述的是模块内的功能联系。

耦合性是对模块之间互相连接的紧密程度的度量。耦合性取决于各个模块之间接口的复杂度、调用方式以及哪些信息通过接口。

在程序结构中，各模块的内聚性越强，则耦合性越弱。一般较优秀的软件设计，应尽量做到高内聚、低耦合，即减弱模块之间的耦合性和提高模块的内聚性，有利于提高模块的独立性。

1.9.3 结构化分析方法

结构化分析方法是需求分析阶段要采用的技术。它是面向数据流进行需求分析的方法，适合于数据处理类软件的需求分析。具体来说，结构化分析方法就是用抽象模型的概念，按照软件内部数据传递、变换的关系，自顶向下逐层分解，直到找到满足功能要求的所有可实现的软件为止。

结构化分析方法常使用的工具有数据流图、数据词典、判定表与判定树。

1. 数据流图

在结构化分析方法中，数据流图从数据传递和加工的角度，以图形的方式刻画数据流从输入到输出的移动变换过程，它不是描述数据的静态结构，而是描述数据流的传递和变换。图1-29所示是描述储户携带存折去银行办理取款手续的数据流图。

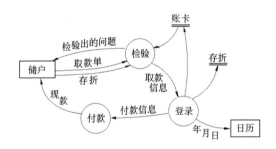

图 1-29　办理取款手续的数据流图

从图中可以看到，数据流图的基本图形元素有以下 4 种：

- 圆形：表示数据加工（数据变换），输入数据在此进行变换产生输出数据，必须注明加工的名字。
- 矩形：表示数据源点或汇点（外部实体），数据输入的源点（Source）或数据输出的汇点（Sink）必须注明源点或汇点的名字。
- 箭头：代表数据流，即被加工的数据与流向，箭头边应给出数据流的名字，可用名词或名词性短语命名。
- 双线：表示数据存储文件，必须加以命名，用名词或名词性短语命名。

2. 数据词典

在结构化分析方法中，数据词典主要用于定义数据和控制对象的细节，分析模型中包含了对数据对象、功能和控制的表示。在每一种表示中，数据对象和控制项都扮演一定的角色。为表示每个数据对象和控制项的特性，建立了数据词典。

数据词典精确地、严格地定义了每一个与系统相关的数据元素，并以字典式顺序将它们组织起来，使得用户和分析员对所有的输入、输出、存储成分和中间计算有共同的理解。

3．判定表和判定树

在结构化分析方法中，判定表和判定树主要用于描述加工规格说明。

1.9.4　结构化设计方法

从系统设计的角度出发，软件设计方法可以分为三大类。第一类是根据系统的数据流进行设计，称为面向数据流的设计或者过程驱动的设计，以结构化设计方法为代表。第二类是根据系统的数据结构进行设计，称为面向数据结构的设计或者数据驱动的设计，以 LCP（程序逻辑构造）方法、Jackson 系统开发方法和数据结构化系统开发（DSSD）方法为代表。第三类设计方法即面向对象的设计。

结构化程序设计是在详细设计和编码阶段所采用的技术，该方法是基于模块化、自顶向下细化、结构化程序设计等程序设计技术发展起来的。结构化程序设计方法突出考虑的是如何建立一个结构良好的程序系统，它的基本思想是将系统设计成相对独立、单一功能的模块组成的结构，包含了程序系统的详细设计。

详细设计的任务是为软件结构图中的每个模块确定实现算法和局部数据结构，用某种选定的表示工具表达算法和数据结构的细节。详细过程设计的常用工具有图形工具、表格工具和语言工具。

1．图形工具

图形工具有程序流程图、N-S 图、PAD 图和 HIPO 图。

（1）程序流程图。

程序流程图是一种传统的、应用广泛的软件过程设计表示工具。程序流程图独立于任何一种程序设计语言，比较直观、清晰，易于学习掌握。

顺序结构、选择结构和循环结构 3 种控制结构的流程图如图 1-30 所示。

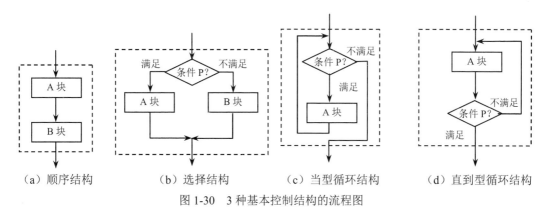

（a）顺序结构　　（b）选择结构　　（c）当型循环结构　　（d）直到型循环结构

图 1-30　3 种基本控制结构的流程图

顺序结构是最简单的一种基本结构，依照顺序执行不同的程序块，如图 1-30（a）所示。其中 A 块和 B 块分别代表某些操作，先执行 A 块然后执行 B 块。

选择结构根据条件满足或不满足而去执行不同的程序块。在图 1-30（b）中，当条件 P 满足时执行 A 块，否则执行 B 块。

循环结构亦称重复结构，是指重复执行某些操作，重复执行的部分称为循环体。循环结构分为当型循环和直到型循环两种，如图 1-30（c）和（d）所示。当型循环先判断条件是否满足，当条件 P 满足时反复执行 A 块，每执行一次测试一次 P，直到条件 P 不满足为止，跳出循环体执行它下面的基本结构。直到型循环先执行一次循环体，再判断条件 P 是否满足，如果不满足则反复执行循环体，直到条件 P 满足为止。

（2）N-S 图。N-S 图是由美国学者 I. Nassi 和 B. Shneiderman 提出的一种符合结构化程序设计原则的图形描述工具，也叫做盒图或方框图。为表示 3 种基本控制结构，在 N-S 图中规定了相应的 3 种图形构件，如图 1-31 所示。

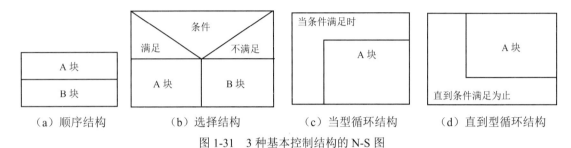

（a）顺序结构　　　　（b）选择结构　　　　（c）当型循环结构　　　　（d）直到型循环结构

图 1-31　3 种基本控制结构的 N-S 图

（3）PAD 图。PAD（Problem Analysis Diagram）图是由程序流程图演化来的，是用结构化程序设计思想表现程序逻辑结构的图形工具，可表示 3 种基本控制结构。

（4）HIPO 图。HIPO 图采用功能框图和 PDL 来描述程序逻辑，由两部分组成：可视目录表和 IPO 图。可视目录表给出程序的层次关系，IPO 图则为程序各部分提供具体的工作细节。

2．表格工具

表格工具是指判定表。判定表表示复杂条件和动作组合的情况。

3．语言工具

语言工具是指过程设计语言（PDL），也称为结构化的语言和伪码，是一种混合语言，采用英语的词汇和结构化程序设计语言，类似于程序设计语言。

PDL 可以由程序设计语言转换得到，也可以是专门为过程描述而设计的。

1.9.5　软件测试

1．软件测试的目标

软件测试的目标是尽可能以最少的代价找出软件潜在的错误和缺陷。为了达到上述目标，需要注意以下几点：

- 应当把"尽早和不断的测试"作为开发者的座右铭。不应把软件测试仅仅看作是软件开发的独立阶段，而应该把它贯穿到软件开发的各个阶段。
- 程序员应该避免检查自己的程序，测试工作应由独立的专业的软件测试机构来完成。
- 设计测试用例时应该考虑到合法的输入和不合法的输入以及各种边界条件，特殊情况下要制造极端状态和意外状态，比如网络异常中断、电源断电等情况。
- 一定要注意测试中的错误集中发生现象，这和程序员的编程水平和习惯有很大关系。
- 对测试错误结果一定要有一个确认的过程，一般由 A 测试出来的错误，一定要由 B 来确认，严重的错误可以召开评审会进行讨论和分析。
- 制定严格的测试计划，并把测试时间安排得尽量宽松，不要希望在极短的时间内完成一个高水平的测试。

- 回归测试的关联性一定要引起充分的注意，修改一个错误而引起更多错误出现的现象并不少见。
- 应当对每个测试结果进行全面检查。有些错误的征兆在输出实测结果时就已经明显地出现了，但是如果不仔细地、全面地检查测试结果，就会使这些错误被遗漏掉。所以必须对预期的输出结果明确定义，对实测的结果仔细分析检查，暴露错误。
- 妥善保存一切测试过程文档，意义是不言而喻的，测试的重现性往往要靠测试文档。

2.　软件测试的步骤

软件测试过程分 4 个步骤，即单元测试、集成测试（组装测试）、确认测试（验收测试）和系统测试。

（1）单元测试。单元测试（Unit Testing）是对软件设计的最小单位——模块（程序单元）进行正确性检验测试。单元测试主要针对以下 5 个方面进行测试：模块接口、局部数据结构、重要的执行通路、出错处理通路和边界条件。

单元测试的技术可以采用静态分析和动态测试。

（2）集成测试。集成测试（Integrated Testing）是测试和组装软件的过程，主要目的是发现与接口有关的错误，即模块之间的协调与通信，主要依据是概要设计说明书。

集成测试所涉及的内容包括软件单元的接口测试、全局数据结构测试、边界条件和非法输入的测试等。

集成测试时将模块组装成程序，通常采用两种方式：非增量方式组装和增量方式组装。

（3）确认测试。确认测试（Validation Testing）是把软件系统作为一个整体，有用户参加，确认测试的任务是验证软件的功能和性能，以及其他特性是否满足了需求规格说明中确定的各种需求，包括软件配置是否完全、正确。确认测试的实施首先运用黑盒测试方法，对软件进行有效性测试，即验证被测软件是否满足需求规格说明确认的标准。

（4）系统测试。系统测试（System Testing）是通过测试确认软件，作为整个基于计算机系统的一个元素，与计算机硬件、外设、支撑软件、数据和人员等其他系统元素组合在一起，在实际运行（使用）环境下对计算机系统进行一系列的集成测试和确认测试。

系统测试的具体实施一般包括功能测试、性能测试、操作测试、配置测试、外部接口测试、安全性测试等。

3.　软件测试技术与用例设计

测试方案包括预定要测试的功能、应该输入的测试数据和预期的结果。测试的目的是以最少的测试用例集合测试出更多的程序中潜在的错误。从是否需要执行被测软件的角度来看，可分为静态分析和动态测试；从测试是否针对系统的内部结构和具体实现算法的角度来看，可分为白盒测试和黑盒测试。

（1）静态分析。不执行被测软件，对需求分析说明书、软件设计说明书、源程序进行结构检查、流程分析、符号执行来找出软件错误。

（2）动态测试。当把程序作为一个函数时，输入的全体称为函数的定义域，输出的全体称为函数的值域，函数则描述了输入的定义域与输出值域的关系。

这样动态测试的算法可归纳为：

1）选取定义域中的有效值或定义域外的无效值。

2）对已选取值决定预期的结果。

3）用选取值执行程序。

4）观察程序行为，记录执行结果。

5）将 4）的结果与 2）的结果相比较，不一致则程序有错。

动态测试既可以采用白盒法对模块进行逻辑结构的测试，又可以用黑盒法进行功能结构的测试和接口的测试。

（3）白盒测试。

白盒测试又称为结构测试或逻辑驱动测试。逻辑覆盖法是白盒测试方法中比较实用的测试用例设计方法。

由于覆盖的目标不同，逻辑覆盖又可分为：语句覆盖、判定覆盖、条件覆盖、判定与条件覆盖、路径覆盖。

- 语句覆盖。语句覆盖是指选择足够多的测试数据，使被测程序中的每个语句至少执行一次。
- 判定覆盖。判定覆盖又叫分支覆盖，含义是：不仅每个语句必须至少执行一次，而且每个判定的每种可能的结果都应该至少执行一次，也就是每个判定的每个分支都至少执行一次（真假分支均被满足一次）。
- 条件覆盖。设计若干测试用例，执行被测程序以后，要使每个判断中每个条件的可能取值至少满足一次。
- 判定与条件覆盖。判定与条件覆盖要求设计足够的测试用例，使得判断中每个条件的所有可能至少出现一次，并且每个判断本身的判定结果也至少出现一次。
- 路径覆盖。按路径覆盖要求进行测试是指设计足够多的测试用例，要求覆盖程序中所有可能的路径。

（4）黑盒测试。

黑盒测试也称功能测试或数据驱动测试。在完全不考虑程序内部结构和内部特性的情况下，测试者只能依靠程序需求规格说明书从可能的输入条件和输出条件中确定测试数据。也就是根据程序的功能或程序的外部特性设计测试用例。由于黑盒测试不可能使用所有可以输入的数据，因此只能从中选择一部分具有代表性的输入数据，以期用较小的代价暴露出较多的程序错误。黑盒测试法包括等价类划分、边值分析、错误推测等。

- 等价类划分。把所有可能的输入数据（有效的和无效的）划分成若干等价类，则可以合理做出下述假定：每类中的一个典型值在测试中的作用与这一类中所有其他值的作用相同。因此，可以从每个等价类中只取一组数据作为测试数据。这样选取的测试数据最有代表性，最可能发现程序中的错误。等价类划分的目的是将可能的测试用例组合减少到仍然足以测试软件的控制范围，这种划分具有风险性，一定要仔细选择分类。
- 边值分析。许多程序错误出现在下标、数据结构和循环等的边界附近。因此，设计使程序运行在边界情况附近的测试方案暴露出程序错误的可能性更大一些。
- 错误推测。人们可以凭借经验、直觉和预感测试软件中可能存在的各种错误，从而有针对性地设计测试用例。

1.9.6　程序调试

在对程序进行了成功的测试之后将进入程序调试（通常称为 Debug，即排错）阶段，调试主要在开发阶段进行。程序的调试任务是诊断和改正程序中的错误。

程序调试活动由两部分组成：一是根据错误的迹象确定程序中错误的确切性质、原因和位置；二是对程序进行修改，排除这个错误。

1．程序调试的基本步骤

（1）错误定位。从错误的外部表现形式入手，研究有关部分的程序，确定程序的出错位置，找出错误的内在原因。

（2）修改设计和代码，以排除错误。

（3）进行回归测试，防止引进新的错误。

2．调试原则

调试原则可以从以下两个方面考虑：

（1）从确定错误的性质和位置时的注意事项分析思考与错误征兆有关的信息；避开死胡同；只把调试工具当作辅助手段来使用；避免用试探法，最多只能把它当作最后手段。

（2）修改错误原则。

- 在出现错误的地方，很可能有别的错误。
- 修改错误的一个常见失误是只修改了这个错误的征兆或这个错误的表现，而没有修改错误本身。
- 注意修正一个错误的同时有可能会引入新的错误。
- 修改错误的过程将迫使人们暂时回到程序设计阶段。
- 修改源代码程序，不要改变目标代码。

注意：软件测试是尽可能多地发现软件中的错误，而软件调试的任务是诊断和改正程序中的错误。程序经调试改错后还应进行再测试，因为经调试后有可能产生新的错误。调试主要在开发阶段，测试则贯穿生命周期的整个过程。

1.10　数据库技术基础

数据库技术是一门研究如何存储、使用和管理数据的技术，是计算机数据管理技术的最新发展阶段。它能把大量的数据按照一定的结构存储起来，在数据库管理系统的集中管理下实现数据共享。

1.10.1　数据库系统的基本概念

数据库系统（Database System，DBS）通常是指带有数据库的计算机系统。它由数据库（数据）、数据库管理系统（软件）、数据库管理员（人员）、硬件平台（硬件）、软件平台（软件）5 部分组成。

1．信息、数据与数据处理

（1）信息与数据。信息是客观存在的一切事物通过物质载体所发生的消息、情报和信号中所包含的一切可传递和交换的内容的总称，其特点是可存储、可加工、可传递和再生。

数据是信息的具体表达，是对人类活动的客观事实或事物的符号描述。

（2）数据处理。数据处理是将收集到的数据加以系统的整理，归纳出有价值的信息的过程，包括对数据的收集、存储、分类、计算、加工、检索和传输等一系列活动。其基本目的是从大量的、杂乱无章的、难以理解的数据中整理出对人们有价值、有意义的数据（信息），从而作为决策的依据。

2. 数据处理技术的发展

数据处理的水平和计算机硬件、软件的发展相适应，大致经历了人工管理、文件管理、数据库管理 3 个发展阶段。表 1-6 针对数据处理技术的发展进行了说明。

表 1-6　数据处理技术的 3 个发展阶段

阶段 项目	人工管理	文件管理	数据库管理
时间	20 世纪 50 年代中期以前	20 世纪 50 年代后期至 60 年代中期	20 世纪 60 年代后期至今
应用背景	科学计算	科学计算、数据管理	大规模管理
硬件背景	无直接存取的存储设备	磁盘、磁鼓	大容量磁盘
软件背景	没有操作系统	有操作系统（文件系统）	有数据库管理系统
处理方式	批处理	批处理、联机实时处理	批处理、联机实时处理、分布式处理
数据保存方式	数据不保存	以文件的形式长期保存，但无结构	以数据库形式保存，有结构
数据管理	考虑安排数据的物理存储位置	与数据文件名打交道	对所有数据实行统一、集中、独立的管理
数据与程序	数据面向程序	数据与程序脱离	数据与程序脱离，实现数据的共享
数据的管理者	人	文件系统	数据库管理系统
数据面向的对象	某一应用程序	某一应用程序	现实世界
数据的共享程度	无共享	共享性差	共享性好
数据的冗余度	冗余度极大	冗余度大	冗余度小
数据的独立性	不独立，完全依赖于程序	独立性差	具有高度物理独立性和一定的逻辑独立性
数据的结构化	无结构	记录内有结构，整体无结构	整体结构化，用数据模型描述
数据的控制能力	应用程序自己控制	应用程序自己控制	由数据库管理系统提供数据的安全性、完整性、并发控制和恢复能力

3. 数据库

数据库是长期存储在计算机内、有组织、可共享的数据的集合。数据库中的数据按一定的数据模式组织、描述和存储，具有较大的集成度和较小的冗余度、较高的数据独立性和易扩展性，并可为各种用户所共享。

4. 数据库系统的有关人员

数据库系统的有关人员主要有 3 类：最终用户（End User）、数据库应用系统开发人员和数据库管理员（Database Administrator，DBA）。最终用户指通过应用程序界面使用数据库的人员，他们一般对数据库知识了解不多。数据库应用系统开发人员包括系统分析员、系统设计员和程序员。系统分析员负责应用系统的分析，他们和最终用户、数据库管理员相配合，参与系统分析；系统设计员负责应用系统设计和数据库设计；程序员则根据设计要求进行编码。数据库管理员是数据管理机构的一组人员，他们负责对整个数据库系统进行总体控制和维护，以保证数据库系统的正常运行。

5. 数据库管理系统

数据库管理系统（Database Management System，DBMS）是一种系统软件，负责数据库中的数据组织、数据操作、数据维护、控制及保护和数据服务等。数据库管理系统是数据系统的核心，为完成数据库管理系统的功能，数据库管理系统提供相应的数据语言：数据定义语言、数据操纵语言、数据控制语言。

数据定义功能是对各级数据模式进行精确的描述；数据操纵功能是对数据库中的数据进行追加、插入、修改、删除、检索等操作；系统运行控制功能包括并发控制、安全性检查、完整性约束条件的检查和执行、数据库的内部维护等；系统维护功能包括数据库初始数据的输入、转换功能，数据库的转储、恢复功能，数据库的重新组织功能和性能监视、分析功能等。

6. 数据的独立性

在数据库系统中，数据具有独立性，数据与程序间互不依赖，即数据库中的数据独立于应用程序而不依赖于应用程序。

数据的独立性一般分为物理独立性和逻辑独立性两种。

数据的物理独立性是指用户的应用程序与存储在磁盘上的数据库中的数据是相互独立的。当数据的物理结构（包括存储结构、存取方式等）改变时，如存储设备的更换、物理存储的更换、存取方式改变等，应用程序都不用改变。

数据的逻辑独立性指用户的应用程序与数据库的逻辑结构是相互独立的。数据的逻辑结构改变了，如修改数据模式、增加新的数据类型、改变数据间联系等，用户程序都可以不变。

7. 数据库系统的三级模式结构和二级映像

数据库应用系统的各个部分以一定的逻辑层次结构方式组成一个有机的整体。不管何种数据库系统产品、基于何种数据模型、采用何种数据存储结构，数据库系统在总的体系结构上都具有三级模式的结构特征，即外模式、概念模式和内模式，以及 3 种模式之间的二级映像，如图 1-32 所示。

（1）数据库系统的三级模式。

数据库系统具有概念模式、外模式和内模式三级模式。

概念模式也称逻辑模式，是对数据库系统中全局数据逻辑结构的描述，是全体用户（应用）的公共数据视图。一个数据库只有一个概念模式。

外模式也称子模式，它是数据库用户能够看见和使用的局部数据的逻辑结构和特征的描述，是由概念模式推导而来的，是数据库用户的数据视图，是与某一应用有关的数据的逻辑表示。一个概念模式可以有若干外模式。

内模式又称物理模式，它给出了数据库的物理存储结构和物理存取方法。

内模式处于最底层，它反映了数据在计算机物理结构中的实际存储形式；概念模式处于中间层，它反映了设计者的数据全局逻辑要求；外模式处于最外层，它反映了用户对数据的要求。

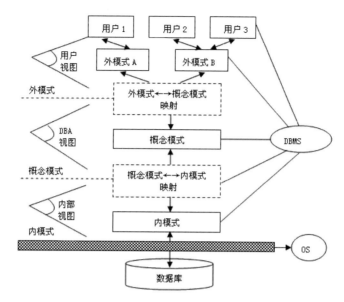

图 1-32　数据库的三级模式与二级映射

（2）数据库系统的两级映射。

数据库系统有概念模式到内模式的映射和外模式到概念模式的映射两级映射，保证了数据库系统中数据的独立性。

概念模式到内模式的映射给出了概念模式中数据的全局逻辑结构到数据的物理存储结构间的对应关系。

概念模式是一个全局模式，而外模式是用户的局部模式。一个概念模式中可以定义多个外模式，而每个外模式是概念模式的一个基本视图。

1.10.2　数据模型

在数据库中用数据模型这个工具来抽象、表示和处理现实世界中的数据和信息，通俗地讲数据模型就是现实世界的模拟。数据模型分成两个不同的层次：概念数据模型和结构数据模型。

1. 概念模型与 E-R 方法

概念模型也称信息模型，具有较强的语义表达能力，对事物的描述具有简单、清晰、易于用户理解的特点，是用户与数据库设计人员之间进行交流的桥梁。

（1）信息世界的几个基本概念。

1）实体（Entity）：客观存在并可相互区别的事物称为实体。实体可以是具体的人、物、事，也可以是抽象的概念或联系。例如，一个教师、一个学生、一个单位、一本书、学生的一次选课、一场演出、某人与所在单位的联系（即某人在某单位工作）等都是实体。

2）属性（Attribute）：实体所具有的某一特性称为实体的属性，一个实体可有多个属性，例如职工实体可以用职工编号、姓名、性别、出生年月、职称、基本工资、简历等属性描述。

3）域（Domain）：属性的取值范围。

4）关键字（Key）：唯一标识某实体个体的一个（组）属性。

5）实体型与值（Entity Type & Value）：如表中的标题/记录。

6）实体集（Entity Set）：具有相同属性的实体的集合称为实体集。

7）联系（Relationship）：实体集内部与实体集之间的关系。

（2）实体集之间的联系。

实体集之间的联系个数可以是单个的，也可以是多个的，主要有 3 种：一对一（1:1）、一对多（1:n）和多对多（n:n）。

1）一对一联系。如果对于实体集 A 中的每一个实体，实体集 B 中有且只有一个实体与之联系，反之亦然，则称实体集 A 与实体集 B 具有一对一的联系，记为 1:1。例如，一个负责人只管理一个单位，而一个单位也只有一个负责人，则实体集负责人和实体集单位之间的联系是一对一的联系。

2）一对多联系。如果对于实体集 A 中的每一个实体，实体集 B 中有多个实体与之联系，反之，对于实体集 B 中的每一个实体，实体集 A 中至多只有一个实体与之联系，则称实体集 A 与实体集 B 有一对多的联系，记为 1:n，其中 A 称为一方，B 称为多方。例如，一个单位有多名职工，而每位职工只属于一个单位，则实体集单位与实体集职工之间的联系是一对多的联系，一方是实体集单位，多方是实体集职工。

3）多对多联系。如果对于实体集 A 中的每一个实体，实体集 B 中有多个实体与之联系，而对于实体集 B 中的每一个实体，实体集 A 中也有多个实体与之联系，则称实体集 A 和 B 之间有多对多的联系，记为 m:n。例如，学校对学生开设选修课程，一个学生可以选修多门课程，而一门课程也可以由多名学生选修，则实体集学生与实体集课程之间是多对多的联系。

（3）E-R 模型。

实体联系表示法简称 E-R 方法（Entity-Relationship Approach），也称为 E-R 模型。这种方法通过 E-R 图来描述现实世界的概念模型。E-R 图提供了表示实体、属性和联系的方法。

实体用矩形框表示，框内写入实体名；属性用椭圆形表示，属性的名称记入椭圆形内，并用无向边（线段）与其相应的实体连接起来；用菱形框表示实体间的相互联系，框内注明联系的名称，并用无向边分别与相关实体连接起来，同时在无线边旁标上联系的种类，即 1:1、1:n、m:n。图 1-33 所示为供应商和货物的 E-R 图。

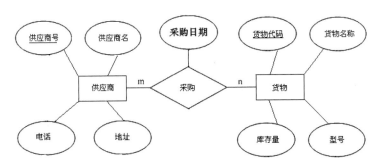

图 1-33　供应商和货物的 E-R 图

实体—联系方法是抽象和描述现实世界的有力工具。用 E-R 图表示的概念模型独立于具体的数据库管理系统所支持的数据模型，它是各种数据模型的共同基础，因而比数据模型更一般、更抽象、更接近现实世界。

2. 结构数据模型

结构数据模型是数据库的框架，用于形式化地描述数据库的数据组织形式，对客观事物及其联系进行数据描述。结构数据模型也就是逻辑模型，一般简称为数据模型。

（1）组成。结构数据模型由数据结构、数据操作、数据完整性约束条件 3 个方面组成。数据结构用于描述系统的静态特性，研究与数据类型、内容、性质有关的对象，例如关系模型中的域、属性、关系等；数据操作完成数据的检索和更新等操作；数据完整性约束条件对数据模型中的数据及其联系进行规则制约和存储。

（2）模型分类。常用的结构数据模型有层次模型、网状模型和关系模型。层次模型是用树型结构表示记录类型及其联系，将现实世界的实体集彼此之间抽象成一种自上而下的层次关系，联系是 1:n 的。网状模型中结点间的联系不受层次限制，可以任意发生联系，所以它的结构是结点的连通图，联系是 m:n 的。关系模型以关系代数为基础，是美国 IBM 公司的 E. F. Codd 博士于 1970 年提出的。现在的数据库管理系统几乎都是支持关系模型的，数据库领域的研究工作也大都集中在关系方法中。

3. 关系模型

关系数据库就是支持关系模型的数据库，是目前各类数据库中使用最广泛的数据库系统。关系模型（Relational Model）用二维表格来表示实体及其相互之间的联系。在关系模型中，把实体集看成一个二维表格，每一个二维表格称为一个关系，每个关系均有一个名字，称为关系名。

（1）关系的基本术语。

1）元组。二维表格的每一行在关系中称为元组（Tuple），相当于表的一条记录（Record）。二维表格的一行描述了现实世界中的一个实体。

2）属性。二维表格的每一列在关系中称为属性（Attribute），相当于记录中的一个字段（Field）或数据项。每个属性有一个属性名，一个属性在其每个元组上的值称为属性值，同时，每个属性有一定的取值范围，称为该属性的值域。

3）关系模式。关系模式（Relational Schema）是对关系结构的描述，也就是二维表格的框架（表头）。一般形式为：

关系名（属性名 1，属性名 2，…，属性名 n）

4）候选码：二维表格中凡能唯一标识元组的最小属性集称为候选码。

5）主码或主键：若一个关系中有多个候选码，则选其中一个作为主码或主键。

6）外码或外键：如果关系 A 中某个属性或属性组合是关系 B 的关键字，则称该属性或属性组合为关系 A 的外码或外键。

表 1-7 所示是关系模型的例子。关系名为"学生情况表"，表中的每一行是一个学生的记录，是关系中的一个元组；表中的学号、姓名、性别、系名、班级均为属性名，其中只有学号能唯一地标识一个元组，因此称为"主码"。其关系模式可以记为：学生情况表（学号，姓名，性别，系名，班级）。

表 1-7　学生情况表

学号	姓名	性别	系名	班级
20170144001	贺清	男	信息工程系	20170144
20170145001	张红	女	经济管理系	20170145
……	……	……	……	……

（2）关系数据库及其组成。

关系数据库由 3 个方面构成：关系数据结构、关系操作集合和关系完整性约束。

- 关系数据结构：就是一个个的二维表格。
- 关系操作集合：就是对关系进行运算的总和。
- 关系完整性约束：就是对关系的某种约束条件，用于确保数据的准确性和一致性。

（3）关系的完整性。

关系模型的完整性约束是对关系的某种约束条件，用于确保数据的准确性和一致性。有 3 类完整性约束：实体完整性、参照完整性和用户自定义完整性。

- 实体完整性。实体完整性是指关系的主关键字不能取空值，并且不允许两个元组的关键字值相同。也就是一个二维表格中没有两个完全相同的行，因此实体完整性也称为行完整性。
- 参照完整性。设 F 是关系 R 的一个或一组属性，它是关系 S 的主关键字，则称 F 是关系 R 的外部关键字，并称关系 R 为参照关系（Referencing Relation），关系 S 为被参照关系（Referenced Relation）。参照完整性规则就是定义外部关键字与主关键字之间的引用规则，即对于关系 R 中每个元组在属性 F 上的值必须取空值或等于关系 S 中某个元组的主关键字值。
- 用户自定义完整性。实体完整性和参照完整性适用于任何关系数据库系统。除此之外，不同的关系数据库系统根据其应用环境的不同，往往还需要一些特殊的约束条件，用户自定义完整性就是针对某一具体关系数据库的约束条件，它反映某一具体应用所涉及的数据必须满足的语义要求。例如，"性别"属性只能是"男"或"女"两种可能，"成绩"属性取值只能限制在 0～100（假定采用百分制）之间。

1.10.3　关系代数

由于关系是属性个数相同的元组的集合，因此可以从集合论角度对关系进行集合运算。在关系运算中，并、交、差运算是从元组（二维表格中的一行）的角度来进行的，沿用了传统的集合运算规则，也称为传统的关系运算；而选择、投影、连接运算是关系数据库中专门建立的运算规则，不仅涉及行而且涉及列，因此称为专门的关系运算。

1. 传统的关系运算

传统的关系运算是二目运算，包括并、交、差、广义笛卡尔积 4 种运算。操作是基于"同类"关系而言，即两个关系都具有 n 个属性，且相应的属性取自同一个域。

（1）并。两个同类关系 R 和 S 的并记作 R∪S，R∪S={t| t∈R 或 t∈S}，即 R∪S 是属于 R 或属于 S 的所有元组组成的集合，删去重复的元组，其结果仍为 n 元关系，如图 1-34 所示。

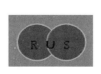

R

A	B	C
l	m	z
x	y	z
x	m	n

S

A	B	C
x	m	n
l	m	z
l	m	b

R∪S →

A	B	C
l	m	z
x	y	z
x	m	n
l	m	b

图 1-34　关系的并运算

（2）差。两个同类关系 R 和 S 的差记作 R-S，R-S={t| t∈R 且 t 不属于 S}，即 R-S 由属于 R 而不属于 S 的所有元组组成，其结果关系仍为 n 元关系，即在 R 中删去与 S 相同的元组，其结果仍为 n 元关系，如图 1-35 所示。

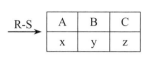

图 1-35　关系的差运算

（3）交。两个同类关系 R 和 S 的交记作 R∩S，R∩S={t| t∈R 且 t∈S}，即 R∩S 由属于 R 又属于 S 的所有元组组成，其结果仍为 n 元关系，如图 1-36 所示。

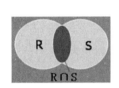
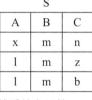
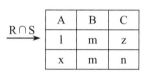

图 1-36　关系的交运算

实际上，交运算可以通过差运算的组合来实现，如 A∩B=A-(A-B)或 B-(B-A)。

（4）广义笛卡尔积。

设 R 是一个包含 m 个元组的 j 元关系，S 是一个包含 n 个元组的 k 元关系，则 R 和 S 的广义笛卡尔积是一个包含 m×n 个元组的 j+k 元关系，记作 R×S，并定义：

R×S={(r1，r2，…，rj，s1，s2，…，sk)|(r1，r2，…，rj)∈R 且(s1，s2，…，sk)∈S}

即 R×S 的每个元组的前 j 个分量是 R 中的一个元组，而后 k 个分量是 S 中的一个元组，如图 1-37 示。

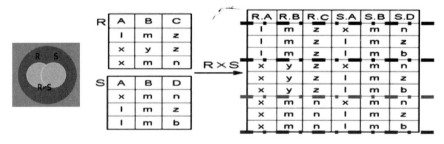

图 1-37　关系的广义笛卡尔积运算

2．专门的关系运算

专门的关系运算包括选择、投影、连接等，关系运算不仅涉及行而且涉及列。

（1）选择。

选择（Selection）是在关系中满足给定条件的元组的子集。例如，如果要列出图 1-38（a）所示学生关系中 2001 年出生的学生名单，就是要找出那些符合此条件的行，选择运算的结果如图 1-38（b）所示。

姓名	出生日期	性别
章宏	2001.5.12	男
李琴	2000.10.2	女
王冰	2001.5.4	男
赵俊宇	2000.12.3	男

（a）学生关系

姓名	出生日期	性别
章宏	2001.5.12	男
王冰	2001.5.4	男

（b）选择运算结果

图 1-38　关系的选择运算

（2）投影。投影（Projection）是从关系中选择出若干属性列组成新的关系，这些属性列一般是用户感兴趣的属性列。例如，在图 1-39（a）所示学生关系中只查询所有学生的"姓名"和"性别"，则投影运算的结果如图 1-39（b）所示。

姓名	出生日期	性别
章宏	2001.5.12	男
李琴	2000.10.2	女
王冰	2001.5.4	男
赵俊宇	2000.12.3	男

（a）学生关系

姓名	性别
章宏	男
李琴	女
王冰	男
赵俊宇	男

（b）投影运算结果

图 1-39　关系的投影运算

（3）连接。连接（Join）是从两个关系的笛卡尔积中选取属性间满足一定条件的元组。相比较的属性是可比的属性。连接运算中最为常用的连接是条件连接、等值连接、自然连接。

- 条件连接：当要满足某个给定条件时实现连接，称为条件连接。
- 等值连接：从关系 R 与关系 S 的笛卡尔积中选取 A 和 B 属性值相等的那些元组。
- 自然连接：自然连接是一种特殊的等值连接，它要求在结果中把重复的属性去掉。一般的连接操作是从行的角度进行运算，但自然连接还需要取消重复列，所以是同时从行和列的角度进行运算。

针对图 1-40（a）给出的关系 R 和 S，图 1-40（b）的关系 A 是关系 R 和关系 S 满足"语文<数学"的条件连接运算的结果；图 1-40（c）的关系 B 是关系 R 和关系 S 满足"语文=数学"时的等值连接运算的结果；图 1-40（d）的关系 C 是关系 R 和关系 S 满足自然连接（R.学号=S.学号）运算的结果。

关系 R

学号	语文
01	90
02	88
03	80

关系 S

学号	数学
01	90
02	80
03	88
04	90

（a）关系 R 和关系 S

关系 A

学号	语文	S.学号	数学
02	88	01	90
02	88	04	90
03	80	01	90
03	80	03	88
03	80	04	90

（b）关系 R 和关系 S 的条件连接运算

图 1-40　关系的连接运算

关系 B

学号	语文	S.学号	数学
01	90	01	90
01	90	04	90
02	88	03	88
03	80	02	80

关系 C

学号	语文	数学
01	90	90
02	88	80
03	80	88

（c）关系 R 和关系 S 的等值连接运算　　　　　（d）关系 R 和关系 S 的自然连接运算

图 1-40　关系的连接运算（续图）

1.10.4　数据库设计的方法与步骤

数据库设计有两种方法，即面向数据的方法和面向过程的方法。面向数据的方法是以信息需求为主，兼顾处理需求；面向过程的方法是以处理需求为主，兼顾信息需求。由于数据已成为数据库应用系统的核心，因此面向数据的设计方法已成为数据库设计的主流。

考虑数据库应用系统开发的全过程，可以将数据库设计分为 6 个阶段：需求分析、概念设计、逻辑设计、物理设计、数据库实施、数据库运行和维护。

1. 需求分析阶段

需求分析简单地说就是分析用户的要求，这是设计数据库的起点。需求分析的结果是否准确地反映了用户的实际要求，将直接影响到后面各个阶段的设计，并影响到设计结果是否合理和实用。

需求分析的任务是通过详细调查现实世界要处理的对象（组织、部门、行业等），充分了解用户单位目前的工作状况，明确用户的各种需求，然后在此基础上确定新系统的功能。新系统必须充分考虑今后可能的扩充和改变，不能仅仅按当前应用需求来设计数据库。调查的重点是"数据"和"处理"，通过调查、收集和分析获得用户对数据库的要求，包括在数据库中需要存储哪些数据、用户要完成什么处理功能、数据库的安全性与完整性要求等。

2. 概念设计阶段

将需求分析得到的用户需求抽象为信息结构即概念模型的过程就是概念设计，它是整个数据库设计的关键。

在需求分析阶段所得到的应用需求应该首先抽象为概念模型，以便更好、更准确地用某一数据库管理系统实现这些需求。概念模型的主要特点如下：

- 能真实、充分地反映现实世界，包括事物和事物之间的联系，能满足用户对数据的处理要求。
- 易于理解，从而可以用它和不熟悉计算机的用户交换意见，用户的积极参与是数据库设计成功的关键。
- 易于更改，当应用环境和应用要求改变时，容易对概念模型进行修改和扩充。
- 易于向各种逻辑模型转换。

概念模型是各种逻辑模型的共同基础，它比逻辑模型更独立于机器、更抽象，从而更加稳定。描述概念模型的常用工具是 E-R 图。

3. 逻辑设计阶段

数据库逻辑设计是将概念模型转换为逻辑模型，也就是被某个数据库管理系统所支持的数据模型，并对转换结果进行规范化处理。关系数据库的逻辑结构由一组关系模式组成，因而，从概念模型结构到关系数据库逻辑结构的转换就是将 E-R 图转换为关系模型的过程。

4. 物理设计阶段

数据库在物理设备上的存储结构和存取方法称为数据库的物理结构，它依赖于给定的计算机系统。为一个给定的逻辑模型选取一个最适合应用要求的物理结构的过程，就是数据库的物理设计。

数据库的物理设计通常分为以下两步：

（1）确定数据库的物理结构，在关系数据库中主要指存储结构和存取方法。

（2）对物理结构进行评价，评价的重点是时间效率和空间效率。

如果评价结果满足原设计要求，可进入到数据库实施阶段；否则，就需要重新设计或修改物理结构，有时甚至要返回逻辑设计阶段修改逻辑模型。

5. 数据库实施阶段

完成数据库的物理设计之后，就要用数据库管理系统提供的数据定义语言和其他实用程序将数据库逻辑设计和物理设计结果严格地描述出来，成为数据库管理系统可以接受的源代码，再经过调试产生目标代码，然后就可以组织数据入库了，这就是数据库实施阶段。

数据库实施阶段包括两项重要的工作：一是数据的载入，二是应用程序的编码和调试。

一般数据库系统中，数据量都很大，而且数据来源于各个不同的部门，数据的组织方式、结构和格式都与新设计的数据库系统有相当的差距，组织数据录入就要将各类源数据从各个局部应用中抽取出来，输入计算机，再分类转换，最后综合成符合新设计的数据库结构的形式输入数据库。为提高数据输入工作的效率和质量，应该针对具体的应用环境设计一个数据录入子系统，由计算机来完成数据入库的任务。

6. 数据库运行和维护阶段

数据库系统经过试运行合格后，数据库开发工作就基本完成，即可投入正式运行了。在数据库系统的运行过程中，对数据库设计进行评价、调整、修改等维护工作是一个长期的任务，也是设计工作的继续和提高。

在数据库运行阶段，对数据库经常性的维护工作主要是由数据库管理员完成的，包括数据库的备份和恢复、数据库的安全性与完整性控制、数据库性能的分析和改造、数据库的重组织与重构造。当然数据库的维护也是有限的，只能作部分修改。如果应用变化太大，重构也无济于事，说明此数据库应用系统的生命周期已经结束，应该设计新的数据库应用系统。

需要指出的是，设计一个完整的数据库应用系统是不可能一蹴而就的，它往往是上述 6 个阶段的不断反复，而且这个设计步骤既是数据库设计的过程，也包括了数据库应用系统的设计过程。在设计过程中，把数据库的设计和对数据库中数据处理的设计紧密结合起来，将这两个方面的需求分析、系统设计和系统实现在各个阶段同时进行，相互参照、相互补充，以完善两方面的设计。事实上，如果不了解应用环境对数据的处理要求，或没有考虑如何去实现这些处理要求，是不可能设计出一个良好的数据库结构的。

习题 1

1. 世界上第一台电子计算机的英文缩写名为（　　）。
   A．ENIAC　　　　　B．EDVAC　　　　　C．EDSAC　　　　　D．MARK-I
2. 大规模、超大规模集成电路芯片组成的微型计算机属于现代计算机的（　　）。
   A．第一代产品　　B．第二代产品　　C．第三代产品　　D．第四代产品
3. 著名科学家（　　）奠定了现代计算机的体系结构。
   A．诺贝尔　　　　B．爱因斯坦　　　C．冯•诺依曼　　　D．居里
4. 利用计算机来进行人事档案管理，这属于（　　）方面的应用。
   A．数值计算　　　B．数据处理　　　C．过程控制　　　D．人工智能
5. 在计算机中，数据的存放和处理采用（　　）。
   A．二进制　　　　B．十进制　　　　C．十六进制　　　D．ASCII 码
6. 国际上广泛采用的美国信息交换标准码是指（　　）。
   A．国标码　　　　B．ASCII 码　　　C．西文字符　　　D．汉字字符
7. 计算机主机是由 CPU 和（　　）构成的。
   A．控制器　　　　　　　　　　B．输入/输出设备
   C．运算器　　　　　　　　　　D．内存储器
8. 在计算机软件系统中，用来管理计算机硬件和软件资源的是（　　）。
   A．程序设计语言　　　　　　　B．操作系统
   C．诊断程序　　　　　　　　　D．数据库管理系统
9. 计算机能自动工作的关键是（　　）。
   A．存储程序和程序控制　　　　B．数据传送和数据操作
   C．数据处理和数据控制　　　　D．操作控制和数据传输
10. 计算机中表示信息的最小单位是（　　）。
    A．位　　　　　　B．字节　　　　　C．字　　　　　　D．字长
11. 计算机中基本的存取单位是（　　）。
    A．位　　　　　　B．字节　　　　　C．字　　　　　　D．字长
12. 通常，图像和声音的数字化过程为（　　）。
    A．取样、量化、编码　　　　　B．编码、取样、量化
    C．量化、取样、编码　　　　　D．取样、编码、量化
13. 下列 IP 地址中，不合法的是（　　）。
    A．202.16.323.3　　　　　　　B．201.67.32.2
    C．134.221.89.45　　　　　　　D．34.27.56.123
14. Internet 上的 WWW 服务采用的协议是（　　）。
    A．FTP　　　　　　B．Telnet　　　　C．HTTP　　　　　D．SMTP
15. 算法的时间复杂度取决于（　　）。
    A．问题的规模　　　　　　　　B．待处理的数据的初态
    C．问题的难度　　　　　　　　D．A 和 B

16. 在数据结构中，从逻辑上可以把数据结构分成（　　）。

　　A．内部结构和外部结构　　　　　B．线性结构和非线性结构

　　C．紧凑结构和非紧凑结构　　　　D．动态结构和静态结构

17. 以下（　　）不是栈的基本运算。

　　A．判断栈是否为空　　　　　　　B．将栈置为空栈

　　C．删除栈顶元素　　　　　　　　D．删除栈底元素

18. 已知某二叉树的后序遍历序列是 DACBE，中序遍历序列是 DEBAC，则它的前序遍历序列是（　　）。

　　A．ACBED　　　　B．DEABC　　　　C．DECAB　　　　D．EDBAC

19. 在快速排序过程中，每次划分，将被划分的表（或子表）分成左、右两个子表，考虑这两个子表，下列结论一定正确的是（　　）。

　　A．左、右两个子表都已各自排好序

　　B．左边子表中的元素都不大于右边子表中的元素

　　C．左边子表的长度小于右边子表的长度

　　D．左、右两个子表中元素的平均值相等

20. 下列关于结构化程序设计方法的原则中不正确的是（　　）。

　　A．自下向上　　　　B．逐步求精　　　　C．模块化　　　　D．限制使用 goto 语句

21. 面向对象的开发方法中，类与对象的关系是（　　）。

　　A．抽象与具体　　　B．具体与抽象　　　C．部分与整体　　　D．整体与部分

22. 以下选项中，属于软件生命周期主要活动阶段的是（　　）。

　　A．需求分析　　　　B．软件开发　　　　C．软件确认　　　　D．软件演进

23. 软件测试的目的是（　　）。

　　A．证明程序没有错误　　　　　　B．演示程序的正确性

　　C．发现程序中的错误　　　　　　D．改正程序中的错误

24. 以下测试中需要对接口进行测试的是（　　）。

　　A．单元测试　　　　B．集成测试　　　　C．验收测试　　　　D．系统测试

25. 程序调试的主要任务是（　　）。

　　A．检查错误　　　　B．改正错误　　　　C．发现错误　　　　D．以上都不是

26. 在数据库管理技术的发展过程中，经历了人工管理阶段、文件系统阶段和数据库系统阶段。在这几个阶段中，数据独立性最高的是（　　）阶段。

　　A．数据库系统　　　B．文件系统　　　　C．人工管理　　　　D．数据项管理

27. 用树型结构来表示实体之间联系的模型称为（　　）。

　　A．关系模型　　　　B．层次模型　　　　C．网状模型　　　　D．数据模型

28. 设关系 R 和关系 S 的属性元组数分别是 3 和 4，关系 T 是 R 与 S 的笛卡尔积，即 T=R×S，则关系 T 的属性元组数是（　　）。

　　A．7　　　　　　　B．9　　　　　　　　C．12　　　　　　　D．16

第 2 章　Word 文档编辑与美化

Microsoft Office 是一个套装软件，其中最常用的有 Word、Excel 和 PowerPoint 等，它们可以完成文字处理、数据处理及演示文稿制作。在 Word 中进行文字处理工作，首先要创建或打开一个已有的文档，用户输入文档的内容，然后进行编辑和排版，工作完成后将文档以文件形式保存，以便今后使用。文档编辑是指对文档的内容进行增加、删除、修改、查找、替换、复制和移动等一系列操作。在 Word 环境下，不管进行何种操作，必须遵循"先选定，后操作"的原则。当编辑处理完一份文档后，需要进一步设置文档的格式，从而美化文档，便于读者阅读和理解文档的内容。

本章知识要点包括 Office 2010 的应用界面及操作方法；Word、Excel 和 PowerPoint 各组件之间数据的共享；文档的合并、编辑、保存和保护等基本操作；符号、数学公式的输入与编辑及查找替换操作；字体、段落格式、页面布局、边框和底纹、页面背景等的操作。

2.1　Microsoft Office 2010 用户界面

Microsoft Office 2010 各个组件有着统一友好的操作界面、通用的操作方法及技巧。Microsoft Office 2010 采用了以结果为导向的全新用户界面，以此来帮助用户更完善、更高效地完成任务，同时界面设计美观大方、简洁明快，给人以赏心悦目的感觉。

2.1.1　功能区与选项卡

为了帮助用户更轻松更高效地工作，在 Office 全新的用户界面中，最为突出的一个设计便是功能区。功能区横跨程序窗口顶部，取代了传统菜单和工具栏，它包含若干围绕特定方案或对象进行组织的选项卡，每个选项卡又细化为几个组。功能区能够比菜单和工具栏承载更加丰富的内容，包括按钮、库和对话框内容。

例如，在 Word 2010 功能区中有"文件""开始""插入""页面布局""引用""邮件"和"审阅"等选项卡，如图 2-1 所示，可以引导用户展开编辑文档的各项工作。

在 Excel 2010 和 PowerPoint 2010 功能区中也有一组选项卡，根据用户展开的工作不同，Excel 2010 和 PowerPoint 2010 的功能区会略有不同，如图 2-2 和图 2-3 所示。

图 2-1　Word 2010 中的功能区

用户可以根据自己的喜好对功能区进行个性化设置。

图 2-2　Excel 2010 中的功能区

图 2-3　PowerPoint 2010 中的功能区

1. 隐藏或显示功能区

在功能区面板的任意一个位置右击，选择快捷菜单中的"功能区最小化"命令，即可隐藏功能区。

隐藏功能区后，单击任意功能选项卡后右击，选择快捷菜单中的"功能区最小化"命令，取消其前面的"√"标志，即可重新显示功能区。

2. 自定义功能区

（1）在功能区面板的任意一个位置右击，选择快捷菜单中的"自定义功能区"命令。

（2）弹出"自定义功能区"对话框，如图 2-4 所示。在其中可以新建功能选项卡、新建组、对新建的功能选项卡和组重命名等。

图 2-4　"自定义功能区"对话框

2.1.2 上下文选项卡

在 Microsoft Office 2010 的功能区中，除所看到的标准选项卡之外，还有一种选项卡，这种选项卡只有在基于用户所处理的任务时才会在功能区显示出来，向用户展示执行该任务时可能会用到的命令，这种选项卡称为上下文选项卡。

例如，如果用户要在 Word 2010 中处理图片，则功能区会自动显示"图片工具"选项卡，展示处理图片时所需要的命令，如图 2-5 所示；否则，这些命令将不可见。这一特性将极大限度地帮助用户以最快的速度访问到所需的命令，从而使用户轻松完成工作任务。

图 2-5   上下文选项卡

2.1.3 实时预览

当用户将鼠标悬停在选项卡的命令选项上时，会自动显示应用该功能后的文档预览效果，这就是实时预览功能。

例如，当用户想改变 Word 文档的字体时，选中目标文字并将鼠标指针指向字体下拉列表中的选项，文档将实时显示应用该字体的效果，如图 2-6 所示，鼠标指针离开以后将恢复原貌，这样更方便用户快速做出最佳选择。

图 2-6   实时预览功能

Microsoft Office 2010 默认启用了实时预览功能，以 Word 2010 软件为例介绍打开和关闭"实时预览"功能的方法，操作步骤如下：

（1）打开 Word 2010 文档窗口，单击"文件"选项卡中的"选项"命令。

（2）弹出"Word 选项"对话框，在"常规"选项卡中选中或取消"启用实时预览"复选框，将打开或关闭实时预览功能，如图 2-7 所示，完成设置后单击"确定"按钮。

图 2-7　选中或取消"启用实时预览"复选框

2.1.4　增强的屏幕提示

当用户将鼠标指针指向某个命令按钮稍停留后,就会弹出相应的屏幕提示,显示功能提示说明,如图 2-8 所示。

Microsoft Office 2010 默认启用了屏幕提示功能,同时 Microsoft Office 2010 用户界面提供了比以往版本信息量更多、面积更大的屏幕提示。如果用户想要获取更加详细的帮助信息,例如,在图 2-8 中想要更加详细地了解格式刷的功能及操作方法,则按图中提示按 F1 键,就会弹出"Word 帮助"窗口,如图 2-9 所示。

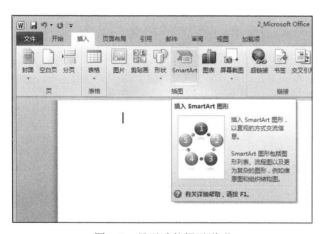

图 2-8　显示功能提示说明

图 2-9　"Word 帮助"窗口

2.1.5　快速访问工具栏

快速访问工具栏实际上是一个命令按钮的容器。默认情况下,快速访问工具栏位于应用程序窗口标题栏的左侧,包含"保存""撤销"和"恢复"3 个常用命令按钮。用户可以根据需要添加命令按钮,这样方便用户快速执行该命令。

例如,如果用户经常需要插入公式,则可以将"插入新公式"命令按钮添加到快速访问工具栏中,操作步骤如下:

（1）单击快速访问工具栏最右侧的黑色三角箭头，弹出"自定义快速访问工具栏"下拉菜单，如图 2-10 所示。如果希望添加的命令恰好在列表中，选择相应命令即可；如果不在列表中则选择"其他命令"选项，这里选择"其他命令"选项。

图 2-10　"自定义快速访问工具栏"下拉菜单

（2）弹出"Word 选项"对话框，自动定位在"快速访问工具栏"选项组，在中间的"从下列位置选择命令"下拉列表框中选择"所有命令"选项，然后在命令列表框中选择"插入新公式"命令，单击"添加"按钮，如图 2-11 所示。

图 2-11　选择出现在快速访问工具栏中的命令

（3）单击"确定"按钮，"插入新公式"命令就添加到了快速访问工具栏中。

2.1.6　后台视图

在 Microsoft Office 2010 中，单击"文件"选项卡即可查看 Office 后台视图，如图 2-12 所示。

图 2-12　Office 后台视图

在 Office 后台视图中，列出了与文档有关的操作命令选项，例如新建、打开和打印等，也显示与文档有关的信息，如文档属性信息、应用程序自定义选项等。

在早期版本的 Microsoft Office 应用程序中，文档的打印设置和打印预览需要分别进行，比较麻烦。而 Office 2010 中，引入了功能强大的后台视图，让文档的打印和预览合二为一，在进行打印选项设置的同时，即可同步预览最终打印效果。

2.2　Office 组件之间的数据共享

Office 组件之间的数据共享，可以减少不必要的重复输入，保证数据的完整性、准确性，提高工作效率，实现 Office 组件之间的无缝协同工作。

2.2.1　主题共享

文档主题是一套统一的格式设置选项，包括主题颜色（文字、背景和超链接的颜色）、主题字体（标题和正文字体）和主题效果（线条和填充效果）。通过应用文档主题，可以快速而轻松地设置整个文档的格式，使其具有专业、现代的外观。

文档主题可以在 Office 各组件之间共享，以便您的 Office 文档具有相同的、统一的外观。

Word、Excel 和 PowerPoint 等程序提供了许多预先设计好的文档主题，在 Word、Excel 中，可以通过"页面布局"选项卡的"主题"组选择应用主题，而 PowerPoint 中则需要在"设计"选项卡的"主题"组选择应用主题。

例如，在 Word 2010 中设置某个主题，操作步骤如下：

（1）打开 Word 2010 文档窗口，在"页面布局"选项卡的"主题"组中单击"主题"按钮的下拉箭头，打开"主题"列表，如图 2-13 所示。

（2）在"主题"列表中选择您需要使用的文档主题。

（3）在应用主题之后，也可以选择"主题"按钮右侧的"颜色""字体"或"效果"对文档进行微调达到我们想要的效果。

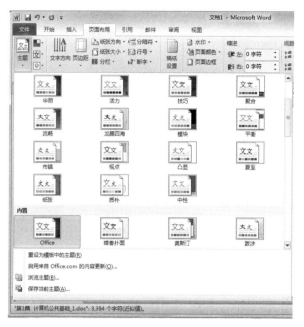

图 2-13 "主题"列表

用户也可以根据自己的喜好自定义主题。若要自定义文档主题,需要先完成对主题颜色、字体及线条和填充效果的设置工作。对一个或多个主题组件进行的更改会影响您当前文档中的外观。如果您想要将这些更改应用于新文档,则可以将它们保存为自定义文档主题。

2.2.2 数据共享

Microsoft Office 套装软件中包含了多个组件,其中最常用的基础组件有 Word、Excel 和 PowerPoint。Word 主要用于文字处理、排版,Excel 主要用于制作表格、数据计算,PowerPoint 主要用于制作演示文稿。为了充分发挥各个组件的长处,也为了避免重复输入、提高工作效率,Office 采用了数据共享的设计,这样我们可以快速而轻松地制作图文并茂、内容丰富的文档,实现 Office 组件之间的无缝协同工作。

1. Excel、Word、PowerPoint 之间的数据共享

Excel 擅长处理和加工数据,利用 Office 传递和共享数据的特性,我们可以在 Word 文档或 PowerPoint 演示文稿中轻松采用 Excel 创建的表格,充分发挥 Excel 的功能。通常有两种方法来共享数据:通过剪贴板共享数据和以对象方式插入共享数据。

(1)通过剪贴板。

1)打开 Excel 工作簿,选择要复制的数据区域,在"开始"选项卡的"剪贴板"组中单击"复制"按钮。

2)打开 Word 文档或 PowerPoint 演示文稿,将光标定位在要插入 Excel 表格的位置。

3)在"开始"选项卡的"剪贴板"组中单击"粘贴"按钮的下拉箭头,从如图 2-14 所示的"粘贴选项"下拉列表中选择一种粘贴方式。选择"选择性粘贴"命令,将会弹出"选择性粘贴"对话框,如图 2-15 所示,若选择"粘贴"单选项,会直接粘贴内容且与源数据不会有任何关联;若选择"粘贴链接"单选项,会使得插入的内容与源数据同步更新。

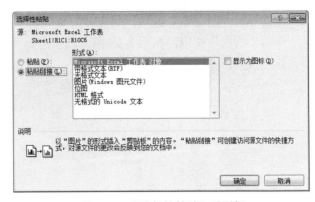

图 2-14　选择粘贴方式　　　　　　　　图 2-15　"选择性粘贴"对话框

（2）以对象方式插入。

1）打开 Word 文档或 PowerPoint 演示文稿，将光标定位在要插入 Excel 表格的位置。

2）在"插入"选项卡的"文本"组中单击"对象"按钮。

3）弹出"对象"对话框，如图 2-16 所示，单击"由文件创建"选项卡，在"文件名"文本框中输入 Excel 工作表所在的位置，或单击"浏览"按钮进行选择，选中"链接到文件"复选项（如图 2-17 所示）可使插入的内容与源数据同步更新，最后单击"确定"按钮。

图 2-16　"对象"对话框　　　　　　　图 2-17　"由文件创建"选项卡

如果需要对表格进行修改，可在插入的表格中双击，弹出 Excel 界面，在 Excel 中进行编辑修改。修改完毕后，在表格区域外单击即可返回 Word 文档或 PowerPoint 演示文稿中。

2．Word 与 PowerPoint 之间的数据共享

Office 还为 Word 与 PowerPoint 之间共享数据提供了专有的方式。

（1）将 Word 发送到 PowerPoint 中。

Word 擅长文字处理、排版，而 PowerPoint 擅长对信息进行演示。有时我们急需将 Word 文档转换成 PowerPoint 文件，如果一点一点地复制过去，是比较麻烦的。这时，我们可以利用 Office 共享数据的特性，将在 Word 中编辑完成的文本快速发送到 PowerPoint 中形成幻灯片文本。操作步骤如下：

1）打开 Word 文档，在其中设置好大纲级别。

2）在"文件"选项卡中选择"选项"命令，弹出"Word 选项"对话框。

3）在左侧选择"快速访问工具栏"选项组，在"从下列位置选择命令"下拉列表框中选

择"不在功能区中的命令"选项,然后在命令列表框中选择"发送到 Microsoft PowerPoint"命令,单击"添加"按钮,如图 2-18 所示。

图 2-18　将 Word 文档发送到 PowerPoint 中

4)单击"确定"按钮,这样"发送到 Microsoft PowerPoint"命令就添加到 Word 的快速访问工具栏中了。

5)单击快速访问工具栏中的"发送到 Microsoft PowerPoint"按钮,即可把 Word 中的文字发送到 PowerPoint 中。

注意这种方式在转换前 Word 文档需要设置好大纲级别,而且只能发送文本,不能发送图表图像。如果 Word 文档比较长时,生成演示文稿的时间也比较长。

(2)使用 Word 为幻灯片创建讲义。

PowerPoint 制作的演示文稿阅读比较麻烦,打印效果也不佳。这时,我们可以将在PowerPoint 中制作完成的幻灯片发送到 Word 中生成讲义并打印。操作步骤如下:

1)打开要生成讲义的 PowerPoint 演示文稿,在"文件"选项卡中选择"选项"命令,弹出"PowerPoint 选项"对话框。

2)在左侧选择"快速访问工具栏"选项组,在"从下列位置选择命令"下拉列表框中选择"不在功能区中的命令"选项,然后在命令列表框中选择"使用 Microsoft Word 创建讲义"命令,单击"添加"按钮。

3)单击"确定"按钮,这样"使用 Microsoft Word 创建讲义"命令就添加到 PowerPoint的快速访问工具栏中了。

4)单击快速访问工具栏中的"使用 Microsoft Word 创建讲义"按钮,弹出"发送到Microsoft Word"对话框,如图 2-19 所示。

5)在其中选择讲义版式后单击"确定"按钮,幻灯片从 PowerPoint 发送至 Word 文档中。

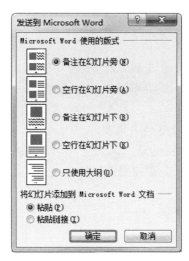

图 2-19　"发送到 Microsoft Word"对话框

2.3　Word 2010 文档基本操作

文档的基本操作一般包括新建与打开文档、文档的保存与保护、多文档的合并等操作。

2.3.1　多文档的合并

在 Word 中，一篇长文章可以先分成几个文件编辑好，再合并成一个文件。具体操作方法如下：

（1）打开要合并的第一个文件，把光标置于文章的最后。

（2）在"插入"选项卡的"文本"组中单击"对象"下拉按钮。

（3）在下拉菜单中选择"文件中的文字"选项，弹出"插入文件"对话框，如图 2-20 所示。

（4）找到要合并的文件，单击"插入"按钮，即可插入要合并的文件。

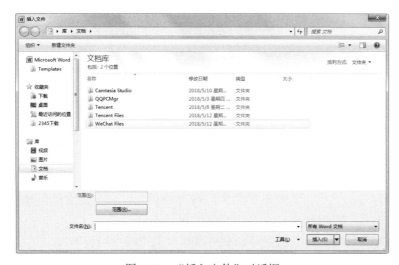

图 2-20　"插入文件"对话框

2.3.2　文档的保存与保护

当 Word 文档编辑完成后，可通过 Word 的保存功能将其存储到计算机或者其他外部设备中，以便后期查看和使用。另外，还可以通过设置密码来保护文档。

1. 保存文档

在文档编排过程中，保存操作是至关重要的。

（1）保存新建文档。需要注意的是，在新建 Word 文档后，自动生成的"文档 1.docx"文件暂存在内存中，并没有保存在外存储器中，只有进行了正确的保存操作，当前文档才能被保留下来。

保存新建文档的操作方法如下：

1）单击"文件"→"保存"命令，或者单击快速访问工具栏中的"保存"按钮，打开"另存为"对话框，如图 2-21 所示。

图 2-21　"另存为"对话框

2）通常默认保存位置为"库"→"文档"文件夹，用户可以重新更改文档存放路径。

3）在"文件名"文本框中输入保存后的文件名。

4）如果保存为默认的扩展名为".docx"的文档类型，则直接转到步骤 5）完成文件保存；如果需要更改文件类型，则单击"保存类型"下拉按钮，从中选择其他文件类型，例如保存为PDF 文件则选择"PDF（*.pdf）"选项。

5）单击"保存"按钮，即可将当前文件保存为相应的文件格式。

（2）保存已有文档。

对于已经保存过的文档，若更新了其中的内容或设置而需要再次保存时，则单击快速访问工具栏中的"保存"按钮或按 Ctrl+S 组合键即可。

如果需要重命名保存、更改保存路径或更改保存类型时，则应单击"文件"→"另存为"命令，在打开的"另存为"对话框中重新输入文件名，更改保存位置或保存类型，然后单击"保存"按钮。

（3）自动保存。

为减少因断电等异常情况而导致未及时保存文档带来的损失，Word 提供了自动保存的功能，即每隔一段时间系统自动保存文档，设置方法如下：

1）单击"文件"→"选项"命令，在打开的"Word 选项"对话框中单击"保存"选项卡，如图 2-22 所示。

图 2-22　"Word 选项"对话框

2）选择"保存自动恢复信息时间间隔"复选框，调整其右侧的微调按钮，即可设置两次自动保存的间隔时长。

3）单击"确定"按钮。

2. 保护文档

为了防止他人打开或者修改文档，用户可以利用 Word 提供的设置密码功能来保护文档，设置方法如下：

（1）单击"文件"→"另存为"命令，打开"另存为"对话框。

（2）在其中单击"工具"右侧的下拉按钮，在弹出的下拉菜单中选择"常规选项"，打开如图 2-23 所示"常规选项"对话框。

（3）在相应的文本框中输入密码，密码以"*"显示。

其中，当设置"打开文件时的密码"后，则需要正确输入该密码才能打开这个文档。设置"修改文件时的密码"后，则只有正确输入该密码才能修改文档，否则只能以只读方式打开文档。

（4）单击"确定"按钮，打开"确认密码"对话框，再次确认输入的密码，单击"确定"按钮完成设置。

图 2-23　"常规选项"对话框

2.4　文本对象的输入与编辑

Word 文档内容主要由文本、表格、图片等对象组成。其中，常规文本对象可通过键盘、语音、手写笔和扫描仪等多种方式进行输入，但特殊文本对象则需要借助"插入"选项卡才能完成。

2.4.1　特殊文本对象的输入与编辑

1．符号的插入

当需要输入●、♣、©、↔等特殊文本对象时，除了少数符号可以通过软键盘录入外，更多的则需要用到 Word 的插入符号功能，操作步骤如下：

（1）将光标定位到待插入点，在"插入"选项卡的"符号"组中单击"符号"按钮，在其下拉列表中选择"其他符号"命令，打开"符号"对话框，如图 2-24 所示。

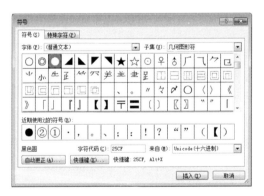

图 2-24　"符号"对话框

（2）从"字体"和"子集"下拉列表框中选择需插入符号的字体和所属子集。

（3）双击需要插入的符号，或者选择符号后单击"插入"按钮，即可将该符号插入到指定位置。

（4）单击"取消"按钮或关闭当前对话框，完成插入操作。

2．公式的插入与编辑

常见的数学公式中不但有普通的文字和符号，通常还包含一些特殊的数学运算符号，这些文字和符号往往布局复杂，不能用常规的方法输入。公式的输入方法如下：

（1）在"插入"选项卡的"符号"组中单击"公式"下拉按钮，在"内置"列表中选择需要的公式，如图 2-25 所示。

图 2-25　公式"内置"列表

（2）如果"内置"列表中没有需要的公式，则选择"插入新公式"选项，此时显示"公式工具/设计"上下文选项卡，且新增公式编辑区，如图 2-26 所示。

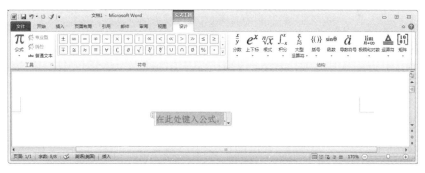

图 2-26　公式编辑区

（3）在"在此处键入公式"处，利用"结构"组中提供的模板工具和"符号"组中提供的符号工具来创建公式。

"符号"组默认显示的为"基础数学"符号，除此之外，Word 还提供了"希腊字母""字母类符号""运算符"等多种符号，查找这些符号的操作步骤如下：

1）单击"符号"组右侧的"其他"按钮，打开"符号"面板。

2）单击"符号"面板左上角的"基础数学"右侧的下拉按钮，从中选择需要的类别，如图 2-27 所示。

图 2-27　"符号"面板

例 2-1　在 Word 文档中创建以下公式：

$$\Phi(\alpha,\beta)=\int_0^\alpha\int_0^\beta e^{-(x^2+y^2)}\mathrm{dxdy}$$

操作步骤如下：

Step1：在"插入"选项卡的"符号"组中单击"公式"按钮，在弹出的"内置"列表中选择"插入新公式"命令。

Step2：将插入点定位到公式编辑区，在"公式工具/设计"选项卡中单击"符号"组中的"其他"按钮，在弹出的"符号"面板中选择"希腊字母"，再在大写希腊字母中选择 Φ。

Step3：将插入点定位到字母 Φ 的右侧，在"结构"组中单击"括号"按钮，在弹出的面板中选择括(⬚)。

Step4：单击括号(⬚)，重复步骤 2 的方法输入 α，接着输入逗号"，"，用同样的方法输入 β。

Step5：将插入点移到括号外右侧，输入等号=。

Step6：在"结构"组中单击"积分"按钮，在弹出的面板中选择按钮 ∫（第 1 排第 3 个），接着在相应空位输入"0"和"α"。

Step7：单击右侧空位，重复步骤 6 的方法输入第 2 个积分号。

Step8：单击右侧空位，在"结构"组中单击"上下标"按钮，在弹出的面板中选择"下标和上标"区域中的上标⬚（第 1 排第 1 个），单击大空位，输入字母"e"，在上标空位输入负号"-"。

Step9：参照步骤 3 输入圆括号，单击圆括号中的空位，参照步骤 8 键入 x^2、+和 y^2。

Step10：将插入点移至最右侧，输入 dxdy。

注意：除了用上述方法插入公式外，还可以通过以下方法来创建：

①在"插入"选项卡的"文本"组中单击"对象"下拉按钮，在弹出的选项中选择"对象"命令，打开"对象"对话框。

②在"对象类型"列表框中选择对象类型"Microsoft 公式 3.0"，单击"确定"按钮，打开"公式编辑器"，如图 2-28 所示。

③使用"公式"工具栏中提供的工具来创建公式。

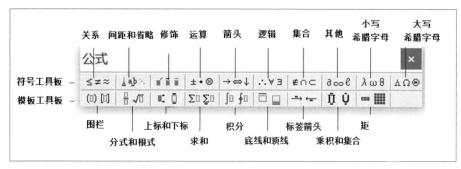

图 2-28　"公式"工具栏

3．插入文档封面

在 Word 中，用户无需再为设计漂亮的封面而大费周折，内置的"封面库"为用户提供了充足的选择空间。为文档添加封面的操作步骤如下：

（1）将光标定位到要插入封面的位置。

（2）在"插入"选项卡的"页"组中单击"封面"按钮，打开系统内置的"封面库"。

（3）"封面库"以图示的方式列出了许多文档封面，单击其中一个样式的封面。

（4）在提示符位置分别输入内容。

2.4.2　查找与替换

Word 查找与替换操作不仅可以帮助用户快速定位到查找的内容，还可以批量修改文档中的内容。

1．查找文本

查找功能可以帮助用户快速找到指定的文本，同时也能帮助核对该文本是否存在。查找文本的操作步骤如下：

（1）在"开始"选项卡的"编辑"组中单击"查找"按钮，打开"导航"任务窗格。

（2）在"搜索文档"区域中输入需要查找的文本，此时查找到的文本以黄色背景突出显示出来，如图 2-29 所示。

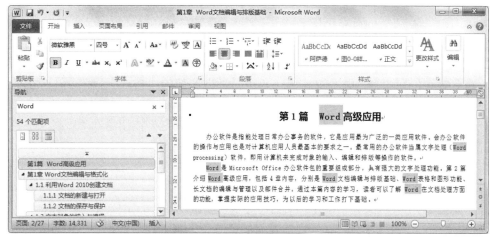

图 2-29　在"导航"任务窗格中查找文本

（3）单击"搜索文档"文本框下方的"浏览您当前搜索的结果"按钮，此时在当前列表中显示出搜索内容所在的段落和具体匹配项数目。

（4）单击其中的一个匹配项，则跳转到该搜索内容所在的位置，并在右侧显示。

2．替换文本

若要将某个内容进行批量修改，就可以使用替换操作，操作步骤如下：

（1）在"开始"选项卡的"编辑"组中单击"替换"按钮，打开如图 2-30 所示的"查找和替换"对话框。

图 2-30 "查找和替换"对话框

（2）在"替换"选项卡的"查找内容"文本框中输入需要查找的文本，在"替换为"文本框中输入要替换的文本。

（3）单击"全部替换"按钮，替换所有需要替换的文本。也可以连续单击"替换"按钮，逐个查找并替换。

（4）此时弹出提示对话框，提示已完成对文档的搜索和替换，关闭对话框。

注意：进行替换操作时，可以进行字符模糊替换操作。利用通配符"?"（任意单个字符）和"*"（任意多个字符）实现模糊内容的查找替换。例如输入查找内容为"?国"则可以找到诸如"中国""英国"等字符，而输入"*国"则可以找到诸如"中国""孟加拉国"等字符。

3．替换文本格式

除了上述的内容替换操作外，还可以利用"更多"按钮来批量修改字符格式。

（1）将文件中的所有数字字符修改为 Arial 字体格式，操作过程如下：

1）在如图 2-30 所示的对话框中，单击"更多"按钮，将光标定位至"查找内容"文本框，单击对话框底部的"特殊格式"按钮，在弹出的菜单中选择"任意数字"选项，此时"查找内容"文本框中显示代表任意数字的符号"^#"。

2）将光标定位至"替换为"文本框，单击对话框底部的"格式"按钮，在弹出的菜单中选择"字体"，打开"替换字体"对话框。

3）在"西文字体"下拉列表框中选择 Arial，单击"确定"按钮返回"查找和替换"对话框，如图 2-31 所示。

4）单击"全部替换"按钮，批量完成替换操作。

（2）将文件中的所有空行删除，操作过程如下：

1）在如图 2-30 所示的对话框中，单击"更多"按钮，将光标定位至"查找内容"文本框，单击对话框底部的"特殊格式"按钮，在弹出的菜单中选择"段落标记"选项，再单击对话框底部的"特殊格式"按钮，在弹出的菜单中选择"段落标记"选项，此时"查找内容"文本框中显示两个代表段落标记的符号"^p^p"。

图 2-31　批量修改字符格式设置

2）将光标定位至"替换为"文本框，单击对话框底部的"特殊格式"按钮，在弹出的菜单中选择"段落标记"选项，此时"替换为"文本框中显示代表段落标记的符号"^p"，如图 2-32 所示。

图 2-32　删除文中的空行设置

3）单击"全部替换"按钮，批量完成替换操作。

2.5　文档的美化

如果用户不进行对象的手动排版，则 Word 对录入的对象均设置为系统默认的排版格式，如字符对象的默认大小为"五号"，字体为"宋体"，段落对齐方式为"两端对齐"。而实际情况往往需要进行格式的重新排版，才能使文档更加符合读者的阅读习惯和审美要求。

2.5.1　字符格式化

字符排版是指对文本对象进行格式设置，常见的格式设置包括字体、字号、间距等设置。在选定文本对象后，就可以根据以下方法进行字符排版了：

（1）使用"字体"组。

在"开始"选项卡的"字体"组中，用户能完成绝大部分的字符格式设置，如字体大小、颜色、上下标、文本效果、阴影等。

（2）使用"字体"对话框。

在"开始"选项卡的"字体"组中单击右下角的"对话框启动器"按钮，在打开的"字体"对话框中进行设置。

● "字体"选项卡。该选项卡的各项设置与"开始"选项卡的"字体"组大致相同，还可以通过"预览"框查看设置后的效果。

● "高级"选项卡。在"高级"选项卡中，用户可以通过输入具体值或微调按钮来设置字符的缩放比例、间距和位置等。

2.5.2　段落格式化

段落是字符、图形或其他项目的集合，通常以"段落标记"↵ 作为一段结束的标记。段落的排版是指对整个段落外观的更改，包括对齐方式、缩进、段落间距和行间距等设置。

设置段落格式与设置字体格式类似，常用"段落"组和"段落"对话框两种方式。

1．设置对齐方式

对齐方式是段落内容在文档的左右边界之间的横向排列方式。常用的对齐方式有两端对齐、居中、右对齐、左对齐和分散对齐。

在设置段落对齐方式的过程中，应先选择要设置对齐方式的段落或将光标定位到段落中，在"开始"选项卡的"段落"组中单击相应的对齐方式按钮。

2．设置段落缩进

段落缩进用来调整正文与页面边距之间的距离。常见的缩进方式有 4 种：首行缩进、悬挂缩进、左缩进和右缩进。与设置段落对齐方式类似，主要使用"段落"组和"段落"对话框两种方式。

在"开始"选项卡的"段落"组中单击"增加缩进量"按钮或"减少缩进量"按钮，可进行左缩进量的增加或减少，如果需要设置其他缩进或者设置精确的缩进量，则必须使用"段落"对话框。设置方法如下：

（1）在"开始"选项卡的"段落"组中单击右下角的"对话框启动器"按钮，打开如图 2-33 所示的"段落"对话框。

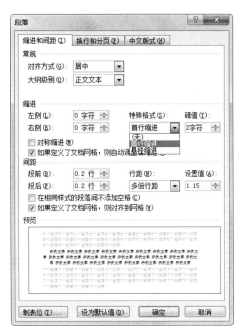

图 2-33 缩进设置

（2）选择"缩进和间距"选项卡，在"缩进"选项区域可以设置左侧、右侧和特殊格式的缩进量。

- 左侧/右侧缩进：设置整个段落左/右端距离页面左/右边界的起始位置。设置左缩进和右缩进时，只需在"左侧"和"右侧"文本框中分别输入左缩进和右缩进的值即可。
- 首行缩进：将段落的第一行从左向右缩进一定的距离，首行外的各行都保持不变。设置首行缩进时，单击"特殊格式"下拉按钮，在下拉列表框中选择"首行缩进"选项，再在右侧输入缩进值，通常情况下设置缩进值为"2 字符"。
- 悬挂缩进：除首行以外的文本从左向右缩进一定的距离。设置悬挂缩进时，单击"特殊格式"下拉按钮，在下拉列表框中选择"悬挂缩进"选项，再在右侧输入缩进值即可。

3. 设置段间距和行间距

段间距是指相邻两段之间的距离，即前一段的最后一行与后一段的第一行之间的距离。行间距是指本段中行与行之间的距离。在默认情况下，行与行之间的距离为"单倍"行距，段前和段后距离为"0"。

设置段间距和行间距的方法与设置缩进的方法类似，可在图 2-33 所示对话框的"间距"选项区域中进行设置。其中行距选项有"最小值""固定值""多倍行距"等。还可以使用"开始"选项卡"段落"组中的"行和段落间距"工具 ‡≡ˇ 来快速设置行距和段间距。

2.5.3 页面格式设置

用户经常需要将编辑好的 Word 文档打印出来，以便携带和阅读。在编排或打印文档之前，往往需要进行适当的页面设置。

Word 采用"所见即所得"的编辑排版工作方式，而文档最终一般需要以纸质的形式呈现，所以需要进行纸型、页边距、装订线等页面格式设置。页面设置方法为：在"页面布局"选项卡的"页面设置"组中单击右下角的"对话框启动器"按钮，打开如图 2-34 所示的对话框，可分别在 4 个选项卡中进行设置。

1. "页边距"选项卡

（1）页边距设置。

"页边距"选项卡主要用来设置文字的起始位置与页面边界的距离。用户可以使用默认的页边距，也可以自定义页边距，以满足不同的文档版面要求。在当前选项卡的"页边距"选项区域中输入或单击微调按钮即可设置"上""下""左""右"页边距的值。

除此之外，还可以快速设置页边距：在"页面布局"选项卡的"页面设置"组中单击"页边距"按钮，弹出如图 2-35 所示的下拉列表，其中系统提供了"普通""窄""宽"等预定义的页边距，从中进行选择即可。如果用户需要自己指定页边距，则在下拉列表中选择"自定义边距"命令，打开如图 2-34 所示的对话框，在其中再按上述方法进行设置。

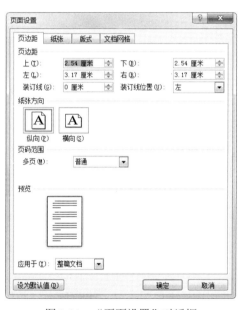

图 2-34　"页面设置"对话框

图 2-35　快速设置页边距

（2）装订线设置。装订线的设置包括装订线宽度和装订线位置的设置。装订线宽度是指为了装订纸质文档而在页面中预留出的空白，不包括页边距。因此，页面中相应边预留出的空白空间宽度为装订线宽度与该边的页边距之和。如果不需要装订线，则装订线宽度为"0"。装订线位置只有"左"和"上"两种，即只能在页面左边或顶边进行装订。

（3）多页设置。在"页码范围"的"多页"设置中，Word 提供了普通、对称页边距等 5 种多页面设置方式，表 2-1 描述了 4 种不同的多页设置方式与效果。

完成页面的相关设置后，在该对话框的任一选项卡的下方均有"应用于"下拉列表框，可指定当前设置应用的范围。默认情况下，如果文档没有分节，为应用于"整篇文档"，否则应用于"本节"；如果选定了文字，则为应用于"所选文字"。下拉列表框中的选项及含义如表 2-2 所示。需要提醒的是，并非所有选项都同时出现，而是根据实际情况有选择地出现。

表 2-1　多页设置方式与效果

多页设置方式	效果
对称页边距	使纸张正反两面的内外侧均具有同等距离，装订后会显得更整齐美观，此时，左右页边距标记会修改为"内侧""外侧"边距
拼页	将两张小幅面的编排内容拼在一张大幅面的纸张上
书籍折页	将纸张一分为二，中间是折叠线，正面的左边为第 2 页，右边为第 3 页，反面的左边为第 4 页，右边为第 1 页，对折后，页码顺序正好为 1、2、3、4
反向书籍折页	与书籍折页相似，不同的是折页方向相反

表 2-2　"应用于"下拉列表框中的选项说明

选项	说明
整篇文档	应用于整篇文档
本节	仅应用于当前节，前提是文档已分节
所选文字	仅应用于当前所选文字。将自动在所选文字的前端和末端分别插入分节符，使当前所选文字单独编排在一页中
插入点之后	在当前插入点位置插入分节符，分节符后的文字从下一页开始，到下一节开始之间的文字使用当前页面设置

2."纸张"选项卡

在"页面设置"对话框的"纸张"选项卡中，可以设置打印纸张的大小。单击"纸张大小"选项的下拉按钮，在下拉列表框中选择需要的纸张类型，还可以通过指定高度和宽度自行定义纸张大小。

3."版式"选项卡

在"页面设置"对话框的"版式"选项卡中，可以设置页眉和页脚的版面格式、节的起始位置和行号等。

（1）设置页面对齐方式。在文档排版过程中，一般设置内容的水平对齐方式。但在一些特殊情况下，为了达到更好的打印效果，还需要设置文档页面的垂直对齐方式，即内容在当前页面垂直方向上的对齐方式。具体方法是：在"版式"选项卡中，单击"页面"选项区域"垂直对齐方式"右侧的下拉按钮，从中选择相应的选项。

（2）添加行号。实际工作中，有时需要为文档内容标示所在位置，即为文档加上行号，例如英文阅读材料、法律文书等。只需在"版式"选项卡中单击"行号"按钮，弹出如图 2-36 所示的对话框，在其中选择相应选项，即可为文档添加行号。添加行号后的效果如图 2-37 所示。

另外，还可以在"页面布局"选项卡中单击"页面设置"组中的"行号"按钮，为文档快速添加行号。

图 2-36　"行号"设置

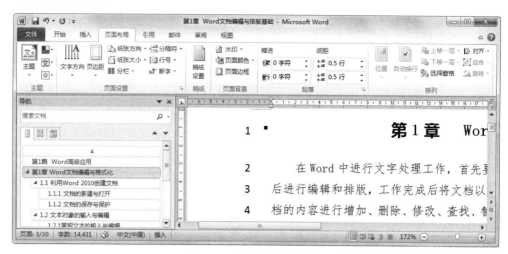

图 2-37　添加行号后的效果

4."文档网格"选项卡

"页面设置"对话框中的"文档网格"选项卡如图 2-38 所示,可在其中进行文档网格、每页行数和每行字数等设置。

图 2-38　"文档网格"选项卡

(1)设置网格。在"网格"区域可设置每行能容纳的字符数和每页能容纳的行数。其中的 4 个选项及含义如表 2-3 所示。

表 2-3　"网格"区域中选项的说明

选项	说明
无网格	采用默认的每行字符数、每页行数和行跨度等
只指定行网格	采用默认的每行字符数和字符跨度,允许设定每页行数(1~48)或行跨度,改变其中之一另一个数值将会随之改变

选项	说明
指定行和字符网格	允许设定每行字符数、字符跨度、每页行数和行跨度等。改变了字符数（或行数），跨度会随之改变，反之亦然
文字对齐字符网格	可以设定每行字符数和每页行数，但不允许更改字符跨度和行跨度

（2）绘图网格。当文档中的图形对象较多时，Word 提供的"绘图网格"功能可对文档中的图形进行更细致的编排。在图 2-38 中，单击"绘图网格"按钮，即可打开如图 2-39 所示的"绘图网格"对话框，其中的选项及含义如表 2-4 所示。

图 2-39　"绘图网格"对话框

表 2-4　"绘图网格"对话框中选项的说明

选项	说明
对象对齐	拖动对象时会使对象与其他对象的垂直和水平网格线对齐
网格设置	设置网格的水平和垂直间距
网格起点	选择"使用页边距"复选项，则使用左、上页边距作为网格的起点，否则可设置起点位置
显示网格	在屏幕上显示网格线，可设置网格线的水平和垂直间隔
网格线未显示时对象与网格对齐	拖动对象时对象会自动吸附到最近的网格线上

2.5.4　其他格式

1. 项目符号和编号

给段落添加项目符号和编号的目的是使文档条理分明、层次清晰。项目符号用于表示段落内容的并列关系，编号用于表示段落内容的顺序关系。

添加、删除项目符号和编号的常用方法如下：

（1）添加项目符号或编号。

在文档中选择要添加项目符号或编号的若干段落，在"开始"选项卡的"段落"组中单击"项目符号"按钮 ⋮≡ 或"编号"按钮 ⋮≡ ，或者单击右侧的下拉按钮，从下拉的"项目符号库"或"编号库"中进行选择，都可完成项目符号或编号的添加。

另外，Word 还提供了自动创建项目符号列表和编号列表功能，当用户为某一段落添加了项目符号或编号之后，按回车键开始一个新段落时，Word 就会自动产生下一个段落的项目符号或编号。如果要结束自动创建项目符号或编号，可以连续按两次 Enter 键或按 Backspace 键删除项目符号或编号。

（2）自定义添加项目符号或编号。

如果内置的"项目符号库"和"编号库"中没有符合要求的类型，则可单击"项目符号"或"编号"按钮右侧的下拉按钮，在弹出的下拉列表中选择"定义新项目符号"或"定义新编号格式"命令，在打开的对话框（如图 2-40 和图 2-41 所示）中设置新项目符号或定义新编号格式。

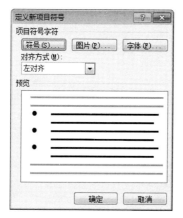

图 2-40　"定义新项目符号"对话框

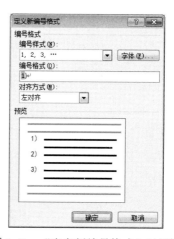

图 2-41　"定义新编号格式"对话框

（3）删除项目符号和编号。

如果要结束自动创建项目符号或编号，可以连续按两次 Enter 键或按 Backspace 键删除项目符号或编号。添加的项目符号或编号若要全部删除，则选择已添加项目符号或编号的段落后，再次单击"段落"组中的"项目符号"或"编号"按钮。

注意：在"开始"选项卡中，利用"剪贴板"组中的"格式刷"工具可以快速复制对象的格式。复制时，首先选定作为样本的对象，单击"格式刷"按钮，鼠标指针变为形状，按住鼠标左键选择目标对象，松开鼠标左键，目标对象的格式即修改为样本对象的格式，同时鼠标指针还原至常规状态。若双击"格式刷"按钮，则可以进行多次格式复制，直到再次单击"格式刷"按钮或按 Esc 键才终止。

2．设置首字下沉

设置段落第一行的第一个字变大，并且下沉一定的距离，段落的其他部分保持原样，这种效果称为首字下沉，是书报刊物常用的一种排版方式。设置过程如下：

（1）将光标定位到需要设置首字下沉的段落中。

（2）在"插入"选项卡的"文本"组中单击"首字下沉"按钮，在下拉列表中选择"下沉"或"悬挂"样式。如果需要进行更复杂的设置，则在下拉列表中选择"首字下沉选项"命令，打开如图 2-42 所示的"首字下沉"对话框，在其中选择下沉位置，设置字体、下沉行数、下沉后的文字与正文之间的距离，单击"确定"按钮即可完成设置。

3．分栏

在 Word 中，分栏用来实现在一页上以两栏或多栏的方式显示文档内容，被广泛应用于报纸和杂志的排版中。分栏的操作方法为：选中要分栏的文本，在"页面布局"选项卡的"页面设置"组中单击"分栏"下拉按钮，在下拉列表中选择一种分栏方式。

若设置超过三栏的文档分栏，则需选择下拉列表中的"更多分栏"命令，打开如图 2-43 所示的"分栏"对话框，在其中可设置栏数、栏宽、分隔线、应用范围等，设置完成后单击"确定"按钮完成分栏操作。

图 2-42　"首字下沉"对话框

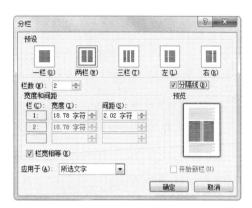

图 2-43　"分栏"对话框

4．设置边框与底纹

为了使重要的内容更加醒目或页面效果更美观，可以为字符、段落、图形或整个页面设置边框和底纹效果，设置方法如下：

（1）在"开始"选项卡的"段落"组中单击"边框"下拉按钮，在下拉列表中选择"边框与底纹"命令，打开"边框和底纹"对话框，如图 2-44 所示。

图 2-44　"边框和底纹"对话框

（2）选择"边框"选项卡，可以设置边框线的样式、线型、颜色、宽度。但需要注意的是，设置流程的总体方向应遵循"从左到右，从上往下"的基本原则，否则设置将无效。例如，设置当前段落的边框为 1 磅宽度的红色虚线方框，则先选择左侧"设置"区域的"方框"，再依次选择"样式"列表框中的"虚线"、"颜色"下拉列表框中的"红色"、"宽度"下拉列表框中的"1.0 磅"。在此过程中，右侧的"预览"栏中即时显示设置效果。

（3）在"底纹"选项卡中，可以为文字或段落设置颜色或图案底纹。

（4）选择"页面边框"选项卡，可以为页面设置普通的线型边框和各种艺术型边框，使文档更富有表现力。"页面边框"设置方法与"边框"设置方法类似。

注意：如果需要对个别边框线进行调整，还可以通过单击▦、▦、▦、▦按钮分别设置或取消上、下、左、右 4 条边框线。

在"边框和底纹"对话框中，"应用于"是指设置效果作用的范围。在"边框"和"底纹"选项卡中，"应用于"的范围包括选中的文本或选中文本所在的段落，而"页面边框"选项卡中"应用于"的范围则包括整篇文档或节。因此，在设置过程中应根据具体要求进行应用范围的选择。

2.5.5　页面背景的设置

1．添加水印

Word 的水印功能可以为文档添加任意的图片和文字背景，设置方法如下：

（1）在"页面布局"选项卡中，单击"页面背景"组中的"水印"按钮，在弹出的下拉列表中选择所需水印或"自定义水印"命令，打开如图 2-45 所示的"水印"对话框。

图 2-45　"水印"对话框

（2）在其中可以设置文字或图片作为文档的背景。如果需要设置图片水印，则选中"图片水印"单选项，再单击"选择图片"按钮，在打开的"插入图片"对话框中选择目标图片文件；如果需要设置文字水印，则选中"文字水印"单选项，在"文字"文本框中输入作为水印的文字，还可以设置文字的颜色、大小等。

（3）取消文档中的水印效果，只需在"水印"对话框中选择"无水印"单选项，或单击"页面背景"组中的"水印"按钮，在弹出的下拉列表中选择"删除水印"命令。

2．设置填充效果

Word 的页面颜色中的填充效果功能可以为文档设置渐变、纹理、图案和图片等页面颜色，设置方法如下：

（1）在"页面布局"选项卡中，单击"页面背景"组中的"页面颜色"按钮，在弹出的下拉列表中选择"填充效果"命令，打开如图 2-46 所示的"填充效果"对话框。

图 2-46　"填充效果"对话框

（2）选中"渐变"选项卡"颜色"组中的"预设"单选项，再选择"预设颜色"下拉列表中的任意一项，如"红日西斜"，单击"确定"按钮即可设置为渐变填充效果。

（3）单击"纹理"选项卡，在"纹理"中选择一种纹理，如"编织物"，单击"确定"按钮即可设置为纹理填充效果。

（4）单击"图案"选项卡，在"图案"中选择一种图案，如"小棋盘"，单击"确定"按钮即可设置为图案填充效果。

（5）单击"图片"选项卡，再单击"选择图片"按钮，在弹出的"选择图片"对话框中找到需要的图片，如图 2-47 所示，单击"插入"按钮返回"填充效果"对话框，如图 2-48 所示，最后单击"确定"按钮即可设置为图片填充效果。

图 2-47　"选择图片"对话框

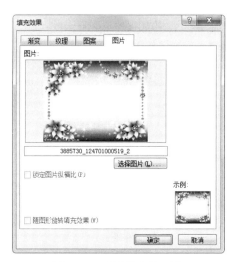

图 2-48　"图片"选项卡

2.6　应用案例——"牛顿.docx"一文排版

文档在编辑好后要进行美化,包括字体、段落、页面、背景等格式的设置。

2.6.1　案例描述

牛顿是英国伟大的数学家、物理学家、天文学家和自然哲学家。对"牛顿.docx"一文按如下要求进行排版:

(1)设置文中所有英文字母的字体为 Times New Roman。

(2)设置标题"牛顿的简介"字体为"黑体",字号为"三号",字形为"倾斜",对齐方式为"居中",段前、段后均为"15 磅"。

(3)设置正文第 1 段到最后一段样式为:首行缩进为"2 字符",段后间距为"0.5 行"。

(4)设置正文第 2 段首字下沉两行。

(5)设置文字水印为"牛顿",页面颜色为"雨后初晴"。

(6)为所有正文添加行号。

(7)设置正文第 4 段"牛顿在科学上……的创建。"段落边框样式为"三维",线条样式如图 2-49 所示,宽度为"3 磅",底纹填充色为"橙色"。

图 2-49　线条样式

(8)用文件名"牛顿简介"保存。

2.6.2　案例操作步骤

(1)查找与替换设置字体。

1)在"开始"选项卡中,单击"编辑"组中的"替换"按钮,打开"查找和替换"对话框。

2)在其中单击"更多"按钮,将光标定位至"查找内容"文本框,单击对话框底部的"特殊格式"按钮,在弹出的下拉菜单中选择"任意字母"选项,此时"查找内容"文本框中显示代表任意字母的符号"^$"。

3）将光标定位至"替换为"文本框，单击对话框底部的"格式"按钮，在弹出的下拉菜单中选择"字体"，打开"替换字体"对话框。

4）在"西文字体"下拉列表框中选择 Times New Roman，单击"确定"按钮返回"查找和替换"对话框，如图 2-50 所示。

5）单击"全部替换"按钮，替换所有字母的字体。

（2）设置标题格式。

1）选定标题行，在"开始"选项卡中单击"字体"组右下角的"对话框启动器"按钮，打开"字体"对话框。

2）设置如图 2-51 所示的字体、字号和字形。

图 2-50　设置所有英文字母的字体格式　　　图 2-51　设置标题字体格式

3）单击"确定"按钮，即可完成标题字体格式的设置。

4）在"开始"选项卡中，单击"段落"组右下角的"对话框启动器"按钮，打开"段落"对话框。

5）设置如图 2-52 所示的段落格式。

6）单击"确定"按钮，即可完成标题段落格式的设置。

（3）设置正文样式。

1）选定所有的正文。

2）在"开始"选项卡中，单击"段落"组右下角的"对话框启动器"按钮，打开"段落"对话框。

3）设置如图 2-53 所示的段落格式。

4）单击"确定"按钮。

（4）设置首字下沉。

1）单击第二段的任意一个位置。

2）在"插入"选项卡中，单击"文本"组中的"首字下沉"按钮，在弹出的下拉菜单中选择"首字下沉选项"命令，打开"首字下沉"对话框。

3）单击"位置"区域中的"下沉"按钮，在"下沉行数"文本框中输入 2，如图 2-54 所示。

4）单击"确定"按钮。

图 2-52　设置标题段落格式　　　　　　　　图 2-53　设置正文段落格式

（5）设置文字水印和页面渐变颜色。

1）在"页面布局"选项卡中，单击"页面背景"组中的"水印"按钮，再单击下拉菜单中的"自定义水印"命令。

2）在弹出的"水印"对话框中，选中"文字水印"单选项，在"文字"文本框中输入"牛顿"，如图 2-55 所示。

3）单击"确定"按钮。

图 2-54　设置首字下沉两行　　　　　　　　图 2-55　设置文字水印

4）在"页面布局"选项卡中，单击"页面背景"组中的"页面颜色"按钮，再单击下拉菜单中的"填充效果"命令。

5）在弹出的"填充效果"对话框中，选中"渐变"选项卡"颜色"区域中的"预设"单选项，在"预设颜色"下拉列表框中选择"雨后初晴"选项，如图 2-56 所示。

6）单击"确定"按钮。

（6）设置正文行号。

1）选定所有正文。在"页面布局"选项卡中，单击"页面设置"组中的"行号"按钮，在下拉菜单中选择"行编号选项"命令。

2）在弹出的"页面设置"对话框中，在"节的起始位置"中选择"接续本页"选项，以免标题与正文分成两页；在"应用于"中选择"所选文字"选项；单击"行号"按钮，在"行号"对话框中进行如图 2-57 所示的设置。

3）单击"确定"按钮返回"页面设置"对话框，再单击"确定"按钮关闭"页面设置"对话框，即可完成行号添加操作。

图 2-56　设置页面颜色填充效果

图 2-57　添加正文行号

（7）设置边框和底纹。

1）选定正文第 4 段。

2）在"开始"选项卡中，单击"段落"组的"边框"下拉按钮 ，在下拉列表中选择"边框与底纹"命令，打开"边框和底纹"对话框。

3）在"边框"选项卡中，先选择左侧"设置"区域中的"三维"，再依次选择"样式"列表框中的如图 2-49 所示的样式，"宽度"设置为"3.0 磅"，"应用于"设置为"段落"，如图 2-58 所示。

4）在"底纹"选项卡中，在"填充"下拉列表框中选择"标准色/橙色"，如图 2-59 所示。

图 2-58　设置三维边框

图 2-59　设置橙色底纹

5）单击"确定"按钮。

（8）文件另存为。单击"文件"→"另存为"命令，在"另存为"对话框的"文件名"文本框中输入"牛顿简介"，然后单击"保存"按钮。

习题 2

一、思考题

1. 新建 Word 文档有哪些方法？

2. 在 Word 中，如何设置每页打印多少行，每行打印多少字符？

3．在 Word 中，怎样设置一幅图片作为背景？

4．"减少缩进量"和"增加缩进量"按钮调整的是哪种缩进？

5．在一篇内容很多的 Word 文档中，如何将重复过多次的"计算机"三个字快速加上突出显示格式？

二、操作题

1．在 WORD1 文档中进行下列操作，完成操作后请保存并关闭 WORD1 文档：

（1）设置正文第 1 段"两天之后……什么地方去住？"，字体为"隶书"，字号为"四号"，字形为"加粗、倾斜"，字体颜色为"蓝色"，字符间距为"加宽、2 磅"。

（2）设置正文第 2 段开始的所有段落"大概你还梦想着……都得从头学起……"，首行缩进"21 磅"，设置正文第 2 段"大概你还梦想……这叫野心啊！……"，对齐方式为"右对齐"，右缩进为"21 磅"，段前间距为"31.2 磅"。

（3）设置正文第 4 段"我明白了～……一份'思想汇报'。"首字下沉行数为"2 行"，字体为"黑体"，距正文"25.35 磅"。

（4）设置正文第 5 段"还有一次……"分栏，栏数为"2 栏"，添加"分隔线"。

（5）页面设置上、下页边距均为"113.4 磅"，页眉距边界"56.7 磅"，装订线位置为"上"。

2．在 WORD2 文档中进行下列操作，完成操作后请保存并关闭 WORD2 文档：

（1）将页面设置为：A4 纸，左、右页边距均为 2 厘米，每页 43 行，每行 40 个字符。

（2）给文章加标题"我国能源现状探讨"，设置标题文字为隶书、一号字、水平居中，设置标题段为浅蓝色底纹、段前段后间距均为 0.5 行。

（3）为正文中的"现状"和"解决办法"段落添加实心圆项目符号。

（4）将正文中"能源安全的核心是石油安全。"一句设置为红色、加粗、加下划线。

3．在 WORD3 文档中进行下列操作，完成操作后请保存并关闭 WORD3 文档：

（1）设置标题文字"《哈利-波特 4》：浪漫爱情赛过上课斗法"的字体为"隶书"，字号为"小三"，字形为"加粗、倾斜"，颜色为"红色"，对齐方式为"居中"，字符间距为"加宽、1 磅"，字符位置"提升 3 磅"。

（2）设置正文第 2 段"据称，该片的导演……《哈利·波特》"首行缩进为"42 磅"。

（3）设置正文第 2 段"据称，该片的导演……《哈利·披特》"边框为"方框"，线型为"实线"，宽度为"2.25 磅"，底纹填充色为"紫色"，应用于段落。

（4）设置正文第 3 段"由于《哈 4》原著……透露这么多。"的项目符号为■。

4．在 WORD4 文档中进行下列操作，完成操作后请保存并关闭 WORD4 文档：

（1）将文中所有的"好人"设置为突出显示。

（2）设置页面颜色为白色大理石纹理，页面纸张大小为"16 开（15.4 厘米*26 厘米）"。

（3）设置标题段文字"好人就像右手"的字号为"二号"，字体为"黑体"，对齐方式为"居中"，文本效果设置为内置"渐变填充-紫色，强调文字颜色 4，映像"样式。

（4）设置正文各段"有一种人，……将善良进行到底。"的中文为"楷体"，西文为 Arial 字体。

（5）为正文第 2 段至第 4 段"好人是世界的根，……把坚实的背景留给世人。"添加"1）、2）、3）、……"样式的编号。

第 3 章　Word 表格与图文混排

Word 具有很强的表格制作、修改和处理表格数据的功能。制作表格时，表格中的每个小格称为单元格，Word 将一个单元格中的内容作为一个子文档处理。表格中的文字也可用设置文档字符的方法设置字体、字号、颜色等。Word 在处理图形方面也有它的独到之处，真正做到了"图文并茂"。在 Word 中使用的图形有剪贴画、图形文件、用户绘制的自选图形、艺术字、由其他绘图软件创建的图片等。

本章知识要点包括表格的制作与编辑方法；表格中数据的计算方法与图表的生成；文档中图形、图像对象的编辑和处理方法。

3.1　创建表格

在日常工作和生活中，人们常采用表格将一些数据分门别类地表现出来，使文档结构更严谨、效果更直观、信息量更大。

3.1.1　插入表格

在 Word 中，可以通过以下 3 种方式插入表格：一是从预先设好格式的表格模板库中选择；二是使用"表格"菜单指定需要的行数和列数；三是使用"插入表格"对话框。

1. 使用表格模板

表格模板是系统已设计好的固定格式表格，插入表格模板后，只需将模板中的内容进行修改即可。使用表格模板插入表格的方法如下：

（1）将光标定位到插入点。

（2）在"插入"选项卡中，单击"表格"组中的"表格"按钮，在下拉列表中选择"快速表格"命令，然后从中选择需要的内置模板样式，如图 3-1 所示。

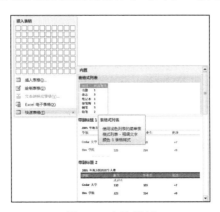

图 3-1　表格模板

（3）在已插入的表格中，用所需的数据替换模板中的原有数据。

2．使用"表格"菜单

使用"表格"菜单插入表格的方法如下：

（1）将光标定位到插入点。

（2）在"插入"选项卡的"表格"组中单击"表格"按钮。

（3）在"插入表格"列表中移动鼠标指针以选择需要的行数和列数，如图 3-2 所示。

（4）单击鼠标左键即可创建一个具体行数和列数的表格。

3．使用"插入表格"命令

使用"插入表格"命令插入表格，可以让用户在插入表格之前选择表格尺寸和格式，操作方法如下：

（1）将光标定位到插入点。

（2）在"插入"选项卡的"表格"组中单击"表格"按钮。

（3）在下拉列表中选择"插入表格"命令，打开如图 3-3 所示的"插入表格"对话框。

（4）在"表格尺寸"区域中输入列数和行数。

图 3-2　"表格"菜单　　　　　　　　图 3-3　"插入表格"对话框

（5）在"'自动调整'操作"区域中进行设置，各选项的功能如下：

- 固定列宽：是指以文本区的总宽度除以列数作为每列的宽度，根据需要可以输入其他值，系统默认值为"自动"。
- 根据内容调整表格：列宽将随着输入内容的增加随时改变，但总保持在设置的页边距内。当输入的内容过多时，行高将变大以适应输入的内容。
- 根据窗口调整表格：表格的宽度不会发生改变，但列宽将随着内容的增加而变宽。

（6）单击"确定"按钮，即可创建一个指定行数和列数的表格。

3.1.2　绘制表格

除了上述方法创建表格外，用户还可以绘制复杂的表格，例如绘制包含不同高度的单元格、每行不同列数的表格，操作方法如下：

（1）将光标定位到插入点，在"插入"选项卡中，单击"表格"组中的"表格"按钮，选择下拉列表中的"绘制表格"命令。

（2）此时鼠标指针变成铅笔形状 ℓ，按住鼠标左键拖曳至合适位置松开鼠标左键，即可绘制出一张表格的外框。

（3）在表格内部的水平和垂直方向，按住鼠标左键拖曳绘制直线，添加行和列。

（4）当绘制的直线不符合要求时，可以在"表格工具/设计"上下文选项卡中单击"绘图边框"组中的"擦除"按钮，此时鼠标指针变成橡皮擦形状。

（5）在线条上方单击即可擦除该线条。若要擦除整个表格，则将鼠标指针停留在表格中直至表格左上角显示移动图柄⊞，单击该图柄，再按 Backspace 键。

（6）操作完成后，再次单击"绘制表格"按钮或"擦除"按钮，鼠标指针即可恢复正常形状。

注意：表格的删除与表格内容的删除这两个操作是有区别的。在选择整张表格、行、列或单元格之后，按 Delete 键仅删除其内容，仍保留表格的行和列边框；按 Backspace 键则将边框连同内容一起删除。

3.1.3　表格与文本的相互转换

在平时的学习和工作中，经常会遇到需要将文本和表格相互转换的情况，而利用 Word 就可以很方便地把文本转换为表格内容，把表格内容转换成文本。

1. 文字转换成表格

制作表格时，通常是先绘制表格再输入文本。而应用 Word 的"文本转换成表格"命令则可将编辑好的文本直接转换成表格内容，操作步骤如下：

（1）在将要转换为表格列的位置处插入分隔符，如逗号、空格等。

（2）选定需要转换的文本，在"插入"选项卡中，单击"表格"组中的"表格"按钮，在弹出的下拉列表中选择"文本转换成表格"命令，打开"将文字转换成表格"对话框，如图 3-4 所示。

（3）在其中设置"行数""列数""列宽"及"表格样式"等参数，单击"确定"按钮完成转换。

2. 表格转换成文本

有时用户需要将绘制好的表格转换成文本，操作方法如下：

（1）选定需要转换的表格。

（2）在"表格工具/布局"上下文选项卡中，单击"数据"组中的"转换成文本"按钮，打开如图 3-5 所示的"表格转换成文本"对话框。

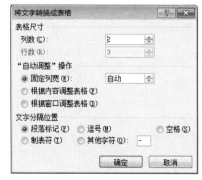

图 3-4　"将文字转换成表格"对话框

图 3-5　"表格转换成文本"对话框

（3）在其中设置文字分隔符的形式，然后单击"确定"按钮完成转换。

注意：如果转换的表格中有嵌套表格，则必须先选中"转换嵌套表格"复选项。

3.2　编辑与格式化表格

在创建表格后，通常还需要改变表格的形式，对表格进行修饰美化，这就要对表格进行编辑与格式的设置。

3.2.1　表格的编辑

表格的编辑方法很多，这里主要介绍行、列或单元格的选择、插入、删除，以及合并、拆分单元格等操作。

1．选择

在表格不同范围的选择中，主要涉及整张表格、行、列和单元格的选择。根据选择范围的不同，选择方法也有差异，具体方法如表 3-1 所示。

表 3-1　表格的选择方法

选择范围	操作方法
整张表格	在页面视图中，将鼠标指针停留在表格上直至显示表格移动图柄⊞，然后单击表格移动图柄
一行或多行	鼠标指针呈⇖形状，单击相应行的左侧
一列或多列	鼠标指针呈↓形状，单击相应列的顶部网格线或边框
一个单元格	鼠标指针呈➚形状，单击该单元格的左边缘

以上部分操作还可以在"表格工具/布局"上下文选项卡中，单击"表"组中的"选择"按钮，在弹出的下拉列表中进行选择。

2．行、列的插入或删除

将光标置于需要插入或删除行、列的位置，在"表格工具/布局"上下文选项卡中，单击"行和列"组中相应的插入或删除按钮，例如"在上方插入"表示直接在所选行上方插入新行。

3．合并单元格

合并单元格是将多个邻近的单元格合并成一个单元格，用于制作不规则表格。选中要合并的单元格后，常用以下两种方法进行合并：

● 在"表格工具/布局"上下文选项卡中，单击"合并"组中的"合并单元格"按钮。

● 在选择范围的上方右击，在弹出的快捷菜单中选择"合并单元格"命令。

4．拆分单元格

与合并单元格相反，拆分单元格是将一个单元格分成若干新单元格。将光标定位到要拆分的单元格后，常用以下两种方法进行拆分：

● 在"表格工具/布局"上下文选项卡中，单击"合并"组中的"拆分单元格"按钮，打开"拆分单元格"对话框，输入要拆分的列数和行数，然后单击"确定"按钮。

● 在需要拆分单元格的上方右击，在弹出的快捷菜单中选择"拆分单元格"命令，打开"拆分单元格"对话框，输入要拆分的列数和行数，然后单击"确定"按钮。

5．拆分表格

运用"拆分表格"命令可以把一个表格分成两个或多个表格，方法如下：

（1）将光标定位到需要拆分位置的行中，即把光标置于拆分后形成的新表格的第一行。

（2）在"表格工具/布局"上下文选项卡中，单击"合并"组中的"拆分表格"按钮，原表格即拆分成两个新表格。

3.2.2　设置表格属性

表格属性主要用于调整表格的对齐方式、行高、列宽、文本在表格中的对齐方式等。大部分表格属性都可以在"表格工具/布局"上下文选项卡的"单元格大小"和"对齐方式"两个组内进行设置。

1．设置行高、列宽

（1）用鼠标拖动设置。如果没有指定行高，表格中各行的高度将取决于该行中单元格的内容以及段落文本前后的间距。如果只需要粗略调整行高或列宽，则可以通过拖动边框线来实现。也可以通过拖动右下角的"表格大小控制点"来调整表格的高度和宽度。

（2）用功能区设置。如果需要精确设置行高列宽，则可在"表格工具/布局"上下文选项卡的"单元格大小"组内进行设置。还可以在当前选项卡的"表"组中单击"属性"按钮，在打开的"表格属性"对话框中设置，如图 3-6 所示。

图 3-6　"表格属性"对话框

"表格属性"对话框中有 5 个选项卡。在"表格"选项卡中，"尺寸"选项用于设定整个表格的宽度，当选中"指定宽度"复选项时可以输入表格的宽度值；"对齐方式"选项用于确定表格在页面中的位置；"文字环绕"选项用于设置表格和正文的位置关系。

"行""列"和"单元格"3 个选项卡分别用于设置行高、列宽、单元格的宽度、文本在单元格内的对齐方式等。

如果要使某些行、列具有相同的行高或列宽，可首先选定这些行或列，然后在"表格工具/布局"上下文选项卡中，单击"单元格大小"组中的"分布行"或"分布列"按钮，则平均分布所选行、列之间的高度和宽度。

注意：

①有时候会出现从页面顶格创建表格后无法输入标题文字的情况，此时将光标置于第一个单元格内的第一个字符前再按回车键，则会在表格前插入一空行，再输入标题文字即可。

②如果要实现跨页的大型表格的表头重复出现在每一页的第一行，操作方法是：选中表头，在"表格工具/布局"上下文选项卡中，单击"数据"组中的"重复标题行"按钮。

2．设置对齐方式

（1）表格对齐方式。

表格对齐方式的设置与段落对齐方式的设置类似：选定整个表格后，在"开始"选项卡中，单击"段落"组中的"段落对齐方式"按钮即可进行设置。除此之外，还可以通过"表格属性"对话框进行设置，具体操作方法如下：

1）选中表格。

2）在"表格工具/布局"上下文选项卡中，单击"表"组中的"属性"按钮，打开"表格属性"对话框。

3）在"表格"选项卡中进行设置。

（2）单元格对齐方式。

表格对齐方式只涉及水平方向的对齐方式处理，而单元格内对象的对齐方式则涉及水平和垂直两个方向。常用设置方法为：选定需要设置的单元格后，在"表格工具/布局"上下文选项卡中，单击"对齐方式"组中的对齐方式按钮。

3.2.3　表格的格式化

表格的格式化操作即美化表格，包括表格边框和底纹样式等设置。

1．设置边框和底纹

边框和底纹不但可以应用于文字，还可以应用于表格。表格或单元格中边框和底纹的设置方法与在文本中的设置方法类似：在"开始"选项卡中，单击"段落"组中的"底纹"按钮和"边框"按钮 进行设置，也可以通过下述方法分别设置。

（1）设置边框。

选中需要设置边框的单元格或表格，在"表格工具/设计"上下文选项卡中，先选择"绘制边框"组（如图 3-7 所示）中的"笔样式""笔划粗细"和"笔颜色"，再单击"表格样式"组"边框"右侧的下拉按钮，在弹出的下拉列表中选择相应的命令，即可直接进行简单的增减框线的操作，如图 3-8 所示。

图 3-7　绘制边框笔的设置

如果需要进行更多效果的边框设置，则可以在"表格工具/设计"上下文选项卡中，单击"绘图边框"组右下角的"对话框启动器"按钮 ，在打开的"边框和底纹"对话框（如图

3-9 所示）中进行较复杂的设置。

図 3-8　边框列表　　　　　　　　图 3-9　"边框和底纹"对话框

在设置过程中，首先应在"设置"区域选择边框显示位置，然后依次选择线条的"样式""颜色"和"宽度"，再在预览区域选择该效果对应的边线，即可设置如图 3-9 所示的较复杂的边框线。需要注意的是，"设置"区域中的不同选项代表不同的设置效果，各选项对应的显示效果如表 3-2 所示。

表 3-2　"设置"区域中不同选项及设置效果

选项	设置效果
无	被选中的单元格或整个表格不显示边框
方框	只显示被选中的单元格或整个表格的四周边框
全部	被选中的单元格或整个表格显示所有边框
虚框	被选中的单元格或整个表格四周为粗边框，内部为细边框
自定义	被选中的单元格或整个表格由用户根据实际需要自行设置边框的显示状态，而不仅仅局限于上述 4 种显示状态

（2）设置底纹。

设置底纹的方法与设置边框的方法类似，选中需要设置底纹的单元格或表格，在"表格工具/设计"上下文选项卡中，单击"表格样式"组"底纹"右侧的下拉按钮，选择需要的底纹颜色。同样，如果需要进行更复杂的底纹设置，则在"边框和底纹"对话框的"底纹"选项卡中设置，例如选择底纹的图案以及图案的颜色等。

注意：边框的设置还可以在"表格工具/设计"上下文选项卡的"绘图边框"组中进行：根据需要分别在"笔样式" <u>　　　　　　▼</u> 、"笔划粗细" <u>½ 磅 ▼</u> 和"笔颜色" <u>✐ ▼</u> 3 个列表框中进行选择，鼠标指针变成铅笔形状 ✐，按住鼠标左键在原有边框上拖曳，松开鼠标左键，即可在原有边框上绘制新的边框。

2. 表格自动套用样式

样式是字体、颜色、边框和底纹等格式设置的组合，Word 内置了 98 种表格样式。自动套用表格样式的方法如下：

（1）选择表格或将光标置于表格内。

（2）在"表格工具/设计"上下文选项卡中，单击"表格样式"组右侧的"其他"按钮⊡，在弹出的下拉列表中选择所需表格样式，如图 3-10 所示。用户通过实时预览可直接选择所需样式，还可以选择"修改表格样式"命令对所选表格样式进行个性化设置。

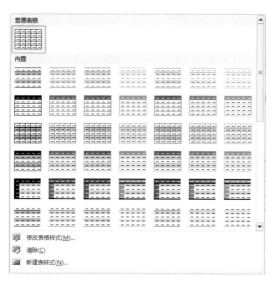

图 3-10　"其他表格表格样式"下拉列表

3.3　表格中数据的计算与图表的生成

在 Word 中编辑表格时，表格中有许多数据，如成绩、工资等，可以使用公式进行计算，也可以利用已算好的表格数据生成可视图表。

3.3.1　表格中数据的计算与排序

1. 表格中数据的计算

在 Word 中不仅可以快速地进行表格的创建和设置，还可以对表格中的对象进行计算和排序等操作。

例 3-1　打开文件"成绩表.docx"，在成绩表（如表 3-3 所示）中计算每个学生的总分，并将计算结果填入"总分"列，操作完成后以原文件名保存。

表 3-3　成绩表

学号	姓名	语文	数学	英语	总分
070101	李平	91	99	75	
070102	张波	76	88	85	
070103	王平平	83	81	78	
070104	赵芳	78	86	75	

操作步骤如下：

（1）将插入点定位到"总分"列的第二个单元格。

（2）在"表格工具/布局"上下文选项卡中，单击"数据"组中的"公式"按钮，打开如图 3-11 所示的"公式"对话框，此时"公式"文本框中自动出现计算公式"=SUM(LEFT)"。

图 3-11　"公式"对话框

（3）单击"确定"按钮，则在当前单元格中插入计算结果。

（4）将第一个总分复制到其他 3 个空白单元格中，选择这 3 个单元格，按功能键 F9 更新域，系统可自动计算其他行的总分值，计算结果呈现灰色底纹，效果如图 3-12 所示。

（5）单击快速访问工具栏中的"保存"按钮。

学号	姓名	语文	数学	英语	总分
070101	李平	91	99	75	265
070102	张波	76	88	85	249
070103	王平平	83	81	78	242
070104	赵芳	78	86	75	239

图 3-12　完成总分计算后的效果

　　表格内数据的计算过程如上所述，但在实际应用过程中，计算的方法和范围可能发生变化，用户应根据实际情况修改函数名和函数参数。函数名的修改可以在"公式"对话框的"公式"文本框中自行输入，也可以在"粘贴函数"下拉列表框中进行选择。但需要注意的是，函数名称前的"="（等号）不能省略。另外，当单元格的数据发生改变时，计算结果不能自动更新，必须选定结果，然后按功能键 F9 更新域才能更新计算结果。如果有必要，还可以在"编号格式"下拉列表框中设置计算结果的显示格式，如设置小数位数等。

　　在表格数据的计算过程中，用户应该熟悉比较常用的函数和函数参数，还应该对单元格地址的表示有所了解。

- 常用函数：求和函数 SUM()、求平均值函数 AVERAGE()、求最大值函数 MAX()、求最小值函数 MIN()、计数函数 COUNT()。
- 常用函数参数：ABOVE（上面所有数字单元格）、LEFT（左边所有数字单元格）、RIGHT（右边所有数字单元格）。
- 单元格地址的表示：A1，字母代表列序号，数值代表行序号，表示第 1 行第 1 列的单元格；"A1:C5"是指 A1 到 C5 的连续单元格区域。需要注意的是，如果以这种单元格地址表示形式作为函数参数，则不能采用更新域的方法更新计算结果。

2. 排序

为了方便用户根据自己的需求查看表格内容，Word 提供了表格数据的排序功能。排序是指以关键字为依据，将原本无序的记录序列调整为有序的记录序列的过程。

例 3-2　在例 3-1 操作完成的基础上，将成绩表按"总分"值从低到高排序，当"总分"相同时，则按"学号"降序排序，操作完成后以原文件名保存。

操作步骤如下：

（1）将光标置于表格任意单元格中。

（2）在"表格工具/布局"上下文选项卡中，单击"数据"组中的"排序"按钮，打开"排序"对话框，如图 3-13 所示。

图 3-13　"排序"对话框

（3）根据需要选择关键字、排序类型和排序方式。依次选择"主要关键字"为"总分"，排序类型为"数字"，排序方式为"升序"。

（4）选择"次要关键字"、排序类型和排序方式分别为"学号""数字""降序"。

（5）单击"确定"按钮完成排序，排序后的结果如图 3-14 所示。

学号	姓名	语文	数学	英语	总分
070104	赵芳	78	86	75	239
070103	王平平	83	81	78	242
070102	张波	76	88	85	249
070101	李平	91	99	75	265

图 3-14　排序后的效果

（6）单击快速访问工具栏中的"保存"按钮。

3.3.2　图表的生成

在研究工作以及论文中图表具有不可忽视的作用。它有利于表达各种数据之间的关系，能使复杂和抽象的问题变得直观、清晰。Word 提供了多种类型的图表，如柱形图、饼图、折线图等。

例 3-3　打开文件"成绩表.docx"，为"姓名"列到"英语"列（共 25 个单元格）的内容建立簇状柱形图，操作完成后以原文件名保存。

操作步骤如下：

（1）把插入点定位到表格下方。

（2）在"插入"选项卡中，单击"插图"组中的"图表"按钮，打开"插入图表"对话框，如图 3-15 所示。

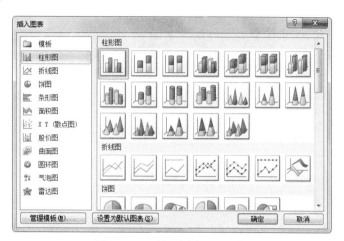

图 3-15　"插入图表"对话框

（3）在左侧的图表类型列表中选择"柱形图"，在右侧图表子类型列表中选择"簇状柱形图"，单击"确定"按钮，并排打开 Excel 窗口。

（4）在 Excel 窗口中编辑图表数据。复制成绩表中从"姓名"列到"英语"列的内容，从 Excel 窗口的 A1 单元格开始粘贴，此时 Word 窗口中将同步显示图表结果，如图 3-16 所示。

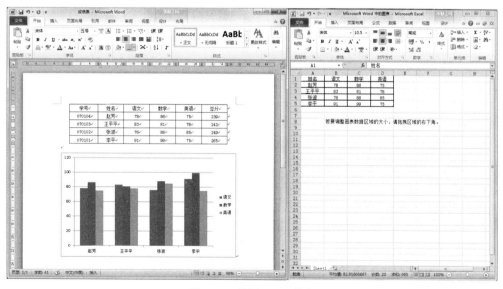

图 3-16　编辑 Excel 数据

（5）关闭 Excel 窗口，在 Word 窗口中已经生成了成绩表数据的图表，如图 3-17 所示。

（6）单击快速访问工具栏中的"保存"按钮。

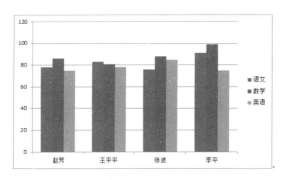

图 3-17　创建完成的 Word 图表

3.4　图文混排

Word 强大的编辑和排版功能，除了体现在对文本、表格对象的处理上，还体现在图形上。合适的图形插入能使文档更美观，条理更清晰。

3.4.1　图形的插入

1. 插入形状

在"插入"选项卡中，单击"插图"组中的"形状"按钮打开形状列表，选择列表中的形状，可以绘制线条、矩形、基本形状等。

绘制各种图形的方法大同小异，下面以绘制"矩形"为例介绍形状的插入方法。

单击"矩形"按钮□，在文档中单击，或拖动鼠标至合适位置后松开鼠标左键，即完成图形的绘制。图形绘制完成后，功能区中将出现"绘图工具/格式"上下文选项卡，可在其中对图形进行各种格式设置，如形状样式、边框、大小等。

2. 插入剪贴画

剪贴画是 Office 软件自带的一种特殊格式的图片文件，插入方法为：将光标定位到插入点，在"插入"选项卡中，单击"插图"组中的"剪贴画"按钮，Word 自动打开"剪贴画"任务窗格。单击"搜索"按钮或者输入关键词，都可以查找到剪贴画。剪贴画以缩略图的方式显示在列表框中，单击缩略图可将该剪贴画插入到文档中。

3. 插入图片文件

这里的图片文件是指来自外存储器或网络的图片文件。插入的方法与上述图形对象的插入类似，先将光标定位到插入点，再单击"插图"组中的"图片"按钮，在打开的"插入图片"对话框中选择目标图片文件，然后单击"插入"按钮。

4. 插入艺术字

艺术字是经过加工的汉字变形字体，是一种字体艺术的创新，具有装饰性。

在 Word 中，艺术字的插入也十分简单，步骤如下：

（1）将光标定位到插入点，在"插入"选项卡中，单击"文本"组中的"艺术字"按钮，弹出艺术字样式列表，如图 3-18 所示。

（2）选择所需样式，如选择"填充-红色，强调文字颜色 2，暖色粗糙棱台"（第 5 行第 3 列），在文本编辑区显示"请在此放置您的文字"提示符，提示符呈选中状态，按 Delete 键可将其删除，也可以直接在文本框中输入所需文字，如输入"Word 2010"字样。

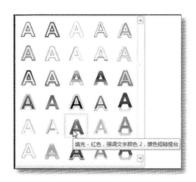

图 3-18　艺术字样式列表

3.4.2　图形的格式设置

1. 缩放图形

在文档中插入图形后，还经常需要调整大小。操作方法是：单击图形，四周将出现 8 个控制手柄，移动鼠标指针到控制手柄位置，鼠标指针变成双向箭头形状，此时按住鼠标左键拖曳到合适位置，即可调整图形大小。如果需要保持其长宽比，则拖曳图形四角的控制手柄。

除利用鼠标调整图形大小外，还可以通过对话框进行设置：选中图形，单击"绘图工具/格式"上下文选项卡，在"大小"组中直接输入高度值和宽度值，或单击该组右下角的"对话框启动器"按钮，打开如图 3-19 所示的"布局"对话框，在"大小"选项卡中进行设置。

图 3-19　"布局"对话框

通常，在缩放图形时不希望因改变长宽比例而造成图像失真，这时应选中"锁定纵横比"复选项。

2. 裁剪图形

Word 还提供图片裁剪功能，包括对外部图片和剪贴画的裁剪，但不能裁剪自选图形、艺术字等。图片裁剪方法如下：

（1）选择需要裁剪的图片。

（2）在"绘图工具/格式"上下文选项卡中，单击"大小"组中的"裁剪"按钮，拖动图片四周的控制手柄，鼠标指针拖曳的部分则被裁剪掉，如图 3-20 所示的图片将裁掉图片的下半部分和右侧的小部分。

（3）如果需要裁剪出固定的形状，则单击"裁剪"按钮下方的下拉按钮，从下拉选项中选择"裁剪为形状"命令，从中选择所需要的形状。例如选择形状"六边形"，裁剪后的效果如图 3-21 所示。

图 3-20　裁剪图片　　　　　　　　　　　　图 3-21　裁剪成一定形状

注意：裁剪图片实质上只是将图片的一部分隐藏起来，而并未真正裁去。可以使用"裁剪"按钮工具反向拖动进行恢复。

3．修饰图形

对于插入的形状，可以通过颜色、纹理和图案填充等设置对其进行修饰美化。修饰图形方法如下：

（1）选择图形，单击"绘图工具/格式"上下文选项卡，如图 3-22 所示。

图 3-22　"绘图工具/格式"上下文选项卡

（2）单击"形状样式"组右侧的"其他"按钮，在打开的形状样式列表中选择合适的样式。还可以通过单击"形状样式"组右下角的"对话框启动器"按钮 打开如图 3-23 所示的"设置形状格式"对话框，在其中进行更复杂的设置：单击左侧的"填充"选项卡，在右侧选择一种填充方式，如选择"渐变填充"，此时可以进行渐变颜色的选择，还可以从"预设颜色"下拉列表框中选择系统提供的预设颜色，例如为心形形状填充"红日西斜"预设颜色，效果如图 3-24 所示。

图 3-23　"设置形状格式"对话框　　　　　　图 3-24　填充"红日西斜"预设颜色后的效果

3.4.3　设置图形与文字混合排版

1．设置图形与文字环绕方式

文字环绕方式是对图形和周边文本之间的位置关系描述，常用的有嵌入型、紧密型、四周型、穿越型、衬于文字下方等。设置图形环绕方式的操作过程如下：

（1）选中要进行设置的图形，打开"图片工具/格式"上下文选项卡。

（2）单击"排列"组中的"自动换行"按钮，在下拉列表中选择所需环绕方式，如图 3-25 所示。

图 3-25　"自动换行"下拉列表

（3）如果需要进行更复杂的设置，则在"自动换行"下拉列表中选择"其他布局选项"命令，打开如图 3-26 所示的对话框，在"文字环绕"选项卡中进行设置。可以根据需要设置环绕方式、自动换行方式、与正文文字的距离。

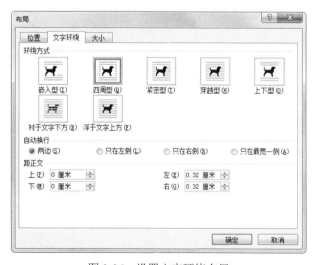

图 3-26　设置文字环绕布局

选择不同的环绕方式会产生不同的图文混排效果，表 3-4 描述了不同环绕方式在文档中的布局效果。

表 3-4   各环绕方式产生的布局效果

环绕设置	在文档中的效果
嵌入型	图形插入到文字层。可以拖动图形，但只能从一个段落标记移动到另一个段落标记中
四周型	文字环绕在图形周围，文字和图形之间有一定间隙
紧密型	文字显示在图形轮廓周围，文字可覆盖图形主体轮廓外的上方
衬于文字下方	嵌入在文档底部或下方的绘制层，文字位于图形上方
浮于文字上方	嵌入在文档上方的绘制层，文字位于图形下方
穿越型	文字围绕着图形的环绕顶点，这种环绕样式产生的效果与"紧密型"环绕相同
上下型	文字只位于图形之前或之后，不在图形左右两侧

2. 设置图形在页面上的位置

设置图形在页面上的位置是指插入的图形在当前页的布局情况，操作方法如下：

（1）选中要设置的图形，打开"图片工具/格式"上下文选项卡。

（2）单击"排列"组中的"位置"按钮，在下拉列表中选择需要的布局方式。

（3）如果需要进行更复杂的设置，则可以在"位置"下拉列表中选择"其他布局选项"命令，在打开的"布局"对话框中单击"位置"选项卡，根据需要设置"水平""垂直"位置及其他相关选项。

3.5   应用案例——图文混排

在制作 Word 文档时，根据需要把各种对象插入到文档中，包括图片、文本框、SmartArt图形等。

3.5.1   案例描述

（1）新建一个 Word 文档。

（2）插入一个图形"基本形状/笑脸"，设置"自动换行"为"四周型"环绕，放置于文档第 1 段右侧。

（3）插入 3 行 4 列的艺术字"图文混排"，设置"自动换行"为"嵌入型"环绕，放置于文档最前面。

（4）在文档最后插入一个"简单文本框"，文本框内容是"插入文本框"。

（5）插入任意一幅剪贴画，设置"自动换行"为"四周型"环绕，设置图片"宽度"为"3 厘米"，"高度"为"4 厘米"，放置于第 2 段文字中间。

（6）用文件名"图文混排.docx"保存。

3.5.2   案例操作步骤

（1）新建一个 Word 文档。

（2）插入形状。

1）在"插入"选项卡中，单击"插图"组的"形状"下拉按钮打开形状列表，如图 3-27

所示，在"基本形状"中单击"笑脸"，在文档中单击，或拖动鼠标至合适位置后松开鼠标左键，即完成图形的绘制。

2）选定图形，单击"绘图工具/格式"上下文选项卡，单击"排列"组中的"自动换行"下拉按钮，在下拉列表中选择"四周型环绕"命令，如图 3-28 所示。

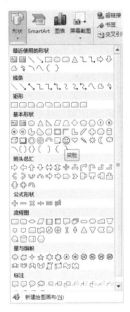

图 3-27　"形状"列表　　　　　　　　　图 3-28　"自动换行"列表

3）按住鼠标左键拖动图形到第一段文字右侧。

（3）插入艺术字。

1）在"插入"选项卡中，单击"文本"组中的"艺术字"下拉按钮，单击列表中的第 3 行第 4 列，如图 3-29 所示。删除"请在此放置您的文字"，输入"图文混排"，如图 3-30 所示。

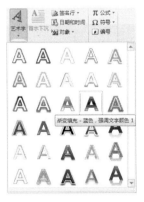

图文混排

图 3-29　"艺术字"列表　　　　　　　　　图 3-30　艺术字效果

2）选定图形，单击"艺术字工具/格式"上下文选项卡，单击"排列"组中的"自动换行"下拉按钮，在下拉列表中选择"嵌入型"命令。

3）按住鼠标左键拖动图形到文章最前面。

（4）插入文本框。

定位插入点在文档最后。在"插入"选项卡中，单击"文本"组中的"文本框"下拉按钮，在下拉列表中选择"简单文本框"，在文本框中输入"插入文本框"。

（5）插入剪贴画。

1）在"插入"选项卡中，单击"插图"组中的"剪贴画"按钮，Word 自动打开"剪贴画"任务窗格。

2）单击"搜索"按钮，单击任意一个缩略图可将该剪贴画插入到文档中。

3）选定图形，单击"图片工具/格式"上下文选项卡，单击"排列"组中的"自动换行"下拉按钮，在下拉列表中选择"四周型环绕"命令。

4）选定图形，单击"图片工具/格式"上下文选项卡，单击"大小"组右下角的"对话框启动器"按钮，在打开的"设置文本框格式"对话框的"大小"选项卡中进行设置。

5）取消选中"锁定纵横比"复选项，在"宽度"和"高度"文本框中分别输入"3 厘米"和"4 厘米"。

6）按住鼠标左键拖动图形到第 2 段文字中间。

（6）单击"文件"→"保存"命令，用文件名"图文混排"保存到 D:盘。

习题 3

一、思考题

1．在 Word 中，表格列宽的调整方式有哪几种？

2．在 Word 的一张表格中，对同一列的 3 个连续单元格进行合并，然后再拆分此单元格，则行数可选择的数字有哪些？

3．在修改图形的大小时，若需要保持其长宽比例不变，应该怎样操作？

4．图形与周边文字混排的方式有哪几种？如何设置？

二、操作题

1．在 Word5.docx 文件中，按照要求完成下列操作并以原文件名保存文档：

（1）将标题设置为艺术字，艺术字样式为"第 3 行第 2 列"艺术字，字体为华文细黑，字号为 20 号，环绕方式为"上下型"。

（2）将正文的第一句设置为黑体、小四号、标准色蓝色，加双实线的下划线，下划线颜色为标准色红色；将正文行距设置为固定值 20 磅，各段首行缩进 2 个字符。

（3）在文档末尾建立如图 3-31 所示的表格。

（4）利用公式计算总评成绩（总评成绩=平时成绩*30%+期末成绩*70%）。设置表格标题文字为黑体小三号、居中对齐，表格其他文字设置为幼圆四号、居中对齐。设置表格的外框线为 3 磅花线、内框线为 1.5 磅单实线。

2．在 Word6.docx 文件中，按照要求完成下列操作并以原文件名保存文档：

（1）将文中文字转换为一个 8 行 4 列的表格，将表格样式设置为内置"浅色列表，强调文字颜色 2"。

生物工程学院 2017 级　　《计算机应用基础》成绩单

学号	姓名	平时成绩	期末成绩	总评成绩
20171001	周小天	75	80	
20171007	李　平	80	72	
20171020	张　烨	87	67	
20171025	刘一丽	78	84	

图 3-31　表格样例

（2）设置表格居中，表格中所有文字水平居中。

（3）设置表格各列列宽为 2 厘米、各行行高为 0.5 厘米，单元格左、右边距各为 0.25 厘米。

（4）设置表格外框线为 0.5 磅红色双窄线、内框线为 0.5 磅蓝色单实线。

（5）按"股票"列依据"拼音"类型降序排列表格内容。

3．在 Word7.docx 文件中，按照要求完成下列操作并以原文件名保存文档：

（1）设置标题"路德维希·凡·贝多芬"的字体为"黑体"，字号为"二号"，字形为"加粗"，对齐方式为"居中"，段前、段后间距均为"15 磅"。

（2）设置副标题"——我要扼住命运的咽喉"的字体为"黑体"，字号为"三号"，字形为"倾斜"，对齐方式为"右对齐"，段后间距为"13 磅"。

（3）设置正文所有段落字号为"小四"，首行缩进"21 磅"，段后间距为"15 磅"。

（4）将图片文件 W04-M.jpg 插入到正文第 1 段右侧，图片高度和宽度缩放比例为 50%，自动换行为"四周型"。

4．在 Word8.docx 文件中，按照要求完成下列操作并以原文件名保存文档：

（1）将标题段文字（木星及其卫星）设置为 18 磅华文行楷、居中，字符间距加宽 6 磅。

（2）设置正文各段（木星是太阳系中……简介：）段前间距为 0.5 行，设置正文的第一段（木星是太阳系中……公斤。）首字下沉 2 行（距正文 0.1 厘米），将正文的第一段末尾处"1027 公斤"中的"27"设置为上标形式。

（3）将文中后 17 行文字转换成一个 17 行 4 列的表格，设置表格居中，表格中的所有文字水平居中，表格列宽为 3 厘米，设置所有表格框线为"1 磅蓝色单实线"。

（4）按"半径（km）"列依据"数字"类型升序排列表格内容。

第4章　长文档的编辑与管理

前面介绍了 Word 中的字符、表格、图形等文档对象的常规编辑和排版操作，但在编辑像毕业论文这样的长文档时，上述常规操作已很难满足编排的要求。如果不掌握一定的长文档编排技巧，不仅会导致编排效率低下，甚至会无法达到文档所要求的质量。本章介绍长文档的编辑和排版方法，从而提高编辑和管理文档的工作效率。

本章知识要点包括样式的应用与操作方法；域的使用方法；插入脚注、尾注和题注的方法以及文档内容的引用操作；文档的分页和分节操作以及文档页眉、页脚的设置；创建目录与索引的方法。

4.1　设置样式

样式是被命名并保存的一系列格式的集合，是 Word 中最强有力的格式设置工具之一。使用样式能够准确、快速地设置长文档的格式，减少了长文档编排过程中大量重复的格式设置操作。

样式有内置样式和自定义样式两种。内置样式是指 Word 软件自带的标准样式，自定义样式是指用户根据文档需要而设定的样式。

4.1.1　设置内置样式

Word 软件提供了丰富的样式类型。"开始"选项卡"样式"组的快速样式库中含有多种内置样式，其中"正文""无间隔""标题""标题 1"等都是内置样式名称。将鼠标指向各种样式时，光标所在段落或选中的对象就会自动呈现出当前样式应用后的视觉效果。单击快速样式库右侧的"其他"按钮，在弹出的样式列表（如图 4-1 所示）中可以选择更多的内置样式。

图 4-1　样式列表

若样式列表中没有显示所需要的样式，则单击"样式"组右下角的"对话框启动器"按钮，打开如图 4-2 所示的"样式"任务窗格，在其中单击右下角的"选项"命令，打开"样式窗格选项"对话框，如图 4-3 所示。在"选择要显示的样式"下拉列表框中选择"所有样式"选项，会显示出所有的内置样式，如图 4-4 所示。

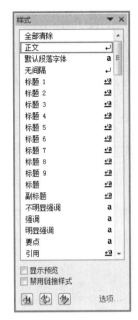

图 4-2　"样式"任务窗格　　　图 4-3　"样式窗格选项"对话框　　　图 4-4　所有内置样式

将鼠标指针停留在列表框中的样式名称上时会显示该样式包含的格式信息。另外，样式名称右侧的符号 ⁴ᵃ 表示字符样式，符号 ↵ 表示段落样式。下面举例说明应用内置样式进行文档段落格式的设置。

例 4-1　对如图 4-5 所示的"样式文档.docx"文件进行格式设置。要求对章标题（如"第 1 章 Word 文档编辑与美化"字样）应用"标题 1"样式，对节标题（如"1.1 利用 Word 2010 创建文档"字样）应用"标题 2"样式，对节内的小标题（如"1.2.1 文档的新建与打开"字样）应用"标题 3"样式，操作完成后以原文件名保存。

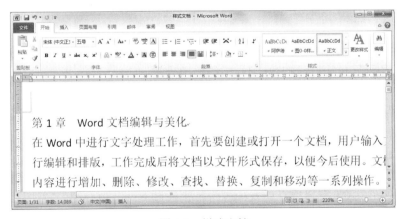

图 4-5　样式文档

操作步骤如下：

（1）打开"样式文档.docx"文件，将光标定位在章标题行的任意位置或选中章标题文本。

（2）单击"样式"组中的"标题 1"内置样式，或者单击"样式"组右下角的"对话框启动器"按钮，在打开的"样式"任务窗格中选择"标题 1"样式。

（3）将光标定位在节标题行或选中节标题文本。

（4）与步骤（2）操作类似，选择"标题 2"内置样式。

（5）将光标定位在节内的小标题行或选中节标题中的小标题文本。

（6）与步骤（2）操作类似，选择"标题 3"内置样式。

（7）单击快速访问工具栏中的"保存"按钮。

在上述操作过程中，为了提高效率，可以通过以下两种方法快速设置样式：

● 利用 Ctrl 键配合鼠标选择不连续对象的方法将同一层次的标题选中后再一次性设置所需样式。

● 设置其中一个标题的样式，再利用"格式刷"设置同一层次标题的样式。

到目前为止，已完成了所有标题行的样式设置，效果如图 4-6 所示。

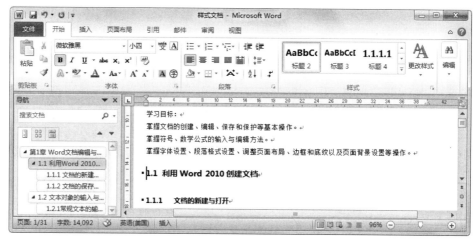

图 4-6 标题行设置样式后的效果

4.1.2 修改样式

内置样式和用户新建的样式都能进行修改。可以先修改样式再应用，也可以在样式应用之后再修改。下面以已经设置好的标题样式的修改为例。

例 4-2 在例 4-1 操作完成的基础上，将已经设置为"标题 1"样式的章标题段落修改为：居中，段前和段后间距均为 10 磅，行距为 36 磅，将正文所有段落首行缩进 2 个字符，操作完成后以"样式文档例 4-2"文件名保存。

操作步骤如下：

（1）将光标定位至已应用样式标题行，此时"开始"选项卡的"样式"组中自动选中该样式名称，如果该样式没有出现在样式列表中，则通过上一节中介绍的方法显示该样式。

（2）在该样式名称上右击，弹出如图 4-7 所示的快捷菜单，选择"修改"命令，打开"修改样式"对话框，如图 4-8 所示。

（3）可在"格式"区域进行字体和段落格式的修改，同时在预览区域下方显示了当前样式的字体和段落格式。单击"格式"按钮，在弹出的下拉菜单中选择"段落"命令，在打开的"段落"对话框中进行如图 4-9 所示的设置，单击"确定"按钮回到"修改样式"对话框。

图 4-7　选择"修改"命令

图 4-8　"修改样式"对话框

图 4-9　修改样式的段落设置

（4）单击"确定"按钮，此时文中应用了"标题 1"样式的所有段落已经自动应用了修改后的样式。

（5）修改正文样式。正文样式的修改方法与上述方法相同，将光标定位到除标题之外的任意行，此时样式列表中"正文"样式呈选定状态，在该样式上右击，在弹出的快捷菜单中选择"修改"命令，后续操作与修改"标题 1"样式类似。操作完成后，所有段落首行都缩进了 2 个字符。

（6）单击"文件"→"另存为"命令，以"样式文档例 4-2"文件名保存。

注意：如果对内置样式不太满意，则先打开"样式"列表，在其中单击"管理样式"按钮 打开"管理样式"对话框，在"选择要编辑的样式"列表框中选择需要修改的样式，再单击"修改"按钮，打开如图 4-8 所示的"修改样式"对话框，后续操作与上述相同。

4.1.3　新建样式

在应用内置样式的基础上进行修改即可实现所需样式的设置，但也可以根据需要自定义新样式。新建样式操作过程如下：

（1）在"开始"选项卡中，单击"样式"组右下角的"对话框启动器"按钮，打开如图 4-2 所示的"样式"列表。

（2）单击列表左下角的"新建样式"按钮，打开"根据格式设置创建新样式"对话框，如图 4-10 所示。

图 4-10   "根据格式设置创建新样式"对话框

（3）在"名称"文本框中键入新建样式的名称，在"样式类型"下拉列表框中选择"段落""字符"和"表格"3 种样式类型中的一种。如果要使新建样式基于已有样式，可在"样式基准"下拉列表框中选择原有的样式名称。"后续段落样式"则用来设置在当前样式段落键入回车键后下一段落的样式，其他设置与修改样式方法相同。

（4）设置完成后单击"确定"按钮，新建的样式名称将出现在"样式"任务窗格中，在"开始"选项卡的"样式"组中也将出现新建的样式名称。

新建样式的应用方法与内置样式的应用方法相同。

4.1.4 复制并管理样式

在编辑文档的过程中，如果需要使用其他文档或模板的样式，可以将样式复制到当前的活动文档或模板中，而不必重复创建相同的样式。

例 4-3 新建文件"文档 1"，将文件"例 4-3.docx"中的"标题样式 1""标题样式 2""标题样式 3"3 种样式复制到"文档 1"中。

操作步骤如下：

（1）新建文档，文件名为"文档 1"。

（2）在"开始"选项卡的"样式"组中单击"对话框启动器"按钮，打开"样式"任务窗格。

（3）单击"样式"任务窗格底部的"管理样式"按钮，打开如图 4-11 所示的对话框。

（4）单击"导入/导出"按钮，打开如图 4-12 所示的"管理器"对话框。在"样式"选项卡中，左侧区域显示当前文档中所包含的样式列表，右侧区域显示 Word 默认文档模板中所包含的样式，默认文档为 Normal.dotm（共用模板），该文档并不是用户所要复制样式的文件"例 4-3.docx"。

（5）为了改变目标文档，单击右侧的"关闭文件"按钮。文档关闭后，原来的"关闭文件"按钮自动变成"打开文件"按钮。

（6）单击"打开文件"按钮，弹出"打开"对话框，在"文件类型"下拉列表框中选择"所有 Word 文档"，然后通过"查找范围"找到文件"例 4-3.docx"。

图 4-11 "管理样式"对话框

图 4-12 "管理器"对话框

（7）单击"打开"按钮，此时在"管理器"对话框的右侧将显示包含在"例 4-3.docx"文档中的可选样式列表，如图 4-13 所示。

图 4-13 打开包含多种样式的文档

（8）选中右侧样式列表中的样式"标题样式 1""标题样式 2""标题样式 3"，然后单击"复制"按钮，将选中的 3 种样式复制到"文档 1"中，如图 4-14 所示。

图 4-14　复制样式

（9）单击"关闭"按钮，此时"标题样式 1""标题样式 2""标题样式 3"3 种样式已经添加到"文档 1"的样式列表中。

注意：在复制样式时，既可以把样式从左边打开的文档或模板中复制到右边的文档或模板中，也可以反向操作。

如果目标文档或模板已经存在相同名称的样式，Word 会给出提示，可以决定是否用复制的样式覆盖现有样式。如果既想要保留现有样式，又想将其他文档或模板中的同名样式复制到当前文档中，则可以在复制前对样式进行重命名。

4.1.5　设置多级列表标题样式

在长文档的编辑排版过程中，除样式外，Word 还提供了诸多简便高效的排版功能，例如通过设置多级列表可为标题自动编号，并且在后期修改内容时系统会自动重新调整序号，可以大大节省因手动调整序号而消耗的时间。

要正确设置多级列表标题样式，首先需要了解标题样式与大纲级别的关系。

Word 文档中，一种样式对应一种大纲级别。默认的"标题 1"样式对应的大纲级别是 1级，"标题 2"是 2 级，依此类推。Word 共支持 9 个大纲级别的设置。这种排列有从属关系，也就是说，大纲级别为 2 级的段落从属于 1 级，3 级的段落从属于 2 级……9 级的段落从属于8 级。

内置样式库中的标题样式通常用于各级标题段落，但它们是不带自动编号的。下面以完成例 4-2 操作的"样式文档.docx"文件为例介绍多级自动编号标题样式的设置方法。

例 4-4　在例 4-2 操作完成的基础上，将"样式文档例 4-2.docx"文件按如表 4-1 所示的要求应用多级列表功能完成标题的自动编号设置。编号生成后，检查是否与原标题编号一致并删除原编号。操作完成后以"样式文档例 4-4"文件名保存，在导航窗格中的显示效果如图 4-15所示。

表 4-1　标题编号格式设置要求

标题范围	样式	编号格式
章标题	标题 1	"第 X 章"格式，其中 X 为自动编号，如"第 1 章"
节标题	标题 2	"X.Y"格式，其中 X 为章序号，Y 为节序号，如"1.1"
节内小标题	标题 3	"X.Y.Z"格式，其中 X 为章序号，Y 为节序号，Z 为小节内标题序号，如"1.1.1"

操作步骤如下：

（1）将光标定位在任意"标题 3"样式段落，单击"开始"选项卡"段落"组中的"多级列表"下拉按钮，弹出如图 4-16 所示的下拉列表。

图 4-15　设置后的效果

图 4-16　多级列表的下拉列表

（2）选择"定义新的多级列表"选项，打开"定义新多级列表"对话框。

（3）单击左下角的"更多"按钮，此时"更多"按钮自动变为"更少"按钮，如图 4-17 所示。

（4）设置大纲级别为 1 级的标题编号样式。在"定义新多级列表"对话框左侧的"单击要修改的级别"下选择"1"，将光标定位至"输入编号的格式"文本框中，为了在章标题前显示"第*章"的编号形式，需要在符号"1"前后分别输入"第"和"章"字样（不能删除文本框中带有灰色底色的数值），还可以为当前样式设置对齐方式、文本缩进位置等。在对话框右侧的"将级别链接到样式"下拉列表框中选择"标题 1"，在"要在库中显示的级别"下拉列表框中选择"级别 1"，即将以上的设置效果应用到已应用了"标题 1"样式的所有段落。

（5）在"单击要修改的级别"下选择"2"，可先删除"输入编号的格式"文本框中的自动编号"1.1"，然后在"包含的级别编号来自"下拉列表框中选择"级别 1"，即第一个编号取章序号，在"输入编号的格式"文本框中将自动出现"1"，输入分隔符"."（小数点）。在"此级别的编号样式"下拉列表框中选择"1，2，3，…"的编号样式。此时，在"输入编号的格式"文本框中将出现节序号"1.1"。根据要求再设置其他选项。在"将级别链接到样式"下拉列表框中选择"标题 2"样式，在"要在库中显示的级别"下拉列表框中选择"级别 2"。

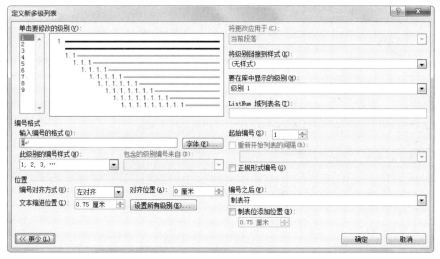

图 4-17   "定义新多级列表"对话框

（6）与步骤（5）类似，在"单击要修改的级别"下选择"3"，在"包含的级别编号来自"下拉列表框中选择"级别 1"，输入"."，继续选择"级别 2"再次输入"."，在"此级别的编号样式"下拉列表框中选择"1，2，3，…"编号样式。在"将级别链接到样式"下拉列表框中选择"标题 3"样式，在"要在库中显示的级别"下拉列表框中选择"级别 3"，单击"确定"按钮。

（7）此时各级标题前都自动添加了与原编号相同的编号。在自动生成的编号处单击，可见自动编号呈灰色底纹，设置完成后的效果如图 4-18 所示。

（8）单击导航窗格中的相应标题，从右侧编辑窗口中删除各级标题的原有编号。

（9）单击"文件"→"另存为"命令，以"样式文档例 4-4"文件名保存。

注意：以上设置方法适用于应用了任何样式的段落，其实该例只应用了默认的标题样式，所以在"定义新多级列表"对话框中的设置可比上述方法更为简单：

①单击要修改的级别"1"，在"输入编号的格式"文本框中"1"的前后分别输入"第"和"章"字样。在"将级别链接到样式"下拉列表框中选择"标题 1"，在"要在库中显示的级别"下拉列表框中选择"级别 1"。

②单击要修改的级别"2"，在右侧分别选择"标题 2"样式和"级别 2"。

③单击要修改的级别"3"，在右侧分别选择"标题 3"样式和"级别 3"。

设置多级列表编号成功的关键在于以下 3 个因素：

- 已为段落设置相应样式。
- 如果采用非系统默认的"标题 1""标题 2""标题 3"标题样式，则在设置该级编号时先应删除"输入编号的格式"文本框中的自动编号，再根据要求在"包含的级别编号来自"下拉列表框中选择该级别编号的来源。
- 在"将级别链接到样式"下拉列表框中正确选择对应的样式。

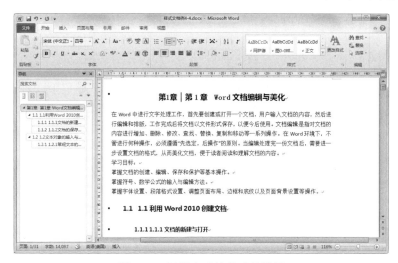

图 4-18 标题自动编号后的效果

4.2 域

域可以用来控制许多在 Word 文档中插入的信息，实现信息的自动化功能。域贯穿于 Word 的许多功能中，如自动编号、插入时间和日期、插入索引和目录、表格计算、邮件合并、对象链接和嵌入等功能都使用了域。

4.2.1 域的定义

域是引导 Word 在文档中自动插入文字、图形、页码或其他信息的一组代码。每个域都有唯一的名称。

域代码是由域特征字符、域类型、域指令和开关组成的字符串。域特征字符是指包围域代码的一对大括号"{}"。域类型就是域的名称，类似 Excel 的函数名。域指令和开关是设定域类型如何工作的指令或开关，其中域开关用来设定编号的格式、字母的大小写和字符的格式，防止在更新域时使已有域结果的格式发生改变。

域结果是域的显示结果，类似于 Excel 函数运算后得到的值。

例如，在文档中输入域代码"{DATE*MERGEFORMAT}"，则将在文档中插入当前日期。其组成结构中，大括号"{}"为域特征字符，"DATE"为域类型，"*MERGEFORMAT"为通用域开关。

4.2.2 使用域

插入域的最简捷的方法是从 Word 中直接插入，例如单击"引用"选项卡"题注"组中的"插入题注"按钮，则可以为图、表等对象自动编号。除此之外，Word 还提供了几十种其他域类型。熟悉域的用户也可以直接从键盘上输入域代码，但需要注意的是，域特征字符必须按 Ctrl+F9 组合键插入，按从左到右的顺序输入域类型、域指令、开关等。域代码输入完成后，按 F9 键更新域，或者按 Shift+F9 组合键显示域结果。

如果显示的域结果不正确，可以再次按 Shift+F9 组合键切换到显示域代码状态，重新对域代码进行修改，直至显示的域结果正确为止。

4.2.3 删除域

插入文档中的"域"被更新以后，其样式和普通文本相同，导致手动查找和删除域比较困难，但可利用 Word 的查找和替换功能实现域的快速查找和删除，操作方法如下：

（1）按 Alt+F9 组合键，显示文档中所有的域代码（反复按 Alt+F9 组合键可在显示和隐藏域代码之间切换）。

（2）在"开始"选项卡中，单击"编辑"组中的"替换"按钮，打开"查找和替换"对话框。

（3）在其中单击"更多"按钮，将光标停留在"查找内容"文本框中，再单击"特殊格式"按钮，从弹出的列表中选择"域"，此时"查找内容"文本框中显示代码"^d"。

（4）单击"查找下一处"按钮，查找到需要删除的域，再单击"替换"按钮，则删除选中的域，如果需要一次性删除文档中所有的域，则单击"全部替换"按钮。

4.3 添加注释

注释是指对有关字、词、句进行补充说明，提供有一定重要性但写入正文将有损文本条理和逻辑的解释性信息。如脚注、尾注，添加到表格、图表、公式或其他项目上的名称和编号标签都是注释对象。

4.3.1 插入脚注和尾注

脚注和尾注主要用于在文档中对文本进行补充说明，如单词解释、备注说明或提供文档中引用内容的来源等。脚注通常位于页面的底部，尾注则位于文档结尾处，用来集中解释需要注释的内容或标注文档中所引用的其他文档名称。脚注和尾注都由两部分组成：引用标记和注释内容。

脚注和尾注的插入、修改或编辑方法完全相同，区别在于它们出现的位置不同。本节以脚注为例介绍其相关操作。

1. 插入脚注

例 4-5 在例 4-4 操作完成的基础上，为"样式文档例 4-4.docx"第一页中的"新建文档"文本添加注释"新建文档可以新建空白文档，也可以根据模板新建文档等。"操作完成后以"样式文档例 4-5.docx"文件名保存。

操作步骤如下：

（1）将光标定位到插入脚注的位置，即"新建文档"文本右侧，在"引用"选项卡中，单击"脚注"组中的"插入脚注"按钮，此时在"档"字右上角出现脚注引用标记，同时在当前页面左下角出现横线和闪烁的光标。

（2）在光标处输入注释内容"新建文档可以新建空白文档，也可以根据模板新建文档等。"即完成脚注的插入。

脚注插入完成后，将鼠标指针停留在脚注标记上，注释文本就会以浮动的方式显示，如图 4-19 所示。

图 4-19　插入脚注

（3）单击"文件"→"另存为"命令，以"样式文档例 4-5.docx"文件名保存。

2．修改或删除注释分隔符

在上例中，用一条短横线将文档正文与脚注或尾注分隔开，这条线称为注释分隔符，可以进行修改或删除，方法如下：

（1）单击当前文档窗口状态栏右侧的"草稿视图"按钮，将文档视图切换到草稿视图模式。

（2）在"引用"选项卡中，单击"脚注"组中的"显示备注"按钮。

（3）在文档正文的下方将出现如图 4-20 所示的操作界面，在"脚注"下拉列表框中选择"脚注分隔符"。

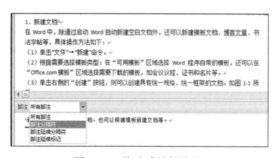

图 4-20　修改或编辑脚注

（4）如果要删除注释分隔符，则在窗格底部选择分隔符后按 Delete 键。

（5）单击状态栏右侧的"页面视图"按钮切换到页面视图，注释分隔符已被删除，但注释内容仍然保留。

3．删除脚注

要删除单个脚注，只需选定文本右上角的脚注引用标记后按 Delete 键。如果需要一次性删除所有脚注，则方法如下：

（1）在"开始"选项卡中，单击"编辑"组中的"替换"按钮，打开"查找和替换"对话框。

（2）单击"更多"按钮，将光标定位在"查找内容"文本框中，单击"特殊格式"按钮，选择"脚注标记"选项，再单击"全部替换"按钮。

4.3.2 插入题注与交叉引用

题注是添加到表格、图表、公式或其他项目上的名称和编号标签，由标签及编号组成。使用题注可以使文档条理清晰，方便阅读和查找。交叉引用是在文档的某个位置引用文档另外一个位置的内容，例如引用题注。

1. 插入题注

题注插入的位置因对象不同而不同，一般情况下，题注插在表格的上方、图片等对象的下方。在文档中定义并插入题注的操作步骤如下：

（1）将光标定位到插入题注的位置。

（2）在"引用"选项卡中，单击"题注"组中的"插入题注"按钮，打开"题注"对话框，如图 4-21 所示。

（3）根据添加的具体对象，在"标签"下拉列表框中选择相应标签，如图表、表格、公式等，单击"确定"按钮。

如果需要在文档中使用自定义的标签，则单击"新建标签"按钮，在打开的"新建标签"对话框中，输入新标签名称，例如新建标签"图"，如图 4-22 所示，单击"确定"按钮返回"题注"对话框。

图 4-21   "题注"对话框

图 4-22   新建标签

（4）设置完成后单击"确定"按钮，即可将题注添加到相应的文档位置。

注意：在插入题注时，还可以将编号和文档的章节序号联系起来。单击"题注"对话框中的"编号"按钮，在打开的"题注编号"对话框中，勾选"包含章节号"复选框，例如选择"章节起始样式"下拉列表框中的"标题 1"选项，连续单击两次"确定"按钮，完成如"图1-"样式题注的插入。

2. 交叉引用

在 Word 中，可以在多个不同的位置使用同一个引用源的内容，这种方法称为交叉引用。可以为标题、脚注、书签、题注等项目创建交叉引用。交叉引用实际上就是在要插入引用内容的地方建立一个域，当引用源发生改变时，交叉引用的域将自动更新。

（1）创建交叉引用。

本节以事先创建好的题注为例介绍交叉引用。创建交叉引用的操作步骤如下：

1）将光标定位到要创建交叉引用的位置，在"引用"选项卡中，单击"题注"组中的"交叉引用"按钮打开"交叉引用"对话框，如图 4-23 所示。

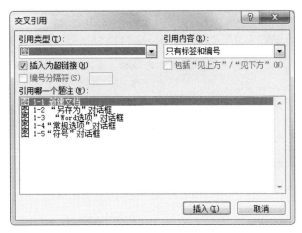

图 4-23 "交叉引用"对话框

2）在"引用类型"下拉列表框中选择要引用的项目类型，如选择"图"，在"引用内容"下拉列表框中选择要插入的信息内容，例如选择"只有标签和编号"，在"引用哪一个题注"列表框中选择要引用的题注，如选择"图 1-1 新建文档"，然后单击"插入"按钮，题注编号"图 1-1"自动添加到文档中的插入点。

3）单击"取消"按钮，退出交叉引用的操作。

（2）更新题注和交叉引用。

在文档中被引用项目发生变化后，如添加、删除或移动了题注，则题注编号和交叉引用也应随之发生改变。但在上述有些操作过程中，系统并不会自动更新，此时就必须采用手动更新的方法：

1）若要更新单个题注编号和交叉引用，则选定对象；若要更新文档中所有的题注编号和交叉引用，则选定整篇文档。

2）按 F9 功能键同时更新题注和交叉引用。也可以在所选对象上右击，在弹出的快捷菜单中选择"更新域"命令，即可实现所选范围题注编号和交叉引用的更新。

4.4 页面排版

通常情况下，当文档的内容超过纸型能容纳的内容时，Word 会按照默认的页面设置产生新的一页。但如果用户需要在指定的位置产生新页，则只能利用插入分隔符的方法强制分页。

4.4.1 分页

1. 插入分页符

分页符位于上一页结束与下一页开始的位置。插入分页符的操作步骤如下：

（1）将光标定位到需要分页的位置。

（2）在"页面布局"选项卡中，单击"页面设置"组中的"分隔符"按钮，在弹出的下拉列表中选择"分页符"区域的"分页符"命令，则在插入点位置插入一个分页符。

也可以按 Ctrl+Enter 组合键实现快速手动分页。

2. 分页设置

Word 不仅允许用户手动分页，还允许用户调整自动分页的有关属性，例如用户可以利用分页选项避免文档中出现"孤行"，避免在段落内部、表格中或段落之间进行分页等，设置步骤如下：

（1）选定需要分页的段落。

（2）在"开始"选项卡中，单击"段落"组右下角的"对话框启动器"按钮，打开"段落"对话框。

（3）选择"换行和分页"选项卡，在其中可以设置各种分页控制，如图 4-24 所示。

图 4-24　"换行和分页"选项卡

该选项卡中，不同的选项对分页起到的控制作用也各不相同，表 4-2 对各选项起的作用进行了说明。

表 4-2　"换行和分页"选项卡中各选项的说明

选项	说明
孤行控制	防止该段的第一行出现在页尾或最后一行出现在页首，否则该段整体移到下一页
段中不分页	防止该段从段中分页，否则该段整体移到下一页
与下段同页	用于控制该段需与下段同页，表格标题一般设置此项
段前分页	用于控制该段必须另起一页

4.4.2　分节

"节"是文档的一部分，是一段连续的文档块。所谓分节，可理解为将 Word 文档分为几个子部分，对每个子部分可单独设置页面格式。插入分节符的操作步骤如下：

（1）将光标定位在需要分节的位置。

（2）在"页面布局"选项卡中，单击"页面设置"组中的"分隔符"按钮，弹出如图 4-25 所示的下拉列表，例如选择"分节符"区域的"下一页"选项，则在插入点位置插入一个分节符，同时插入点从下一页开始。

图 4-25　分隔符选项

在实际操作过程中，往往需要根据具体情况插入不同类型的分节符，Word 共提供了 4 种分节符，其功能各不相同，表 4-3 对分节符的类型及功能进行了说明。

表 4-3　分节符的类型及功能

分节符类型	功能
下一页	插入一个分节符并分页，新节从下一页开始
连续	插入一个分节符，新节从当前插入位置开始
偶数页	插入一个分节符，新节从下一个偶数页开始
奇数页	插入一个分节符，新节从下一个奇数页开始

注意：

①分页符是将前后的内容隔开到不同的页面，如果没有分节，则整个 Word 文档所有页面都属于同一节。而分节符是将不同的内容分隔到不同的节。一页可以包含多节，一节也可以包含多页。

②同节的页面可以拥有相同的页面格式，而不同的节可以不相同，互不影响。因此，要对文档的不同部分设置不同的页面格式，则必须进行分节操作。

4.4.3　设置页眉页脚

页眉和页脚通常用于显示文档的附加信息，如日期、页码、章标题等。其中，页眉在页面的顶部，页脚在页面的底部。

1. 插入相同的页眉页脚

默认情况下，在文档中的任意一页插入页眉或页脚，则其他页面都生成与之相同的页眉或页脚。插入页眉的操作步骤如下：

（1）将光标定位到文档中的任意位置，单击"插入"选项卡。

（2）在"页眉和页脚"组中单击"页眉"按钮。

（3）在弹出的下拉列表中选择需要的内置样式选项，如图 4-26 所示，则当前文档的所有页面都添加了同一样式的页眉。

（4）在页眉处添加所需文本，此时为每个页面添加相同的页眉。

类似地，在"插入"选项卡的"页眉和页脚"组中单击"页脚"按钮，在弹出的下拉列表（如图 4-27 所示）中选择需要的内置样式选项，即可为每个页面设置相同的页脚。

页眉页脚的删除与页眉页脚的插入过程类似，分别在图 4-26 和图 4-27 中选择"删除页眉"和"删除页脚"命令。

图 4-26　内置页眉样式

图 4-27　内置页脚样式

2. 插入不同的页眉页脚

在长文档的编辑过程中，经常需要对不同的页面设置不同的页眉页脚。如首页与其他页页眉页脚不同，奇数页与偶数页页眉页脚不同。

（1）设置首页不同。

"首页不同"是指在当前节中，首页的页眉页脚和其他页不同。设置首页不同的方法如下：

1）在需要设置首页不同的节中双击该节任意页面的页眉或页脚区域，此时在功能区中出现如图 4-28 所示的"页眉和页脚工具/设计"上下文选项卡。

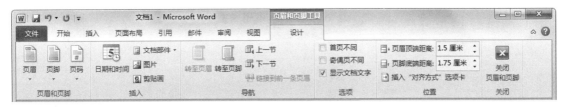

图 4-28　"页眉和页脚工具/设计"上下文选项卡

2）在"选项"组中选中"首页不同"复选框，这样首页就可以单独设置页眉页脚了。

（2）设置奇偶页不同。

"奇偶页不同"是指在当前节中，奇数页和偶数页的页眉页脚不同。默认情况下，同一节中所有页面的页眉页脚都是相同的（首页不同除外），不论是奇数页还是偶数页，修改任意页的页眉页脚，其他页面都进行了修改。只有在"选项"组中选中"奇偶页不同"复选框（如图 4-28 所示）才可以分别为奇数页和偶数页设置不同的页眉页脚。此时，只需修改某一奇数页或偶数页页眉页脚，所有奇数页或偶数页的页眉页脚都会随之发生相应的改变（首页不同除外）。

（3）为不同的节设置不同的页眉页脚。

当文档中存在多个节时，默认情况下，"导航"组中的"链接到前一条页眉"按钮 为选定状态，此时每个页面都会出现如图 4-29 所示的提示符，即当前节的页眉或页脚与上一节相同。若需要为不同的节设置不同的页眉页脚，则需单击"链接到前一条页眉"按钮将其选定状态取消，从而断开前后节的关联，才能为各节设置不同的页眉页脚。

图 4-29　页眉与上一节相同

注意： 页眉页脚不属于正文，因此在编辑正文的时候，页眉页脚以淡色显示，此时页眉页脚不能编辑。反之，当编辑页眉页脚时，正文不能编辑。

3. 插入页码

页码是一种放置于每页中标明次序，用以统计文档页数，便于读者检索的编码或其他数字。加入页码后，Word 可以自动而迅速地编排和更新页码。页码可以置于页眉、页脚、页边距或当前位置，通常显示在文档的页眉或页脚处。插入页码的操作步骤如下：

（1）在"插入"选项卡中，单击"页眉和页脚"组中的"页码"下拉按钮，展开如图 4-30 所示的下拉列表。

（2）可以在"页面顶端""页面底端""页边距""当前位置"命令的级联菜单中选择页码放置的位置和样式。例如，当选择"页面底端"→"普通数字 2"命令后，将自动在页脚处中间位置显示阿拉伯数字样式的页码。

（3）在页眉页脚编辑状态下，可以对插入的页码格式进行修改。在"页眉和页脚工具/设计"上下文选项卡中，单击"页眉和页脚"组中的"页码"下拉按钮，在弹出的下拉列表中选择"设置页码格式"命令，如图 4-31 所示，打开如图 4-32 所示的"页码格式"对话框。

（4）在"编号格式"下拉列表框中可以为页码设置多种编号格式，同时在"页码编号"区域中还可以重新设置页码编号的起始位置，单击"确定"按钮完成页码的格式设置。

（5）单击"关闭页眉和页脚"按钮，退出页眉页脚编辑状态。

图 4-30 "页码"下拉列表

图 4-31 "页码"下拉列表

图 4-32 "页码格式"对话框

注意: 用户还可以通过双击页眉或页脚区进入页眉和页脚编辑状态。删除页码的方法是,在"页眉和页脚工具/设计"上下文选项卡中,单击"页眉和页脚"组中的"页码"下拉按钮,在弹出的下拉列表中选择"删除页码"命令。当文档的首页页码不同或者奇偶页页眉页脚不同时,则需要分别在首页、奇数页或偶数页中删除。

4.5 创建目录与索引

目录是文档中指导阅读、检索内容的工具。目录通常是长篇幅文档不可缺少的内容,它列出了文档中的各级标题及其所在的页码,便于用户快速查找到所需内容。

4.5.1 创建目录

要在较长的 Word 文档中成功地添加目录,应事先正确设置标题样式,例如"标题 1"~"标题 9"样式。尽管还有其他的方法可以添加目录,但采用带级别的标题样式是最方便的一种。

1．创建标题目录

（1）使用"目录库"创建目录。

Word 提供了一个内置的"目录库"，其中有多种目录样式供选择，从而使插入目录的操作变得非常简单。插入目录的操作步骤如下：

1）打开已设置标题样式的文档，将光标定位在需要建立目录的位置（一般在文档的开头处），在"引用"选项卡中单击"目录"按钮，打开如图 4-33 所示的下拉列表。

2）在其中选择一种满意的目录样式，则 Word 将自动在指定位置创建目录，如图 4-34 所示。

图 4-33　"目录库"中的目录样式

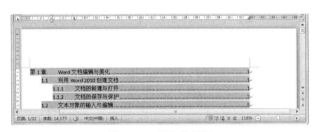

图 4-34　插入的目录

目录生成后，只需在按住 Ctrl 键的同时单击目录中的某个标题行即可跳转到该标题对应的页面。

（2）使用自定义样式创建目录。

如果应用的标题样式是自定义的样式，则可以按照如下操作步骤来创建目录：

1）将光标定位在目录插入点。

2）在"引用"选项卡的"目录"组中单击"目录"按钮，在弹出的下拉列表中选择"插入目录"命令，打开如图 4-35 所示的"目录"对话框。

3）在"目录"选项卡中单击"选项"按钮，打开"目录选项"对话框，如图 4-36 所示。

图 4-35　"目录"对话框

图 4-36　"目录选项"对话框

4）在"有效样式"区域中查找应用于文档中的标题的样式，在样式名称右侧的"目录级别"文本框中输入相应样式的目录级别（可以输入 1～9），以指定希望标题样式代表的级别。如果仅使用自定义样式，则可删除内置样式的目录级别数字。

5）单击"确定"按钮返回"目录"对话框。

6）在"打印预览"和"Web 预览"区域中显示插入后的目录样式，如图 4-37 所示。如果用户对当前新设置样式不满意，则可以单击"修改"按钮，在打开的"样式"对话框（如图 4-38 所示）中选择其他样式。

图 4-37　新建目录样式　　　　　　　图 4-38　"样式"对话框

另外，如果打印文档，则在创建目录时应包括标题和标题所在页面的页码，即选中"显示页码"复选项。

7）单击"确定"按钮完成所有设置。

（3）目录的更新与删除。

在创建好目录后，如果进行了添加、删除、更改标题或其他目录项，目录并不会自动更新。更新文档目录的方法有以下几种：

- 单击目录区域的任意位置，此时在目录区域左上角出现浮动按钮"更新目录"，单击该按钮打开"更新目录"对话框，选择"更新整个目录"，单击"确定"按钮完成目录更新。
- 选择目录区域后按 F9 功能键。
- 单击目录区域的任意位置，在"引用"选项卡中，单击"目录"组中的"更新目录"按钮 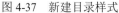 。

若要删除创建的目录，则操作方法为：在"引用"选项卡中，单击"目录"组中的"目录"下拉按钮，选择下拉列表底部的"删除目录"命令；或者选择整个目录后按 Delete 键。

2．创建图表目录

除上述标题目录外，图表目录也是一种常见的目录形式，图表目录是针对 Word 文档中的图、表、公式等对象编制的目录。创建图表目录的操作步骤如下：

（1）将光标定位到目录插入点。

（2）在"引用"选项卡中，单击"题注"组中的"插入表目录"按钮，打开"图表目录"对话框，如图 4-39 所示。

（3）在"题注标签"下拉列表框中选择不同的题注类型，例如选择"图"题注。在该对话框中还可以进行其他设置，设置方法与标题目录的设置类似。

（4）单击"确定"按钮完成图表目录的创建，效果如图 4-40 所示，其中"图目录"字符为手动输入。

图 4-39 "图表目录"对话框　　　　　　图 4-40　图表目录的创建效果

图表目录的操作还涉及图表目录的修改、更新和删除，操作方法和标题目录的操作方法类似，此处不再赘述。

4.5.2　创建索引

与目录功能类似，索引能将文档中的字、词、短语等按一定的检索方法编排，以方便读者快速查阅。索引的操作主要包括标记索引项、编制索引目录、更新索引、删除索引等。

1. 标记索引项

要创建索引，首先要在文档中标记索引项。索引项可以是来自文档中的文本，也可以是与文本有特定关系的短语。

例 4-6　将"样式.docx"文件中所有的"Word"字符添加索引，并将索引设置为加粗、Arial 字体，操作完成后以原文件名保存。

操作步骤如下：

（1）选择其中的一个主索引项文本，如选择"Word"文本。

（2）在"引用"选项卡中，单击"索引"组中的"标记索引项"按钮，打开"标记索引项"对话框，如图 4-41 所示。

（3）在"主索引项"文本框中输入要作为索引标记的内容"Word"，在文本框中右击，在弹出的快捷菜单中选择"字体"命令，打开"字体"对话框。

（4）在其中设置加粗、Arial 字体格式，单击"确定"按钮返回"标记索引项"对话框。

（5）在"选项"区域中选择"当前页"单选按钮。

（6）单击"标记"按钮，即在"Word"文本后出现"{XE"Word"}"索引域；单击"标记全部"按钮，则为文档中的所有主索引项"Word"文本都建立了索引标记。

（7）单击快速访问工具栏中的"保存"按钮。

2. 编制索引目录

编制索引目录与插入标题目录的方法类似，操作步骤如下：

（1）将光标定位在添加索引目录的位置，在"引用"选项卡中，单击"索引"组中的"插入索引"按钮 📄插入索引，打开"索引"对话框，如图 4-42 所示。

图 4-41　"标记索引项"对话框　　　　　　图 4-42　"索引"对话框

（2）根据实际需要，可以设置类型、栏数、页码右对齐等选项，例如选择"页码右对齐"复选项，设置"栏数"为 1，单击"确定"按钮，在光标处自动插入了索引目录，如图 4-43 所示。

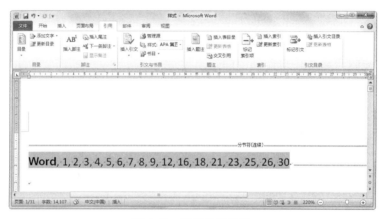

图 4-43　索引目录效果

注意：Word 以"XE"为域特征字符插入索引项，标记好索引项后，默认方式为显示索引标记。由于索引标记在文档中占用空间，可将其隐藏，方法为：在"开始"选项卡中，单击"段落"组中的"显示/隐藏编辑标记"按钮，再次单击则显示。

3. 更新索引

更改了索引项或索引项的页码发生改变后，应及时更新索引。其操作方法与标题目录的更新类似。选中索引，在"引用"选项卡中，单击"索引"组中的"更新索引"按钮 📄更新索引；或者按 F9 功能键；也可以右击索引并选择快捷菜单中的"更新域"命令。

4.6　应用案例——"云计算架构图.docx"编辑

在长文档的排版中，使用样式进行快速排版，使用分节自动插入正文的目录。

4.6.1　案例描述

打开给定的素材文档"云计算架构图",进行如下操作:

(1) 新建样式并应用。新建样式名为"文章标题",黑体、三号、居中对齐并应用于文档的标题"云计算架构图介绍"。对文章中的"1 云计算概述""2 云计算的架构""3 云管理层""4 架构示例""5 云的 4 种模式"应用样式"标题 1",对"1.1 云计算的特点""1.2 云计算的影响""1.3 云计算的应用""2.1……""2.2……",……,"5.4 行业云"应用样式"标题 2"。

(2) 插入脚注和尾注。在"1 云计算概述"后添加脚注,脚注的内容为"云计算是什么";在标题后添加尾注,尾注的内容为"本文来自于网络"。

(3) 插入页眉。插入空白页眉,输入内容为"云计算架构图"。

(4) 插入页码。在页面底端插入页码"普通数字 2",编号格式为"Ⅰ,Ⅱ,Ⅲ,...",并将起始页码设置为"Ⅲ"。

(5) 插入分节符。在文章最前面插入一个"下一页"分节符。

(6) 创建标题目录。在第一节插入目录,目录包含两级标题:"标题 1"和"标题 2"。

4.6.2　案例操作步骤

(1) 新建样式并应用。

1) 将光标置于标题段,在"开始"选项卡中,单击"样式"组右下角的"对话框启动器"按钮,打开如图 4-44 所示的"样式"列表。

2) 单击列表左下角的"新建样式"按钮,打开"根据格式设置创建新样式"对话框,如图 4-45 所示。

图 4-44　"样式"列表　　　　图 4-45　"根据格式设置创建新样式"对话框

3) 在"名称"文本框中输入新建样式的名称"文章标题",在"样式类型"下拉列表框中选择"段落",在"样式基准"下拉列表框中选择"标题 1",在"格式"区域中设置黑体、三号、居中，如图 4-46 所示。

图 4-46　新建"文章标题"样式

4）单击"确定"按钮，"文章标题"样式将出现在"样式"任务窗格中，在"开始"选项卡的"样式"组中也将出现"文章标题"样式名称。

5）将光标置于"1 云计算概述"处，在"开始"选项卡中单击"样式"组中的"标题 1"。同样方法把"2 云计算的架构""3 云管理层""4 架构示例""5 云的 4 种模式"应用样式"标题 1"，把"1.1 云计算的特点""1.2 云计算的影响""1.3 云计算的应用""2.1……""2.2……"，……，"5.4 行业云"应用样式"标题 2"。

（2）插入脚注和尾注。

1）将光标移到"1 云计算概述"后，在"引用"选项卡中，单击"脚注"组中的"插入脚注"按钮，此时在"述"字右上角出现脚注引用标记，同时在当前页面左下角出现横线和闪烁的光标。

2）在光标处输入注释内容"云计算是什么"即完成脚注的插入。

3）将光标移到文章标题后，在"引用"选项卡中，单击"脚注"组中的"插入尾注"按钮，此时在"绍"字右上角出现尾注引用标记，同时在文章最后出现横线和闪烁的光标。

4）在光标处输入内容"本文来自于网络"即完成尾注的插入。

（3）插入页眉。

1）将光标定位到文档中的任意位置，单击"插入"选项卡。

2）在"页眉和页脚"组中单击"页眉"下拉按钮。

3）在弹出的下拉列表中选择需要的内置样式选项"空白"，则当前文档的所有页面都添加了同一样式页眉。

4）在页眉处输入"云计算架构图"，此时为每个页面添加了相同页眉。

（4）插入页码。

1）在"插入"选项卡中，单击"页眉和页脚"组中的"页码"下拉按钮。

2）在弹出的下拉列表中，选择"页面底端"→"普通数字 2"命令后将自动在页脚处中间位置显示页码。

3）在页眉页脚编辑状态下，可以对插入的页码格式进行修改。在"页眉和页脚工具/设计"上下文选项卡中，单击"页眉和页脚"组中的"页码"下拉按钮，如图 4-47 所示，在弹出的下拉列表中选择"设置页码格式"命令，打开"页码格式"对话框，如图 4-48 所示。

图 4-47　"页码"下拉列表　　　　　　　　图 4-48　"页码格式"对话框

4）在"编号格式"下拉列表框中可为页码设置编号格式为"Ⅰ,Ⅱ,Ⅲ,…"，同时，在"页码编号"区域中重新设置页码编号的起始页码为"Ⅲ"，如图 4-48 所示，单击"确定"按钮完成页码格式设置。

5）单击"关闭页眉和页脚"按钮退出页眉页脚编辑状态。

（5）插入分节符。

1）将光标定位在文章最前面。

2）在"页面布局"选项卡中，单击"页面设置"组中的"分隔符"按钮，在弹出的下拉列表中进行选择，例如选择"分节符"区域的"下一页"选项，则在插入点位置插入一个分节符，同时插入点从下一页开始。

（6）创建标题目录。

1）将光标定位在目录插入点。

2）在"引用"选项卡的"目录"组中单击"目录"下拉按钮，在弹出的下拉列表中选择"插入目录"命令，打开如图 4-49 所示的"目录"对话框。

图 4-49　"目录"对话框

3）在"目录"选项卡中，单击"选项"按钮打开"目录选项"对话框，如图 4-50 所示。

图 4-50 "目录选项"对话框

4）在"有效样式"区域中查找应用于文档中的标题的样式，在样式名称右侧的"目录级别"文本框中删除内置样式的目录级别数字，在"标题 1"后输入"1"，在"标题 2"后输入"2"。

5）单击"确定"按钮返回"目录"对话框，如图 4-51 所示。

6）单击"确定"按钮完成所有设置，插入了如图 4-52 所示的目录。

图 4-51 设置后的"目录"对话框

图 4-52 插入后的目录

习题 4

一、思考题

1. 在 Word 中要显示页眉和页脚，必须使用哪种视图显示方式？

2. 某 Word 文档基本页面是纵向排版的，如果其中某一页需要横向排版，应该如何编辑？

3. Word 中，如果需要将注释插入到文档页面底端，应该插入哪种注释？

4. 能成功插入自动生成的目录的前提条件是什么？

5. 如何新建样式并修改已有样式？

6. 域代码的主要组成部分有哪些？

二、操作题

1. 2017 级企业管理专业的林楚楠同学选修了"供应链管理"课程并撰写了题目为"供应

链中的库存管理研究"的课程论文。论文的排版还需要进一步修改，根据以下要求帮助林楚楠对论文进行完善：

（1）在"习题 1"文件夹下，将文档"Word 素材.docx"另存为 Word.docx（.docx 为扩展名），此后所有操作均基于该文档。

（2）为论文创建封面，将论文题目、作者姓名和作者专业放置在文本框中并居中对齐；文本框的环绕方式为四周型，在页面中的对齐方式为左右居中。在页面的下侧插入图片"图片 1.jpg"，环绕方式为四周型，并应用一种映像效果。整体效果可参考示例文件"封面效果.docx"。

（3）对文档内容进行分节，使得"封面""目录""图表目录""摘要""1.引言""2.库存管理的原理和方法""3.传统库存管理存在的问题""4.供应链管理环境下的常用库存管理方法""5.结论""参考书目"和"专业词汇索引"各部分的内容都位于独立的节中，且每节都从新的一页开始。

（4）修改文档中样式为"正文文字"的文本，使其首行缩进 2 字符，段前和段后的间距为 0.5 行；修改"标题 1"样式，将其自动编号的样式修改为"第 1 章，第 2 章，第 3 章，…"；修改标题 2.1.2 下方的编号列表，使用自动编号，样式为"1），2），3），…"；复制试题文件夹下"项目符号列表.docx"文档中的"项目符号列表"样式到论文中并应用于标题 2.2.1 下方的项目符号列表。

（5）将文档中的所有脚注转换为尾注，并使其位于每节的末尾；在"目录"节中插入"流行"格式的目录，替换"请在此插入目录！"文字；目录中需包含各级标题和"摘要""参考书目""专业词汇索引"，其中"摘要""参考书目"和"专业词汇索引"在目录中需要和标题 1 同级别。

（6）使用题注功能修改图片下方的标题编号，以便其编号可以自动排序和更新，在"图表目录"节中插入格式为"正式"的图表目录；使用交叉引用功能修改图表上方正文中对于图表标题编号的引用（已经用黄色底纹标记），以便这些引用能够在图表标题的编号发生变化时可以自动更新。

（7）将文档中所有的文本"ABC 分类法"都标记为索引项；删除文档中文本"供应链"的索引项标记；更新索引。

（8）在文档的页脚正中插入页码，要求封面页无页码，目录和图表目录部分使用"Ⅰ，Ⅱ，Ⅲ，…"格式，正文以及参考书目和专业词汇索引部分使用"1，2，3，…"格式。

（9）删除文档中的所有空行。

2．为了更好地介绍公司的服务与市场战略，市场部助理小王需要协助制作完成公司战略规划文档，并调整文档的外观与格式。

现在，请按照如下需求在 Word.docx 文档中完成制作工作：

（1）调整文档纸张大小为 A4 幅面，纸张方向为纵向，并调整上、下页边距为 2.5 厘米，左、右页边距为 3.2 厘米。

（2）打开"习题 2"文件夹下的"Word_样式标准.docx"文件，将其文档样式库中的"标题 1，标题样式一"和"标题 2，标题样式二"复制到 Word.docx 文档样式库中。

（3）将 Word.docx 文档中的所有红颜色文字段落应用为"标题 1，标题样式一"段落样式。

（4）将 Word.docx 文档中的所有绿颜色文字段落应用为"标题 2，标题样式二"段落样式。

（5）将文档中出现的全部"软回车"符号（手动换行符）更改为"硬回车"符号（段落标记）。

（6）修改文档样式库中的"正文"样式，使得文档中的所有正文段落首行缩进 2 字符。

（7）为文档添加页眉，并将当前页中样式为"标题 1，标题样式一"的文字自动显示在页眉区域中。

（8）在文档的第 4 个段落后（标题为"目标"的段落之前）插入一个空段落，并按照下面的数据方式在此空段落中插入一个折线图图表，将图表的标题命名为"公司业务指标"。

年份	销售额	成本	利润
2014 年	4.3	2.4	1.9
2015 年	6.3	5.1	1.2
2016 年	5.9	3.6	2.3
2017 年	7.8	3.2	4.6

3. 某单位财务处请小赵设计《经费联审结算单》模板，以提高日常报账和结算单审核效率。请根据"习题 3"文件夹下的"Word 素材 1.docx"文件完成制作任务，具体要求如下：

（1）将素材文件"Word 素材 1.docx"另存为"结算单模板.docx"，保存于"习题 3"文件夹下，后续操作均基于此文件。

（2）将页面设置为 A4 幅面、横向，页边距均为 1 厘米。设置页面为两栏，栏间距为 2 字符，其中左栏内容为"经费联审结算单"表格，右栏内容为"XX 研究所科研经费报账须知"文字，要求左右两栏内容不跨栏、不跨页。

（3）设置"经费联审结算单"表格整体居中，所有单元格内容垂直居中对齐。参考"习题 3"文件夹下的"结算单样例.jpg"，适当调整表格的行高和列宽，其中两个"意见"的行高不低于 2.5 厘米，其余各行行高不低于 0.9 厘米。设置单元格的边框，细线宽度为 0.5 磅，粗线宽度为 2.25 磅。

（4）设置"经费联审结算单"标题（即表格的第一行）水平居中，字体样式为小二、华文中宋，其他单元格中已有文字字体样式均为小四、仿宋、加粗；除"单位："为左对齐外，其余含有文字的单元格均为居中对齐。表格第二行的最后一个空白单元格将填写填报日期，字体样式为四号、楷体、右对齐；其他空白单元格格式均为四号、楷体、左对齐。

（5）"XX 研究所科研经费报账须知"以文本框形式实现，其文字的显示方向与"经费联审结算单"相比，逆时针旋转 90°。

（6）设置"XX 研究所科研经费报账须知"的第一行格式为小三、黑体、加粗、居中，第二行格式为小四、黑体、居中，其余内容为小四、仿宋、两端对齐、首行缩进 2 字符。

（7）将"科研经费报账基本流程"中的 4 个步骤改用"垂直流程"SmartArt 图形显示，颜色为"强调文字颜色 1"，样式为"简单填充"。

第5章　文档审阅与邮件合并

在与他人一同处理文档的过程中，审阅、跟踪文档的修订状况是最重要的环节之一，以便用户及时了解其他用户更改了文档的哪些内容，以及为什么要进行这些更改。

在编辑文档时，通常会遇到这样一种情况，文档的主体内容相同，只是一些具体的细节文本稍有变化，如邀请函、准考证、成绩报告单、录取通知书等。在制作大量格式相同，只需修改少量文字，而其他文本内容不变的文档时，Word 提供了强大的邮件合并功能。利用邮件合并功能可以快速、准确地完成这些重复性的工作。

本章知识要点包括文档审阅和修订方法；文档的加密方法；构建文档部件的方法；邮件合并的概念与基本步骤；利用邮件合并功能批量制作和处理文档的方法。

5.1　批注与修订

批注是文档的审阅者为文档附加的注释、说明、建议、意见等信息，并不对文档本身的内容进行修改。

修订用来标记对文档所做的操作。启用修订功能，审阅者的每一次编辑操作都会被标记出来，用户可根据需要接受或拒绝每处的修订。只有接受修订，对文档的编辑修改才会生效，否则文档内容保持不变。

1. 批注与修订的设置

用户在对文档内容进行相关批注与修订操作之前，可以根据实际需要事先设置批注与修订的用户名、位置、外观等内容。

（1）用户名设置。

在文档中添加批注或进行修订后，用户可以查看到批注者或修订者的姓名。系统默认姓名为安装 Office 软件时注册的用户名，但可以根据以下方法对用户名进行修改：在"审阅"选项卡中，单击"修订"组中的"修订"下拉按钮，在弹出的下拉列表中选择"更改用户名"命令，打开"Word 选项"窗口，在"常规"选项卡的"用户名"文本框中输入新用户名，在"缩写"文本框中修改用户名的缩写，然后单击"确定"按钮。

（2）位置设置。

在默认情况下，添加的批注位于文档右侧，修订则直接在文档修订的位置。批注及修订还可以"垂直审阅窗格"或"水平审阅窗格"形式显示，设置方法为：在"审阅"选项卡中，单击"修订"组中的"显示标记"下拉按钮，可从下拉列表中选择"批注框"的显示位置。同样，单击"修订"组中的"审阅窗格"下拉按钮，可从下拉列表中选择显示修订信息的位置。

（3）外观设置。

外观设置主要是对批注和修订标记的颜色、边框、大小的设置。在"审阅"选项卡中，单击"修订"组中的"修订"下拉按钮，在弹出的下拉列表中选择"修订选项"命令，打开如图 5-1 所示的"修订选项"对话框。根据用户的实际需要，可以对相应选项进行设置。

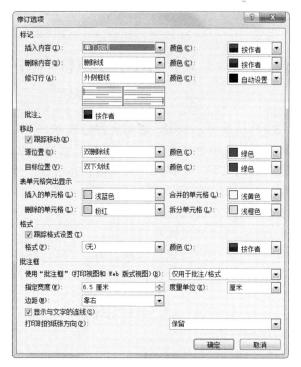

图 5-1   "修订选项"对话框

2. 批注与修订的操作

（1）添加批注。添加批注的操作步骤如下：

1）在文档中选择要添加批注的文本，在"审阅"选项卡中，单击"批注"组中的"新建批注"按钮。

2）选中的文本背景将被填充颜色，并且用一对括号括了起来，旁边为批注框，直接在批注框中输入批注内容，再单击批注框外的任意区域，即可完成添加批注操作，如图 5-2 所示。

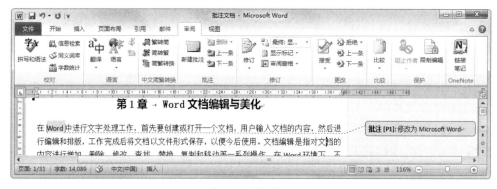

图 5-2   添加批注

（2）查看批注。添加批注后，将鼠标指针移至文档中添加了批注的对象上，鼠标指针附近将出现批注者姓名、批注日期和内容的浮动窗口。

在"审阅"选项卡中，单击"批注"组中的"上一条"或"下一条"按钮，可使光标在批注之间移动，以查看文档中的所有批注。

（3）编辑批注。如果对批注的内容不满意可以进行编辑和修改，操作方法为：单击要修改的批注框，光标停留在批注框内，直接进行修改，单击批注框外的任意区域完成修改。

（4）删除批注。可以选择性地进行单个或多个批注的删除，也可以一次性删除所有批注，根据删掉的对象不同，方法也有所不同，操作方法如下：

1）将光标置于批注框内或批注文本的括号范围内。

2）在"审阅"选项卡中，单击"批注"组中的"删除"下拉按钮，在下拉列表中选择"删除"命令则删除当前的批注，若选择"删除文档中的所有批注"命令则删除所有批注。若要删除特定审阅者的批注，则在"修订"组中单击"显示标记"右侧的下拉按钮，在弹出的列表中选择"审阅者"，在其子菜单中取消对"所有审阅者"复选项的选择，在某"审阅者"前单击，此时只显示该审阅者的批注。将光标定位到任意一处批注，单击"批注"组中的"删除"下拉按钮，在弹出的列表中选择"删除所有显示的批注"则可删除指定审阅者的批注。

（5）修订文档。当用户在修订状态下修改文档时，Word 应用程序将跟踪文档中所有内容的变化状况，把用户在当前文档中修改、删除、插入的每一项内容都标记下来。修订文档的方法为：打开要修订的文档，在"审阅"选项卡中，单击"修订"组中的"修订"按钮，即可开启文档的修订状态，如图 5-3 所示。

图 5-3　开启文档修订状态

用户在修订状态下直接插入的文档内容会通过颜色和下划线标记出来，删除的内容和格式的修改情况在右侧的页边空白处显示，如图 5-4 所示。

图 5-4　修订当前文档

3. 审阅修订和批注

文档修订完成后，用户还需要对文档的修订和批注状况进行最终审阅，根据需要对修订内容进行接受或拒绝处理。如果接受修订，则在"审阅"选项卡中，单击"更改"组中的"接受"按钮，从弹出的下拉列表中选择相应的命令，如图 5-5 所示。如果拒绝修订，则单击该组中的"拒绝"按钮，再从下拉列表中选择相应的命令，如图 5-6 所示。

图 5-5　接受修订的方式　　　　　　　图 5-6　拒绝修订的方式

选择不同的命令则产生不同的编辑效果：

- "接受并移到下一条"命令：表示接受当前这条修订操作并自动移到下一条修订上。
- "接受修订"命令：表示接受当前这条修订操作。
- "接受所有显示的修订"命令：表示接受指定审阅者所做的修订操作。
- "接受对文档的所有修订"命令：表示接受文档中所有的修订操作。

对应的拒绝修订命令与接受修订命令作用相反。

5.2　比较文档

文档经过最终审阅后，用户可以通过对比的方式来查看修订前后两个文档版本的变化情况。进行比较的具体操作步骤如下：

（1）在"审阅"选项卡中，单击"比较"组中的"比较"下拉按钮，在弹出的下拉列表中选择"比较"命令，打开"比较文档"对话框，如图 5-7 所示。

图 5-7　"比较文档"对话框

（2）在"原文档"下拉列表框中选择修订前的文件，在"修订的文档"下拉列表框中选择修订后的文件。还可以通过单击其右侧的"打开"按钮，在"打开"对话框中分别选择修订前和修订后的文件。

（3）单击"更多"按钮展开比较选项，可以对比较内容、修订的显示级别和显示位置进行设置。

（4）单击"确定"按钮，Word 将自动对原文档和修订后的文档进行精确比较，并以修订方式显示两个文档的不同之处。默认情况下，比较结果显示在新建的文档中，被比较的两个文档内容不变，如图 5-8 所示。

图 5-8 比较后的结果

（5）比较文档窗口分 4 个区域，分别显示两个文档的内容、比较的结果及修订摘要。此时可以对比较生成的文档进行审阅操作，单击"保存"按钮可以保存审阅后的文档。

5.3 删除个人信息

在文档的最终版本确定之后，将文档共享给其他用户之前，可以通过 Office 2010 提供的"文档检查器"工具帮助查找并删除在 Office 文档中隐藏的数据和个人信息。

具体操作步骤如下：

（1）打开将分享的 Office 文档。

（2）选择"文件"选项卡，打开 Office 后台管理界面，选择"信息"→"检查问题"→"检查文档"命令，打开"文档检查器"对话框，如图 5-9 所示。

（3）选择要检查隐藏内容的类型，单击"检查"按钮。

（4）检查完成后，在"文档检查器"对话框中审阅检查结果，并在所要删除的内容类型右侧单击"全部删除"按钮，如图 5-10 所示。

图 5-9 文档检查器

图 5-10 审阅检查结果

5.4　标记最终状态

如果文档已经确定修改完成，用户可以为文档标记最终状态来标记文档的最终版本，此操作可以将文档设置为只读，并禁用相关的编辑命令。设置过程如下：

选择"文件"选项卡，打开 Office 后台管理界面，选择"信息"→"保护文档"→"标记为最终状态"命令，如图 5-11 所示。完成设置后的文档属性变为"只读"，如图 5-12 所示。

图 5-11　标记文档的最终状态

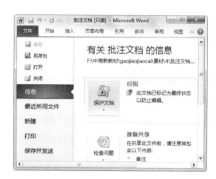

图 5-12　文档编辑受限

5.5　构建并使用文档部件

文档部件是对指定文档内容（文本、图片、表格、段落等文档对象）进行封装的一个整体部分，能对其进行保存和重复使用。

例 5-1　"样式文档.docx"文件中的"表 1-1 选定文本的操作方法"表格很有可能在撰写其他同类文档时再次被使用，将其保存为文档部件并命名为"选定文本"。

操作方法如下：

（1）选择"表 1-1 选定文本的操作方法"表格，在"插入"选项卡中，单击"文本"组中的"文档部件"按钮，如图 5-13 所示，从下拉列表中选择"将所选内容保存到文档部件库"命令。

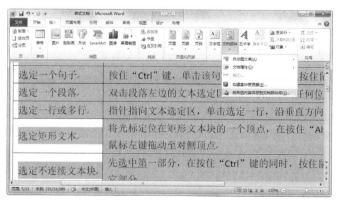

图 5-13　构建文档部件

（2）打开如图 5-14 所示的"新建构建基块"对话框，为新建的文档部件修改名称为"选定文本"，并在"库"下拉列表框中选择"表格"选项。

（3）单击"确定"按钮，完成文档部件的创建工作。

使用文档部件的操作过程为：在当前文档或打开的其他文档中，将光标定位在要插入文档部件的位置，在"插入"选项卡中，单击"表格"组中的"表格"按钮，从其下拉列表中选择"快速表格"命令，新建的"选定文本"文档部件就显示在了下拉列表中，如图 5-15 所示。单击该文档部件，即在当前文档中插入一个与"选定文本"表格完全相同的表格，根据实际需要修改表格内容即可。

图 5-14　设置文档部件的相关属性

图 5-15　使用已创建的文档部件

5.6　邮件合并

5.6.1　邮件合并的关键步骤

要实现邮件合并功能，通常需要以下 3 个关键步骤：

（1）创建主文档：主文档是一个 Word 文档，包含了邮件文档所需的基本内容，并设置了符合要求的文档格式。主文档中的文本和图形格式在合并后都固定不变。

（2）创建数据源：数据源可以是用 Excel、Word、Access 等软件创建的多种类型的文件。

（3）关联主文档和数据源：利用 Word 提供的邮件合并功能将数据源关联到主文档中，得到最终的合并文档。

下面以"人才招聘会邀请函"为例介绍邮件合并操作。

5.6.2　创建主文档

主文档用来保存文档中的重复部分。在 Word 中，任何一个普通文档都可以作为主文档使用，因此建立主文档的方法与建立普通文档的方法基本相同。

为了使某校大学生更好地就业,提高就业能力,某校就业处将于 2019 年 11 月 26 日至 2019 年 11 月 27 日在校体育馆举办大学生专场招聘会，于 2019 年 12 月 23 日至 2019 年 12 月 24

日在校体育馆举办综合人才招聘会，特别邀请各用人单位、企业、机构等前来参加。

　　请根据上述活动的描述，利用 Word 制作一份邀请函。如图 5-16 所示即为"人才招聘会邀请函"的主文档，主要制作要求如下：

　　（1）启动 Word，建一个名为 Word 的文件。调整文档版面，要求页面高度为 23 厘米，页面宽度为 27 厘米，页边距均为 3 厘米。

　　（2）请根据图 5-16 所示调整邀请函内容文字的字号、字体和颜色。

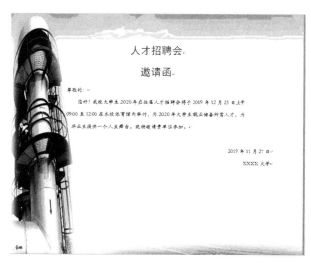

图 5-16　主文档

　　（3）调整邀请函中内容文字段落的行距、段前段后距离。

　　（4）将试题文件夹下的图片"Word-邀请函图片.jpg"设置为邀请函背景。

　　（5）设置完成后，保存为 Word.docx 文件。

操作步骤如下：

　　（1）启动 Word 程序，把新建文档保存为 Word.docx，进行页面设置。

在空白文档中输入邀请函必须包含的信息，如图 5-17 所示。

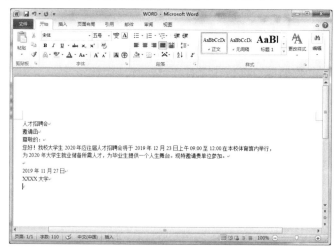

图 5-17　输入邀请函信息

单击"页面布局"选项卡"页面设置"组右下角的"对话框启动器"按钮，弹出"页面设置"对话框。切换至"纸张"选项卡，在"高度"微调框中设置为"23 厘米"，在"宽度"微调框中设置为"27 厘米"，如图 5-18 所示。

切换至"页边距"选项卡，在"上"微调框和"下"微调框中都设置为"3 厘米"，在"左"微调框和"右"微调框中都设置为"3 厘米"，然后单击"确定"按钮，如图 5-19 所示。

图 5-18　"纸张"选项卡

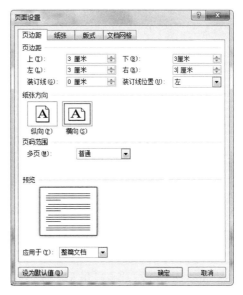

图 5-19　"页边距"选项卡

（2）调整邀请函内容文字的字号、字体和颜色，如图 5-20 所示。

图 5-20　字体与段落格式设置后的效果

　　参考图 5-16，选中标题"人才招聘会"和"邀请函"，单击"开始"选项卡"段落"组中的"居中"按钮。再单击"开始"选项卡"字体"组右下角的"对话框启动器"按钮，弹出"字体"对话框，在"字体"选项卡中设置合适的字体、字号、颜色。

　　选中除标题之外的文字部分，单击"开始"选项卡"字体"组中的"字体"下拉按钮，在弹出的下拉列表中选择合适的字体、字号和颜色。

　　（3）邀请函中内容文字段落的行距、段前、段后设置如图 5-20 所示。

　　选中除标题外的正文，单击"开始"选项卡"段落"组右下角的"对话框启动器"按钮，弹出"段落"对话框。在"缩进和间距"选项卡的"间距"区域，单击"行距"下拉列表框选择合适的行距，在"段前"和"段后"中分别选择合适的数值，"左侧"和"右侧"设置合适的字符数，然后单击"确定"按钮。

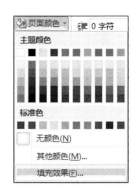

　　选中除标题、尊敬的和落款之外的正文内容，单击"开始"选项卡"段落"组右下角的"对话框启动器"按钮，弹出"段落"对话框。在"缩进和间距"选项卡的"缩进"区域将"特殊格式"设为"首行缩进"，磅值为"2 字符"，单击"确定"按钮。

　　（4）设置为邀请函背景。

　　单击"页面布局"选项卡"页面背景"组中的"页面颜色"下拉按钮，在弹出的下拉列表中选择"填充效果"命令（如图 5-21 所示），弹出"填充效果"对话框，如图 5-22 所示。

图 5-21　"页面颜色"
下拉列表

　　切换至"图片"选项卡，单击"选择图片"按钮，如图 5-23 所示。

图 5-22　"填充效果"对话框

图 5-23　"填充效果"对话框的"图片"选项卡

　　在弹出的对话框中选择"Word-邀请函图片.jpg"文件，单击"插入"按钮返回到"填充效果"对话框，如图 5-24 所示，单击"确定"按钮，效果如图 5-25 所示。

　　（5）单击快速访问工具栏中的"保存"按钮。

图 5-24　选择"Word-邀请函图片.jpg"文件

图 5-25　插入图片背景后的效果

5.6.3　创建数据源

邮件合并处理后产生的批量文档中，相同内容之外的其他内容由数据源提供。可以采用多种格式的文件作为数据源。除 Excel 文件外，常见的还有 Word 文件、网页表格文件和数据库文件等。不管哪种形式的数据源，邮件合并操作都相似。需要注意的是，数据源文件中的第一行必须是标题行。

这里采用 Excel 文件作为数据源。先打开 Excel 软件，在 Sheet1 工作表中输入数据源文件内容。其中，第 1 行为标题行，其他行为记录行，如图 5-26 所示，录入完成后以"通讯录.xlsx"为文件名进行保存。

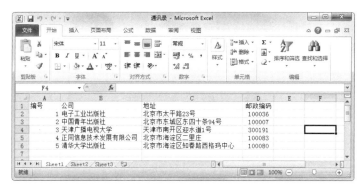

图 5-26   Excel 数据源

5.6.4   关联主文档和数据源

在主文档和数据源准备好之后，即可利用邮件合并功能实现主文档与数据源的关联，从而完成邮件合并操作。操作步骤如下：

（1）打开已创建的主文档 Word.docx，将光标置于信件抬头的"尊敬的"之后。

（2）邮件合并分步向导第 1 步。在"邮件合并"任务窗格"选择文档类型"中保持默认选择"信函"，单击"下一步：正在启动文档"超链接，如图 5-27 所示。

（3）邮件合并分步向导第 2 步。在"邮件合并"任务窗格"选择开始文档"中保持默认选择"使用当前文档"，单击"下一步：选取收件人"超链接，如图 5-28 所示。

（4）邮件合并分步向导第 3 步。

1）在"邮件合并"任务窗格"选择收件人"中保持默认选择"使用现有列表"，单击"浏览"超链接，如图 5-29 所示。

图 5-27   选择文档类型   图 5-28   选择开始文档   图 5-29   选择收件人

2）弹出"选取数据源"对话框，选择文档"通讯录.xlsx"，单击"打开"按钮，如图 5-30

所示，此时会弹出"选择表格"对话框，从中选择名称为 Sheet1 的工作表，单击"确定"按钮，如图 5-31 所示。

图 5-30　"选取数据源"对话框

3）弹出"邮件合并收件人"对话框，保持默认设置（勾选所有收件人），单击"确定"按钮。

4）返回到 Word 文档后单击"下一步：撰写信函"超链接。

（5）邮件合并分步向导第 4 步。

1）打开"邮件"选项卡，单击"编写和插入域"组中的"插入合并域"下拉按钮，在下拉列表中选择"公司"，如图 5-32 所示。

图 5-31　"选择表格"对话框

图 5-32　"插入合并域"下拉列表

2）插入完所需的域后，文档中的相应位置就会出现已插入的域标记，如图 5-33 所示。

图 5-33　"公司"域标记

3）单击"下一步：预览信函"超链接。

（6）邮件合并分步向导第 5 步。在"预览信函"区域中通过单击"<<"或">>"按钮可以查看具有不同邀请公司名称的信函，如图 5-34 所示，单击"下一步：完成合并"超链接。

图 5-34   "预览信函"

（7）邮件合并分步向导第 6 步。

1）邮件合并后，还可以对单个信函进行编辑和保存。在"邮件合并"任务窗格中单击"编辑单个信函"超链接或在"邮件"选项卡的"完成"组中单击"完成并合并"并选择"编辑单个文档"选项，都可以打开"合并到新文档"对话框。

2）在其中选中"全部"单选按钮，然后单击"确定"按钮，即可生成单独编辑的单个信函。

（8）单击"文件"→"另存为"命令，将生成的多页文档保存文件名为"Word-邀请函"。在主文档中，单击快速访问工具栏中的"保存"按钮保存文件。

5.7   应用案例——邀请函制作

利用通讯录制作邀请函时，需要使用邮件合并功能。

5.7.1   案例描述

公司今年将举办"创新产品展示说明会"，市场部助理小王需要将会议邀请函制作完成，并寄送给相关的客户。现在，请按照如下需求，在 Word.docx 文档中完成制作邀请函的工作：

（1）在"尊敬的"文字后面插入拟邀请的客户姓名和称谓。拟邀请的客户姓名在试题文件夹下的"通讯录.xlsx"文件中，客户称谓则根据客户性别自动显示为"先生"或"女士"，例如"范俊弟（先生）""黄雅玲（女士）"。

（2）每个客户的邀请函占一页内容，且每页邀请函中只能包含一位客户姓名，所有的邀请函页面另外保存在一个名为"Word-邀请函.docx"的文件中。如果需要，删除"Word-邀请函.docx"文件中的空白页面。

（3）关闭 Word 应用程序并保存所提示的文件。

5.7.2　案例操作步骤

（1）打开 Word.docx 文档。

（2）单击"邮件"选项卡"开始邮件合并"组中的"开始邮件合并"下拉按钮，在下拉列表中选择"邮件合并分步向导"命令，启动"邮件合并"任务窗格。

（3）邮件合并分步向导第 1 步。在"邮件合并"任务窗格"选择文档类型"中保持默认选择"信函"，单击"下一步：正在启动文档"超链接。

（4）邮件合并分步向导第 2 步。在"邮件合并"任务窗格"选择开始文档"中保持默认选择"使用当前文档"，单击"下一步：选取收件人"超链接。

（5）邮件合并分步向导第 3 步。

1）在"邮件合并"任务窗格"选择收件人"中保持默认选择"使用现有列表"，单击"浏览"超链接。

2）打开"选取数据源"对话框，在"素材"文件夹下选择文档"通讯录.xlsx"，单击"打开"按钮，此时会弹出"选择表格"对话框，单击"确定"按钮。

3）打开"邮件合并收件人"对话框，保持默认设置（勾选所有收件人），单击"确定"按钮。

4）返回到 Word 文档后单击"下一步：撰写信函"超链接。

（6）邮件合并分步向导第 4 步。

1）将光标置于"尊敬的："文字之后，在"邮件"选项卡"编写和插入域"组中单击"插入合并域"下拉按钮，在下拉列表中按照题意选择"姓名"域，文档中的相应位置就会出现已插入的域标记。

2）在"邮件"选项卡"编写和插入域"组中单击"规则"下拉按钮，在列表中选择"如果…那么…否则…"命令，在弹出的"插入 Word 域：IF"对话框的"域名"下拉列表框中选择"性别"，在"比较条件"下拉列表框中选择"等于"，在"比较对象"文本框中输入"男"，在"则插入此文字"文本框中输入"（先生）"，在"否则插入此文字"文本框中输入"（女士）"，最后单击"确定"按钮，即可使被邀请人的称谓与性别建立关联。

（7）邮件合并分步向导第 5 步。

1）在"邮件合并"任务窗格中单击"下一步：预览信函"超链接。

2）在"预览信函"区域中，通过单击"<<"或">>"按钮可以查看具有不同数据记录的信函，单击"下一步：完成合并"超链接。

（8）邮件合并分步向导第 6 步。

1）完成邮件合并后，还可以对单个信函进行编辑和保存。在"邮件合并"任务窗格中单击"编辑单个信函"超链接，打开"合并到新文档"对话框。

2）在其中选中"全部"单选按钮，然后单击"确定"按钮。

3）单击"文件"→"另存为"命令，并将其命名为"Word-邀请函"。如果需要，删除"Word-邀请函.docx"文件中的空白页面。

（9）单击 Word 应用程序右上角的"关闭"按钮，关闭 Word 应用程序并保存所提示的文件。

习题 5

一、思考题

1. 批注和修订分别有什么功能？
2. 如何给 Word 文档加密？
3. Word 中，构建文档部件有什么作用？如何构建？
4. 邮件合并的功能是什么？
5. 简要描述邮件合并的关键步骤。
6. 在邮件合并生成的文档中，没有变化的内容来自于主文档还是数据源文件？

二、操作题

1. 打开"习题 1.docx"文件，插入如图 5-35 所示的批注。

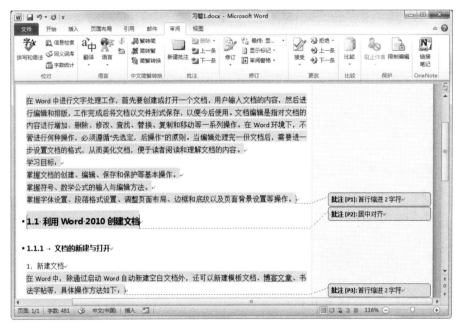

图 5-35　新建批注后的效果

2. 打开"习题 2.docx"文件，设置文档加密，密码为"123456"。

3. 打开"习题 3.docx"文件，查找并删除文档中隐藏的数据和个人信息。

4. 北京明华中学学生发展中心的小刘老师负责向校本部及相关分校的学生家长传达有关学生儿童医保扣款方式更新的通知。该通知需要下发至每位学生，并请家长填写回执。参照"结果示例 1.jpg"～"结果示例 4.jpg"，按下列要求帮助小刘老师编排家长信及回执：

（1）在"习题 1"文件夹下，将"Word 素材.docx"文件另存为 Word.docx（.docx 为扩展名），后续操作均基于此文件。

（2）进行页面设置：纸张方向为横向，纸张大小为 A3（宽 42 厘米、高 29.7 厘米），上、下页边距均为 2.5 厘米，左、右页边距均为 2.0 厘米，页眉、页脚分别距边界 1.2 厘米。要求每张 A3 纸上从左到右按顺序打印两页内容，左右两页均于页面底部中间位置显示格式为"-1-、-2-"类型的页码，页码自 1 开始。

（3）插入"空白（三栏）"型页眉，在左侧的内容控件中输入学校名称"北京明华中学"，删除中间的内容控件，在右侧插入"习题 3"文件夹下的图片 Logo.jpg 代替原来的内容控件，适当缩小图片，使其与学校名称高度匹配。将页眉下方的分隔线设为标准红色、2.25 磅、上宽下细的双线型。

（4）将文中所有的空白段落删除，然后按下面的要求为指定段落应用相应格式。

段落	样式或格式
文章标题"致学生儿童家长的一封信"	标题
"一、二、三、四、五、"所示标题段落	标题 1
"附件 1、附件 2、附件 3、附件 4"所示标题段落	标题 2
除上述标题行及蓝色的信件抬头段外，其他正文格式为仿宋、小四号、首行缩进 2 字符、段前间距 0.5 行、行间距 1.25 倍	
信件的落款（三行）	居右显示

（5）利用"附件 1：学校、托幼机构'一小'缴费经办流程图"下面用灰色底纹标出的文字、参考样例图绘制相关的流程图，要求：除右侧的两个图形之外其他各个图形之间使用连接线，连接线将会随图形的移动而自动伸缩，中间的图形应沿垂直方向左右居中。

（6）将"附件 3：学生儿童'一小'银行缴费常见问题"下的绿色文本转换为表格，并参照素材中的样例图片进行版式设置，调整其字体、字号、颜色、对齐方式和缩进方式，使其有别于正文。合并表格同类项，套用一个合适的表格样式，然后将表格整体居中。

（7）令每个附件标题所在的段落前自动分页，调整流程图使其与附件 1 标题行合计占用一页。然后在信件正文之后（黄色底纹标示处）插入有关附件的目录，不显示页码，且目录内容能够随文章的变化而更新。最后删除素材中用于提示的多余文字。

（8）在信件抬头的"尊敬的"和"学生儿童家长"之间插入学生姓名；在"附件 4：关于办理学生医保缴费银行卡通知的回执"下方的"学校："""年级和班级："（显示为"初三一班"格式）"学号：""学生姓名："后分别插入相关信息，学校、年级、班级、学号、学生姓名等信息存放在"习题 3"文件夹下的 Excel 文档"学生档案.xlsx"中。在下方将制作好的回执复制一份，将其中的"（此联家长留存）"改为"（此联学校留存）"，在两份回执之间绘制一条剪裁线并保证两份回执在一页上。

（9）仅为其中学校所有初三年级的每位在校状态为"在读"的女生生成家长通知，通知包含家长信的主体、所有附件、回执。要求每封信中只能包含一位学生信息。将所有通知页面另外以文件名"正式通知.docx"保存在"试题"文件夹下（如果有必要，应删除文档中的空白页面）。

5. 刘老师正准备制作家长会通知，根据"习题 2"文件夹下的相关资料及示例，按下列要求帮助刘老师完成编辑操作：

（1）将"习题 2"文件夹下的"Word 素材.docx"文件另存为 Word.docx（.docx 为扩展名），

除特殊指定外后续操作均基于此文件。

（2）将纸张大小设为 A4，上、左、右页边距均为 2.5 厘米，下页边距为 2 厘米，页眉、页脚分别距边界 1 厘米。

（3）插入"空白（三栏）"型页眉，在左侧的内容控件中输入学校名称"北京市向阳路中学"，删除中间的内容控件，在右侧插入"习题 2"文件夹下的图片文件 Logo.gif 代替原来的内容控件，适当调整图片的长度，使其与学校名称共占用一行。将页眉下方的分隔线设为标准红色、2.25 磅、上宽下细的双线型。插入"瓷砖型"页脚，输入学校地址"北京市海淀区中关村北大街 55 号　　邮编：100871"。

（4）对包含绿色文本的成绩报告单表格进行下列操作：根据窗口大小自动调整表格宽度，且令语文、数学、英语、物理、化学 5 科成绩所在的列等宽。

（5）将通知最后的蓝色文本转换为一个 6 行 6 列的表格，并参照"习题 2"文件夹下的文档"回执样例.png"进行版式设置。

（6）在"尊敬的"和"学生家长"之间插入学生姓名，在"期中考试成绩报告单"的相应单元格中分别插入学生姓名、学号、各科成绩、总分，以及各科的班级平均分，要求通知中所有成绩均保留两位小数。学生姓名、学号、成绩等信息存放在"习题 2"文件夹下的 Excel 文档"学生成绩表.xlsx"中（提示：班级各科平均分位于成绩表的最后一行）。

（7）按照中文的行文习惯，对家长会通知主文档 Word.docx 中的红色标题及黑色文本内容的字体、字号、颜色、段落间距、缩进、对齐方式等格式进行修改，使其看起来美观且易于阅读。要求整个通知只占用一页。

（8）仅为其中学号为 C121401～C121405、C121414～C121420、C121440～C121444 的 17 位同学成家长会通知，要求每位学生占一页。将所有通知页面另外保存在一个名为"正式家长会通知.docx"的文档中（如果有必要，应删除"正式家长会通知.docx"文档中的空白页面）。

（9）文档制作完成后，分别保存 Word.docx 和"正式家长会通知.docx"两个文档至"习题 2"文件夹下。

第 6 章　Excel 工作表制作与数据计算

　　Excel 电子表格软件拥有强大的数据处理和分析功能。工作表数据的输入与编辑是进行数据处理与分析的基础，了解 Excel 中多种数据格式的含义和特性，掌握高效的数据输入方法，可以事半功倍、准确地完成数据处理工作。对工作表进行适当的修饰，能使数据有更好的表现形式，增强表格的可读性。

　　在 Excel 工作表中输入数据后需要对这些数据进行组织、统计和分析，以便从中获取更加丰富的信息。为了实现这一目的，Excel 提供了丰富的数据计算功能，可以通过公式和函数方便地进行求和、求平均值、计数等计算，从而实现对大量原始数据的处理。通过公式和函数计算的结果不仅准确高效，而且在原始数据发生改变后，计算结果能自动更新，这就进一步提高了工作效率和效果。

　　本章知识要点包括工作表数据的输入和编辑方法；工作表中单元格格式设置的方法；工作表和工作簿的基本操作；公式和函数的概念及公式的使用方法；名称的定义与引用；常用 Excel 函数的使用方法。

6.1　工作表数据的输入和编辑

　　数据的输入和编辑是 Excel 中数据分析和处理的基础。Excel 中的数据类型有多种，工作表中可以输入文本、数值、日期等类型的数据。针对不同类型的数据，Excel 中提供了不同的输入数据的方法，帮助用户高效、正确地输入数据。

6.1.1　数据输入

　　在 Excel 中输入数据，首先需要通过鼠标左键单击选定要输入数据的单元格使其成为活动单元格，再由键盘进行数据输入。

　　1．输入数字字符串

　　如果输入的数据是文本且全部由数字字符构成，如学号、身份证号等，则在输入数据前需要先输入一个西文字符——单撇号"'"，表明输入的数据为文本，例如：'01012345678。数字字符串的第一个字符为"0"时，如果在输入数据前没有输入西文单撇号，输入的字符"0"不能正常显示。

　　2．输入分数

　　在 Excel 单元格中输入分数时，为了区别于文本和日期数据，在输入数据时首先需要输入数字 0，然后输入一个空格，再输入分数。例如，输入分数 3/5，单元格里正确的输入内容为：0 3/5。

　　3．输入日期数据

　　在 Excel 单元格中输入日期时，年、月、日之间可以用西文符号"/"分隔，也可以用西文符号"-"分隔。例如，在单元格中输入日期"1999/10/01"或"1999-10-01"，输入完成后单元格中均默认显示日期"1999/10/1"。

6.1.2 自动填充数据

序列填充是 Excel 中最常用的快速输入技术之一。通过该技术，可以快速地向 Excel 单元格中自动填充数据，实现高效、准确的数据输入。

1. 序列填充的基本方法

在 Excel 单元格中进行序列的自动填充，可以通过拖动填充柄实现，也可以使用"填充"命令。

填充柄是指活动单元格右下角的黑色小方块。首先在活动单元格中输入序列的第一个数据，然后沿着数据的填充方向拖动填充柄即可填充序列。松开鼠标后填充区域的右下角会显示"自动填充选项"。通过该选项，可更改选定区域的填充方式。

使用"填充"命令填充序列，首先输入序列的第一个数据，然后拖动选择要填入序列的单元格区域，单击"开始"选项卡"编辑"组中的"填充"按钮，如图 6-1 所示，在下拉列表中选择"序列"选项，在弹出的"序列"对话框中根据需求进行设置，如图 6-2 所示，单击"确定"按钮即可完成序列的填充。

图 6-1　"编辑"组

图 6-2　"序列"对话框

2. 可填充的内置序列

在 Excel 中，以下几种序列用户不需要定义，可以通过填充柄或填充命令直接填充：

● 数字序列，例如 1、2、3、……，1、4、7、……。

● 日期序列，例如 2000 年、2001 年、2002 年、……，一月、二月、三月、……，1 日、2 日、3 日、……。

● 文本序列，例如一、二、三、……，001、002、003、……。

以上几种序列在填充时默认的步长值为 1，如需改变步长值，可在图 6-2 所示的"序列"对话框中设置，或输入序列前两个数据的值后再使用填充柄拖动填充。

● 其他内置序列，例如 Sun、Mon、Tue、……，子、丑、寅、……，如图 6-3 所示。

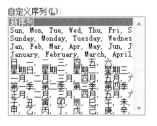

图 6-3　其他内置序列

3. 自定义序列

自定义序列是 Excel 提供给用户定义个人经常需要使用而系统又没有内置的系列的方法。单击"文件"→"选项"命令，在"Excel 选项"对话框中单击"高级"选项卡，拖动滚动条到最低端，如图 6-4 所示，单击"编辑自定义列表"按钮，打开"自定义序列"对话框，如图 6-5 所示。在左边"自定义序列"列表框中单击"新序列"选项，在右边输入框中输入新序列，然后单击"确定"按钮，左边的"自定义序列"列表框中将会添加新定义的序列，新序列的定义完成，使用方法和内置序列一致。

图 6-4　"Excel 选项"对话框

图 6-5　"自定义序列"对话框

注意：自定义序列的最大长度为 255 个字符，并且第一个字符不得以数字开头。

4. 填充公式

使用填充柄可填充公式到相邻的单元格中。首先在第一个单元格中输入公式，然后拖动该单元格的填充柄，即可填充公式。

6.1.3　控制数据的有效性

Excel 中，为了保证输入数据的准确性，可以对输入数据的类型、格式、值的范围等进行设置，称为数据有效性设置。具体来说，数据有效性设置可实现如下常用功能：

- 限定输入数据为指定的序列，规范单元格输入文本的值。例如，要求工作表中 C 列的输入值仅能为"男"或"女"，则具体设置如下：选中 C 列，单击"数据"选项卡"数据工具"组中的"数据有效性"按钮，打开"数据有效性"对话框，进行如图 6-6 所示的设置，注意"来源"中的数据值应使用西文符号","分隔，也可用"选择"按扭 选择已有的序列作为来源。设置完成后，单击 C 列单元格右边的下拉按扭，可选择输入值，效果如图 6-7 所示。

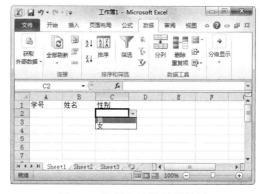

图 6-6   "数据有效性"对话框   图 6-7   数据有效性设置效果

- 限定输入数据为某一个范围内的数值。如指定最大值、最小值、整数、小数、日期范围等。
- 限定输入文本的长度。如身份证号长度、地址的长度等。
- 限制输入重复数据。如不能输入重复的学号。
- 出错警告，当发生输入错误时弹出警告信息。

以上设置均可在"数据有效性"对话框中完成。

6.1.4   数据编辑

在 Excel 中输入数据后，操作过程中经常需要修改或删除单元格中的数据。

当单元格中的数据需要修改时，可以双击单元格，再修改单元格内的数据信息；或者单击单元格，然后在编辑栏中修改单元格中的数据信息。

当单元格中的数据需要删除时，选中需要操作的单元格，再按 Delete 键；或者在"开始"选项卡的"编辑"组中单击"清除"按钮，再在下拉列表中选择要清除的对象。

6.2   工作表修饰

工作表中的数据要清晰地呈现出来，需要较好的表现形式。对单元格及单元格中的数据进行格式化设置，能够使数据以日常生活中最常见或较美观的方式呈现出来，方便交流和沟通。

6.2.1   格式化工作表

格式化工作表，包括对表格的行、列、单元格及单元格中的数据进行格式化设置。

1. 选择单元格
- 选择单个单元格。单击鼠标左键选择单元格。
- 选择多个连续的单元格。按下鼠标左键拖动选择；或者先选择待选单元格区域的第一个单元格，再按住 Shift 键选择最后一个单元格。
- 选择多个不连续的单元格。先选择第一个单元格，再按住 Ctrl 键选择其余的单元格。

2. 行、列操作
- 插入行或列。单击"开始"选项卡"单元格"组中的"插入"按钮，在下拉列表中选择相应的命令插入行或列，如图 6-8 所示。
- 删除行或列。单击"开始"选项卡"单元格"组中的"删除"按钮，在下拉列表中选择相应的命令删除行或列。
- 调整行高或列宽。单击"开始"选项卡"单元格"组中的"格式"按钮，在下拉列表中选择"行高"或"列宽"命令，如图 6-9 所示，在弹出的"行高"或"列宽"对话框中输入行高或列宽值。

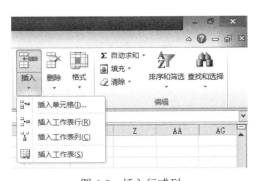

图 6-8　插入行或列

图 6-9　"格式"下拉列表

以上行、列设置也可在选择需要设置的行、列后，使用右键快捷菜单中的相应命令完成。

3. 设置单元格格式
在"开始"选项卡的"单元格"组中单击"设置单元格格式"按钮，打开"设置单元格格式"对话框，如图 6-10 所示，在其中可完成对文字的字体、单元格的背景填充、表格的边框、数字和对齐方式等格式的设置。

（1）设置单元格对齐方式。单击"开始"选项卡"对齐方式"组右下角的"对话框启动器"按钮 ，在打开的对话框中进行对齐方式设置。例如合并单元格操作。选中需要进行合并操作的单元格区域，打开"设置单元格格式"对话框，在"文本控制"组中勾选"合并单元格"复选项，如图 6-11 所示；或者单击"开始"选项卡"对齐方式"组中的"合并后居中"按钮 进行设置。

（2）设置表格边框。选中需要添加边框的单元格区域，打开"设置单元格格式"对话框，单击"边框"选项卡，首先在"线条"组中选择线条的颜色和样式，然后在"预置"或"边框"组中选择要应用选中设置的框线，则可在预览草图中预览到框线的设置效果，如图 6-12 所示；或者单击"开始"选项卡"字体"组中的"边框"按钮 进行设置。

图 6-10　"设置单元格格式"对话框　　　　　　　图 6-11　合并单元格

（3）设置字体格式。选中需要设置的文字或单元格，单击"开始"选项卡"字体"组右下角的"对话框启动器"按钮 ，如图 6-13 所示，在其中可对文字的字体、字号、颜色等进行设置，还可为文字添加下划线，设置选中对象为上标、下标等；或者单击"开始"选项卡"字体"组中的按钮进行设置。

图 6-12　表格框线设置　　　　　　　　　　　图 6-13　设置字体

（4）设置单元格背景。选中需要设置的单元格，打开"设置单元格格式"对话框，单击"填充"选项卡，如图 6-14 所示，可对单元格的背景颜色、图案等进行设置；或者单击"开始"选项卡"字体"组中的"填充颜色"按钮 进行设置。

4. 设置数据格式

选中需要设置的文字或单元格，单击"开始"选项卡"数字"组右下角的"对话框启动器"按钮 ，在打开的对话框中可以设置数值型数据、日期等的数据格式。例如，单元格中输入的日期值为 1999 年 10 月 1 日，要求同时显示该日期为星期几，则数据格式设置如下：在"分类"列表框中选择"自定义"，在"类型"文本框中输入"yyyy"年"m"月"d"日"aaaa"，如图 6-15 所示。

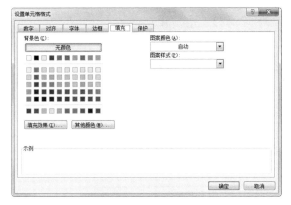 

图 6-14　填充单元格　　　　　　　　　图 6-15　自定义日期格式

6.2.2　工作表高级格式化

除了手动设置各种表格格式外，Excel 还提供有各种自动格式化的高级功能，帮助用户进行快速格式化操作。

1. 套用表格样式

Excel 提供了大量预置好的表格样式，可自动实现包括字体大小、填充图案和表格边框等单元格格式集合的应用，用户可以根据需要选择预定格式实现快速格式化表格。

（1）单元格样式。单击"开始"选项卡"样式"组中的"单元格样式"按钮，打开预置样式列表，如图 6-16 所示，选择一个预置的样式，即可在选定单元格中进行应用，也可以选择列表下方的"新建单元格样式"命令自定义一个单元格样式。

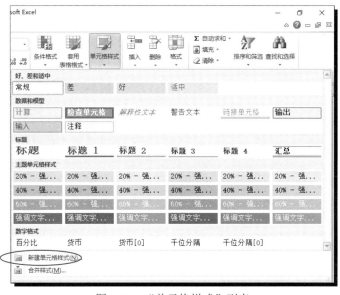

图 6-16　"单元格样式"列表

（2）套用表格样式。单击"开始"选项卡"样式"组中的"套用表格格式"按钮，打开预置样式列表，如图 6-17 所示，鼠标指向某一个样式即可显示该样式名称，可在选定单元格区域中应用选中的样式，也可以单击列表下方的"新建表样式"按钮自定义一个快速格式。

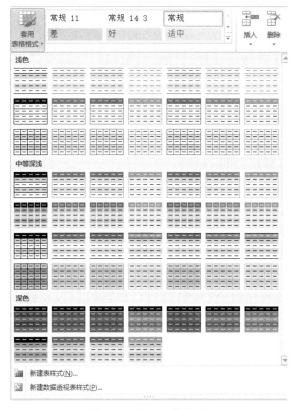

图 6-17　套用表格格式

2. 条件格式

条件格式功能可以快速地为选定单元格区域中满足条件的单元格设定某种格式。

例如，设定某成绩表中 90 分及 90 分以上成绩的单元格均为黄色填充红色字体显示，设置如下：选定要设置格式的单元格，在"开始"选项卡的"样式"组中单击"条件格式"下拉按钮，在下拉列表中选择"新建规则"命令，打开"新建格式规则"对话框；在"选择规则类型"列表框中选择"只为包含以下内容的单元格设置格式"，如图 6-18 所示；再单击"格式"按钮，打开"设置单元格格式"对话框，在其中设置字体及填充颜色。

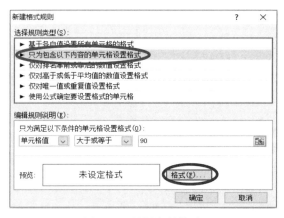

图 6-18　设置条件格式

6.3　工作簿和工作表操作

工作簿和工作表是 Excel 的两个基本操作对象，在 Excel 操作中，经常要面临对工作簿或工作表的操作，例如工作簿的创建与保护、工作表的插入与共享等。

6.3.1　工作簿和工作表的基本操作

工作簿和工作表的基本操作包括创建、保护和打开工作簿，插入、删除工作表等，这是在 Excel 中进行数据处理时最常进行的操作。

1．工作簿的基本操作

（1）保护工作簿。单击"审阅"选项卡"更改"组中的"保护工作簿"按钮，输入密码，如图 6-19 所示。单击"确定"按钮，再次确认密码，即可完成对工作簿的保护。在图 6-19 所示的对话框中，勾选"结构"复选项，将不能在被保护的工作簿中插入、删除和移动工作表；勾选"窗口"复选项，则不能改变被保护工作簿窗口的大小或移动窗口。

在工作簿被保护后，单击"保护工作簿"按钮，输入密码，可以撤消保护。

（2）设置打开与修改工作簿密码。单击"文件"→"另存为"命令，弹出"另存为"对话框，单击"工具"下拉按钮，在下拉列表中选择"常规选项"命令，如图 6-20 所示。在弹出的"常规选项"对话框中输入"打开权限密码"和"修改权限密码"，然后单击"确定"按钮，如图 6-21 所示。

图 6-19　"保护结构和窗口"对话框　　图 6-20　"工具"下拉列表　　图 6-21　"常规选项"对话框

（3）打开工作簿。单击"文件"→"打开"命令，在如图 6-22 所示的"打开"对话框中选择需要打开的工作簿，然后单击"打开"按钮，即可打开指定的工作簿。

2．工作表的基本操作

（1）插入新工作表。

在 Excel 中插入一个新的工作表有以下 3 种方式：

- 单击工作表底部的"插入新工作表"按钮 。
- 在"开始"选项卡的"单元格"组中单击"插入"按钮，在下拉列表中选择"插入工作表"选项。
- 鼠标指向工作表标签并右击，在弹出的快捷菜单（如图 6-23 所示）中选择"插入"命令，在打开的"插入"对话框的"常用"选项卡中双击"工作表"选项，如图 6-24 所示。

图 6-22 "打开"对话框

图 6-23 工作表标签右键快捷菜单

图 6-24 "插入"对话框

（2）删除工作表。鼠标指向待删除的工作表标签并右击，在弹出的快捷菜单中选择"删除"命令；或者单击"开始"选项卡"单元格"组中的"删除"按钮，在下拉列表中选择"删除工作表"命令，均可删除被选中的工作表。

（3）移动和复制工作表。鼠标指向待移动的工作表标签并右击，在弹出的快捷菜单中选择"移动或复制"命令，在打开的"移动或复制工作表"对话框中选择移动后工作表的位置，如图 6-25 所示，单击"确定"按钮。如果需要复制工作表，则在"移动或复制工作表"对话框中勾选"建立副本"复选项。如果需要移动或复制工作表到另一工作簿中，则在"工作簿"下拉列表框中选择需要移动或复制到的工作簿名称。

（4）重命名工作表。鼠标指向需要重命名的工作表标签并右击，在弹出的快捷菜单中选择"重命名"命令，工作表标签高亮显示，然后输入新的工作表名称。

（5）设置工作表标签颜色。鼠标指向需要设置的工作表标签并右击，在弹出的快捷菜单中选择"工作表标签颜色"命令；或者选中工作表标签，再单击"开始"选项卡"单元格"组中的"格式"按钮，在下拉列表中选择"工作表标签颜色"选项，选取需要设置的颜色。

（6）工作表保护。单击"审阅"选项卡"更改"组中的"保护工作表"按钮，输入密码，如图 6-26 所示，单击"确定"按钮，再次确认密码，即可完成对工作表的保护。受保护的工作表中，单元格的格式，行和列的插入、删除等操作都不能进行。可在"保护工作表"对话框中选择需要进行保护的选项。

图 6-25　"移动或复制工作表"对话框

图 6-26　"保护工作表"对话框

工作表被保护后，"保护工作表"按钮变为"撤消工作表保护"按钮，单击输入密码即可撤消保护。

3. 工作表的打印和输出

在工作表输出之前，对工作表的页面、打印范围、纸张等进行适当的设置能获得更好的输出效果。

（1）页面设置。包括对页边距、页眉页脚、打印标题等项目的设置。单击"页面布局"选项卡"页面设置"组中对应的按钮即可进行设置；或者单击"页面设置"组右下角的"对话框启动器"按钮 ，打开如图 6-27 所示的"页面设置"对话框，在其中进行设置。

1）页眉/页脚。可以在打印的工作表的顶部或底部添加页眉或页脚。例如，可以创建一个包含页码、日期和时间以及文件名的页脚。页眉和页脚不会以普通视图显示在工作表中，仅以页面布局视图显示在打印页面上。

2）打印标题。在每个打印页面上重复特定的行或列。即如果工作表跨越多页，则可以在每一页上打印行和列标题或标签，以便正确地标记数据。

（2）设置打印范围。单击"文件"→"打印"命令，在"设置"面板中单击"无缩放"

选项，再在下拉列表中选择需要的设置项，如图 6-28 所示。

图 6-27　"页面设置"对话框

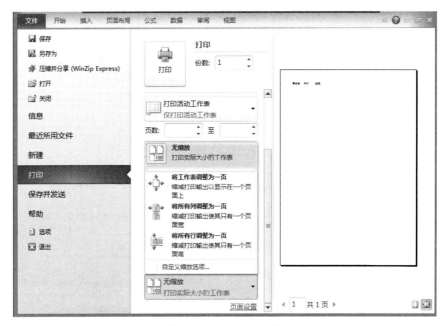

图 6-28　设置打印范围

6.3.2　工作簿的共享及修订

共享工作簿，即允许多人同时处理一个工作簿，并通过修订跟踪对文档的更改，包括插入、删除和格式更改，以便协同工作。此时，共享工作簿应保存在允许多人打开此工作簿的网络位置。例如，如果一个工作组中的人员各自要处理多个项目，并且需要知道彼此的项目状态，那么该工作组可以使用共享的工作簿来跟踪项目状态并更新信息。

单击"审阅"选项卡"更改"组中的"共享工作簿"按钮，弹出如图 6-29 所示的"共享工作簿"对话框，在"编辑"选项卡中勾选"允许多用户同时编辑，同时允许工作簿合并"复选项，切换至如图 6-30 所示的"高级"选项卡，可对修订、更新的时间等进行设置。

 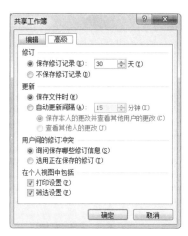

图 6-29　"共享工作簿"对话框的"编辑"选项卡　图 6-30　"共享工作簿"对话框的"高级"选项卡

单击"审阅"选项卡"更改"组中的"修改"按钮，在下拉列表中选择"突出显示修订"选项，在"突出显示修订"对话框中勾选"编辑时跟踪修订信息，同时共享工作簿"复选项，则可设置在屏幕上或新工作表中突出显示的修订选项，如图 6-31 所示。

图 6-31　"突出显示修订"对话框

6.4　利用公式求单元格的值

公式是对工作表中的值执行计算的等式。公式始终以等号"="开头，可以包含函数、引用、运算符和常量。在 Excel 中，使用公式可以执行计算、返回信息、操作其他单元格的内容、测试条件等操作。

6.4.1　公式的输入与编辑

1．输入公式

在工作表中输入公式，首先单击待输入公式的单元格，输入一个"="，向系统表明正在输入的是公式，否则系统会判定其为文本数据而不会产生计算结果；然后输入常量或单元格地址，也可用鼠标单击需要选定的单元格或单元格区域，按 Enter 键完成输入。

例如，要在 C1 单元格中填入 A1 和 B1 两个单元格中数据的乘积，则 C1 单元格中的输入内容为：=A1*B1。

Excel 中的常用运算符如表 6-1 所示。

表 6-1　常用运算符

运算符		含义	示例
算术运算符	+（加号）	加法	3+3
	－（减号）	减法 负数	3-1 -1
	*（星号）	乘法	3*3
	/（正斜杠）	除法	3/3
	^（脱字号）	乘方	3^2
关系运算符	=（等号）	等于	A1=B1
	>（大于号）	大于	A1>B1
	<（小于号）	小于	A1<B1
	>=（大于等于号）	大于或等于	A1>=B1
	<=（小于等于号）	小于或等于	A1<=B1
	<>（不等号）	不等于	A1<>B1
引用运算符	:（冒号）	区域运算符，生成一个对两个引用之间所有单元格的引用（包括这两个引用）	B5:B15
	,（逗号）	联合运算符，将多个引用合并为一个引用	SUM(B5:B15,D5:D15)
文本运算符	&（与号）	将两个值连接（或串联）起来产生一个连续的文本值	"North"&"wind" 的结果为 "Northwind"

2. 修改公式

双击公式所在的单元格进入编辑状态，则可在单元格或编辑栏中修改公式。修改完毕后按 Enter 键即确认修改。如果要删除公式，则单击公式所在的单元格，再按 Delete 键。

3. 公式的复制与填充

输入到单元格中的公式，可以像普通数据一样，通过拖动填充柄进行复制填充，此时填充的不是数据本身，而是复制公式。此操作也可通过单击"开始"选项卡"编辑"组中的"填充"按钮完成。填充时公式中对单元格的引用采用的是相对引用。

6.4.2　引用工作表中的数据

在公式中很少输入常量，最常用到的是单元格引用。单元格引用是指对工作表中的单元格或单元格区域的引用，它可以在公式中使用，以便 Excel 可以找到需要公式计算的值或数据。

1. 单元格引用

单元格引用方式分为以下 3 种：

● 相对引用。与包含公式的单元格位置相关，引用的单元格地址不是固定地址，而是相对于公式所在单元格的相对位置，相对引用地址表示为"列标行号"，如 A1。默认情况下，在公式中对单元格的引用都是相对引用。例如，在 C1 单元格中输入公式"=A1*B1"，表示的是在 C1 单元格中引用它左边相邻的第一个和第二个单元格的值。当拖动填充复制该公式到 C2 单元格时，因与 C2 左边相邻的第一个和第二个单元格是 A2 和 B2，所以复制到 C2 单元格中的公式也就变成了"=A2*B2"。

- 绝对引用。与包含公式的单元格位置无关。在复制公式时，如果希望引用的位置不发生变化，就需要用绝对引用。绝对引用的表示方式为"$列标$行号"。例如，工作表 A1 到 A12 单元格数据为某公司每个月的销售额，A13 为全年总销售额，现在需要在 B 列中求每个月销售额占全年销售额的百分比，则在 B1 单元格中输入公式"=A1/$A$13"，使用填充柄拖动填充公式至 B12 单元格，设置 B 列的数字格式为百分比。其中，在输入的公式中，$A$13 表示绝对引用，在公式复制时，其地址不会变化，始终引用 A13 单元格的值（全年总销售额）。如 B2 单元格中的公式为"=A2/$A$13"。
- 混合引用。Excel 中允许仅对某一单元格的行或列进行绝对引用。当列标需要变化而行号不需要变化时，单元格地址应表示为"列标$行号"，如 A$1；当行号需要变化而列标不需要变化时，单元格地址应表示为"$列标行号"，如$B1。

2. 引用其他工作表中的数据

在单元格引用的前面加上工作表的名称和感叹号（!）可以引用其他工作表中的单元格，具体表示为"工作表名称!单元格地址"。例如，Sheet2!E3 表示引用 Sheet2 工作表 E3 单元格中的数据。

3. 引用其他工作簿工作表中的数据

在最前面加上[工作簿名]，接着在单元格引用的前面加上工作表的名称和感叹号（!），可以引用其他工作簿工作表中的单元格，具体表示为"[工作簿名]工作表名称!单元格地址"。例如，[b1]Sheet1!B4 表示引用 b1 工作簿 Sheet1 工作表 B4 单元格中的数据。

6.5　名称的定义与引用

名称是在 Excel 中代表单元格、单元格区域、公式或常量值的单词或字符串，是一个有意义的简略表示法，便于了解单元格引用、常量、公式或表的用途。例如，为保存了商品价格的单元格区域 E1:E10 定义名称 Price，现在需要在 E11 单元格中求商品的最高价格，则输入公式可以是"=MAX(E1:E10)"，也可以是"=MAX(Price)"。

使用名称可以使公式更加容易理解和维护。

6.5.1　定义名称

创建和编辑名称时需要遵循一定的语法规则，目前，可以创建和使用的名称类型主要有两种：其一为已定义名称，代表单元格、单元格区域、公式或常量值的名称，一般由用户自己定义；其二为表名称，即在 Excel 工作表中插入的表格的名称，由系统默认创建。

1. 名称的语法规则

创建和编辑名称时需要注意的语法规则如下：

- 有效字符。名称中的第一个字符必须是字母、下划线（_）或反斜杠（\）。名称中的其余字符可以是字母、数字、句点和下划线。需要注意的是，大小写字母 "C" "c" "R" 和 "r" 不能用作已定义名称。

- 名称长度。一个名称最多可以包含 255 个字符。
- 不能与单元格地址相同。如 A1、$B3 等不能用作名称。
- 空格无效。在名称中不允许使用空格。可以使用下划线（_）和句点（.）作为单词分隔符。例如 Sales_Tax 或 First.Quarter。
- 不区分大小写。名称可以包含大写字母和小写字母。例如，如果创建了名称 Sales，接着又在同一工作簿中创建另一个名称 SALES，则 Excel 会视作同一个名称。
- 唯一性。名称在其适用范围内必须始终唯一。

2. 名称的适用范围

名称的适用范围是指在没有限定的情况下能够识别名称的位置。

如果定义了一个名称 name，其适用范围为 Sheet1，则该名称在没有限定的情况下只能在 Sheet1 中被识别，而不能在其他工作表中被识别。当需要在另一个工作表中识别该名称时，可以通过在前面加上名称所在工作表的名称来限定它，如 Sheet1!name。

如果定义了一个名称，其适用范围限于工作簿，则该名称对于该工作簿中的所有工作表都是可识别的，但对于其他任何工作簿是不可识别的。

3. 定义名称

定义名称的方法有以下 3 种：

- 使用编辑栏上的 "名称框" 定义名称。这种方法最适合于为选定区域创建工作簿级别的名称。
- 根据所选内容创建。使用命令，可以很方便地基于工作表单元格区域的现有行和列标签来创建名称。单击 "公式" 选项卡 "定义的名称" 组中的 "根据所选内容创建" 按钮（如图 6-32 所示），弹出 "以选定区域创建名称" 对话框，在其中选择名称值，如图 6-33 所示。
- 使用 "新名称" 对话框创建名称。单击 "公式" 选项卡 "定义的名称" 组中的 "定义名称" 按钮，弹出如图 6-34 所示的 "新建名称" 对话框，在其中可以定义名称，通过 "范围" 下拉列表框设定名称的适用范围，在 "引用位置" 栏中指定需要创建名称的对象，也可在 "备注" 文本框中为名称添加 255 个字符以内的说明。需要注意的是，如果引用位置经由键盘输入，则需要先输入一个 "="，再输入单元格、单元格区域、常量或公式。默认情况下，名称使用绝对单元格引用。这种方法适用于希望灵活创建名称的用户。

图 6-32 "定义的名称" 组

图 6-33 "以选定区域创建名称" 对话框

图 6-34 "新建名称" 对话框

6.5.2　引用名称

名称可以直接用来快速选定已命名的区域，可以通过名称在公式中实现绝对引用。

1. 引用名称

（1）通过"名称框"引用。单击"名称框"右侧的黑色箭头，在打开的下拉列表中将会显示所有已被命名的单元格及单元格区域的名称，如图 6-35 所示。单击选择某一名称，该名称所引用的单元格或单元格区域将被选中。

图 6-35　名称框

（2）在公式中引用。单击"公式"选项卡"定义的名称"组中的"用于公式"按钮，在下拉列表中选择需要引用的名称，该名称将会出现在当前单元格的公式中，按 Enter 键确认输入。

2. 编辑和删除名称

单击"公式"选项卡"定义的名称"组中的"名称管理器"按钮，弹出"名称管理器"对话框（如图 6-36 所示），在列表框中双击需要更改的名称，或选中需要编辑的名称后单击"编辑"按钮，弹出"编辑名称"对话框，在其中可对名称进行修改。

如果需要删除名称，则在"名称管理器"对话框中选择需要删除的名称，然后单击"删除"按钮。

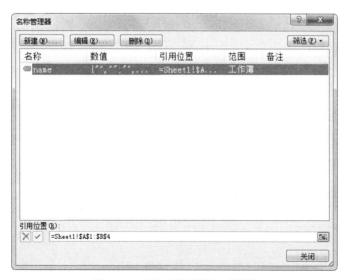

图 6-36　"名称管理器"对话框

6.6 Excel 函数

函数是预先编写的公式，可以对一个或多个数据值执行运算，并返回一个或多个值。函数主要用于处理简单的四则运算不能处理的算法，是为解决复杂计算需求而提供的一种预置算法。

6.6.1 函数分类

函数通常表示为：函数名([参数 1],[参数 2],…)。括号中的参数可以没有，也可以有一个或多个，多个参数之间用西文字符逗号","分隔。其中，方括号[]中的参数表示可选，如果参数没有方括号，则表示该参数是必须要有的。参数可以是常量、单元格地址、已定义的名称、函数、公式等。

函数是预先编辑好的公式，所以在输入函数时必须先输入一个等号"="。

1. 函数的分类

函数是 Excel 数据处理能力的强大支撑，根据日常生活和工作数据处理的需求，Excel 中预置了多种不同类型的函数，如表 6-2 所示。

表 6-2 函数的分类

函数类型	常用函数示例及说明
兼容性函数	RANK(number,ref,[order])返回一个数字在数字列表中的排位 说明：在 Excel 2010 中，RANK 函数已经被新函数取代，但为了与以前的 Excel 版本兼容，在 Excel 2010 中设定了兼容性函数类型，将所有类似于 RANK 函数这样已经被新函数取代的函数归于这一类型中
多维数据集函数	CUBEVALUE(connection,[member_expression1],[member_expression2],…)从多维数据集中返回汇总值
数据库函数	DCOUNT(database, field, criteria) 统计列表或数据库中满足指定条件的记录字段（列）中包含数字的单元格的个数
日期和时间函数	TODAY()返回当前日期的序列号
工程函数	CONVERT(number,from_unit,to_unit)将数字从一个度量系统转换到另一个度量系统中
财务函数	NPV(rate,value1,[value2],…)通过使用贴现率以及一系列未来支出（负值）和收入（正值）返回一项投资的净现值
信息函数	ISBLANK(value)如果值为空，则返回 TRUE
逻辑函数	IF(logical_test,[value_if_true],[value_if_false])如果指定条件的计算结果为 TRUE，IF 函数将返回某个值；如果该条件的计算结果为 FALSE，则返回另一个值
查找和引用函数	VLOOKUP(lookup_value,table_array,col_index_num, [range_lookup]) 按列查找。搜索表区域首列满足条件的元素，确定待检索单元格在区域中的行序号，再进一步返回选定单元格的值
数学和三角函数	ROUND(number,num_digits)函数可将某个数字四舍五入为指定的位数
统计函数	AVERAGE(number1,[number2],…)返回参数的平均值（算术平均值）
文本函数	MID(text,start_num,num_chars)返回文本字符串中从指定位置开始的特定数目的字符，该数目由用户指定
与加载项一起安装的用户定义的函数	如果用户安装的加载项包含函数，这些加载项或自动化函数将在"插入函数"对话框中的"用户定义的"类别中可用

2．函数的基本使用方法

输入函数，可以在单元格中输入"=函数名(参数列表)"，但更常用的方式是通过命令插入公式。

（1）通过"函数库"组插入。单击"公式"选项卡"函数库"组中的各类函数按钮，在如图 6-37 所示的下拉列表中选择要插入的函数名，打开"函数参数"对话框，如图 6-38 所示。设置函数参数，单击"确定"按钮，即可在当前单元格中插入选定函数。

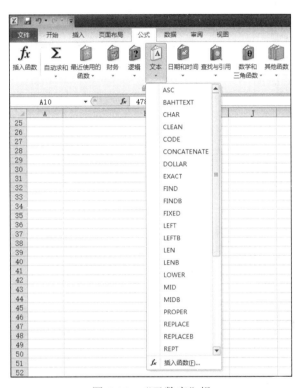

图 6-37　"函数库"组

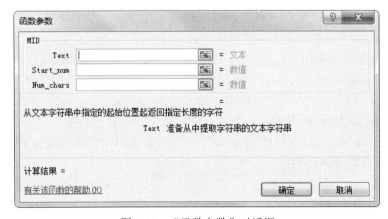

图 6-38　"函数参数"对话框

（2）通过"插入函数"按钮插入。单击"公式"选项卡"函数库"组中的"插入函数"按钮，或者单击编辑栏中的"插入函数"按钮，打开"插入函数"对话框，如图 6-39 所示。

在"或选择类别"下拉列表框中选择需要插入函数的类别，在"选择函数"列表框中单击需要插入的函数，打开"函数参数"对话框，设置函数参数后单击"确定"按钮。

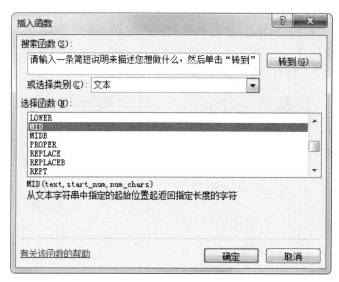

图 6-39　"插入函数"对话框

（3）修改函数。在包含函数的单元格双击，进入编辑状态，对函数进行修改后按 Enter 键确认。

6.6.2　常用函数的使用

1. 日期天数函数 DAY(serial_number)

功能：返回某日期的天数，用整数 1～31 表示。

参数说明：serial_number 是必需的参数，表示要查找的那一天的日期。

举例：在单元格 A1 中输入日期 1949/10/1，则=DAY(A1)的返回值为天数 1。

2. 日期月份函数 MONTH(serial_number)

功能：返回某日期的月份，用整数 1～12 表示。

参数说明：serial_number 是必需的参数，表示要查找月份的日期。

举例：在单元格 A1 中输入日期 1949/10/1，则=MONTH(A1)的返回值为月份 10。

3. 日期年份函数 YEAR(serial_number)

功能：返回某日期的年份，值为 1900～9999 之间的整数。

参数说明：serial_number 是必需的参数，表示要查找年份的日期。

举例：在单元格 A1 中输入日期 1949/10/1，则=YEAR(A1)的返回值为年份 1949。

4. 当前日期函数 TODAY()

功能：返回当前日期。

参数说明：该函数没有参数。

举例：假设某人 1990 年出生，现要求此人年龄，则可在单元格中输入=YEAR(TODAY())-1990，以 TODAY 函数的返回值作为 YEAR 函数的参数获取当前年份，然后减去出生年份 1990，最终获得年龄。

5. 星期函数 WEEKDAY(serial_number,[return_type])

功能：返回某日期为星期几。默认情况下，其值为 1（星期天）～7（星期六）之间的整数。

参数说明：serial_number 是必需的参数，代表尝试查找的那一天的日期；return_type 是可选参数，用于确定返回值类型的数字，数字的意义如表 6-3 所示。

表 6-3　return_type 参数类型

参数值	意义
1 或省略	数字 1（星期日）到数字 7（星期六）
2	数字 1（星期一）到数字 7（星期日）
3	数字 0（星期一）到数字 6（星期日）
11	数字 1（星期一）到数字 7（星期日）
12	数字 1（星期二）到数字 7（星期一）
13	数字 1（星期三）到数字 7（星期二）
14	数字 1（星期四）到数字 7（星期三）
15	数字 1（星期五）到数字 7（星期四）
16	数字 1（星期六）到数字 7（星期五）
17	数字 1（星期日）到数字 7（星期六）

举例：=WEEKDAY(TODAY(),2)，若当前日期为星期三，则返回值为 3。

说明：Excel 将日期存储为可用于计算的序列号。默认情况下，1900 年 1 月 1 日的序列号是 1，而 2008 年 1 月 1 日的序列号是 39448，这是因为它距 1900 年 1 月 1 日有 39447 天。

6. 求和函数 SUM(number1,[number2],[...])

功能：将指定为参数的所有数字相加。每个参数都可以是单元格区域、单元格引用、数组、常量、公式或另一个函数的结果。

参数说明：number1 是必需的参数，表示想要相加的第一个数值参数；number2,...是可选参数。表示想要相加的 2～255 个数值参数。

举例：=SUM(A1:A10)，将单元格区域 A1:A10 中的数据相加。

7. 条件求和函数 SUMIF(range,criteria,[sum_range])

功能：可以对区域中符合指定条件的值求和。

参数说明：range 是必需的参数，表示条件计算的单元格区域，每个区域中的单元格都必须是数字或名称、数组或包含数字的引用，空值和文本值将被忽略；criteria 是必需的参数，表示求和条件，用于确定对哪些单元格求和，其形式可以为数字、表达式、单元格引用、文本或函数；sum_range 是可选参数。表示要求和的实际单元格，用于对未在 range 参数中指定的单元格求和。如果 sum_range 参数被省略，则会对在 range 参数中指定的单元格求和。

说明：任何文本条件或任何含有逻辑或数学符号的条件都必须使用双引号（"）引起来。如果条件为数字，则无需使用双引号。例如，条件可以表示为 90、">=60"、A2、"男"或 TODAY()。

举例：=SUMIF(A2:A7,"男",C2:C7)，表示将单元格区域 A2:A7 中值为"男"的单元格与对应的单元格区域 C2:C7 中的单元格的值相加。

8. 多条件求和函数 SUMIFS(sum_range,criteria_range1,criteria1,[criteria_range2,criteria2],...)

功能：对区域中满足多个条件的单元格求和。

参数说明：sum_range 是必需的参数，表示要进行求和计算的区域，包括数字或包含数字的名称、区域或单元格引用，忽略空白和文本值；criteria_range1 是必需的参数，表示在其中计算关联条件的第一个区域；criteria1 是必需的参数，表示第一个求和条件，条件的形式为数字、表达式、单元格引用或文本，可用来定义将对 criteria_range1 参数中的哪些单元格求和；criteria_range2,criteria2,...是可选参数，是附加的区域及其关联条件，最多允许 127 个区域/条件对。

举例：=SUMIFS(B2:E2,B3:E3,">3%",B4:E4,">=2%")，表示单元格区域 B3:E3 中单元格的值大于 3%并且单元格区域 B4:E4 中单元格的值大于或等于 2%时，对单元格区域 B2:E2 中相应单元格的值相加。

9. 四舍五入函数 ROUND(number,num_digits)

功能：将某个数字四舍五入为指定的位数。

参数说明：number 是必需的参数，表示要四舍五入的数字；num_digits 是必需的参数，表示四舍五入后保留的小数位数。

举例：=ROUND(3.14159,2)，表示对数值 3.14159 进行四舍五入，并保留两位小数，结果为 3.14。

说明：如果需要始终向上舍入，可使用 ROUNDUP 函数；需要始终向下舍入，可使用 ROUNDDOWN 函数。例如计算停车收费时，如果未满 1 小时均按 1 小时计费，这时需要向上舍入计时；如果未满 1 小时均不计费，则需要向下舍入计时。

10. 取整函数 INT(number)

功能：将数字向下舍入到最接近的整数。

参数说明：number 是必需的参数，表示需要进行向下舍入取整的实数。

举例：=INT(3.14)，结果为 3。

11. 求绝对值函数 ABS(number)

功能：返回数字的绝对值。

参数说明：number 是必需的参数，表示需要计算其绝对值的实数。

举例：=ABS(-2)，结果为 2。

12. 取余函数 MOD(number,divisor)

功能：返回两数相除的余数，结果的正负号与除数相同。

参数说明：number 是必需的参数，表示被除数；divisor 是必需的参数，表示除数。

举例：=MOD(3,2)，表示求 3 除以 2 的余数，函数返回值为 1。

13. 求平均值函数 AVERAGE(number1,[number2],...)

功能：返回参数的算术平均值。

参数说明：number1 是必需的参数，表示要计算平均值的第一个数字或单元格区域；number2,...是可选的参数，表示要计算平均值的其他数字、单元格引用或单元格区域，最多可包含 255 个。

举例：=AVERAGE(A2:A6)，表示求单元格区域 A2:A6 中的数据的平均值。

说明：当需要对满足条件的单元格区域求平均值时，可使用 AVERAGEIF（满足一个条件）

或 AVERAGEIFS（满足多个条件），函数的使用方法和条件求和函数类似。

14.　排位函数 RANK.AVG(number,ref,[order])

功能：返回一个数字在数字列表中的排位，数字的排位是其大小与列表中其他值的比值。

参数说明：number 是必需的参数，表示要查找其排位的数字；ref 是必需的参数，表示数字列表数组或对数字列表的引用，ref 中的非数值型值将被忽略；order 是可选的参数，是一个表示排位方式的数字，如果 order 为 0 或忽略，Excel 对数字的排位就会基于降序排序的列表；如果 order 不为 0，Excel 对数字的排位就会基于升序排序的列表。

举例：=RANK.AVG(H6,G5:G20)，表示单元格 H6 的值在单元格区域 G5:G20 值中的排位，返回的排位值是基于单元格区域 G5:G20 值降序排列的结果。

说明：RANK.EQ 函数也能实现排位功能，区别在于：如果多个值具有相同的排位，RANK.AVG 将返回平均排位，而 RANK.EQ 排位函数将会返回实际排位。

15.　计数函数 COUNT(value1,[value2],...)

功能：计算包含数字的单元格以及参数列表中数字的个数。

参数说明：value1 是必需的参数，表示要计算其中数字的个数的第一个项、单元格引用或区域；value2,...是可选的参数，表示要计算其中数字的个数的其他项、单元格引用或区域，最多可包含 255 个。

举例：=COUNT(A2:A8)，表示计算单元格区域 A2～A8 中包含数字的单元格的个数；=COUNT(A2:A8,2)，表示计算单元格区域 A2～A8 中包含数字和值为 2 的单元格的个数。

说明：当对包含任何类型信息的单元格进行计数时，使用 COUNTA 函数。

16.　条件计数函数 COUNTIF(range,criteria)

功能：对区域中满足单个指定条件的单元格进行计数。

参数说明：range 是必需的参数，表示要对其进行计数的一个或多个单元格，其中包括数字或名称、数组或包含数字的引用，空值和文本值将被忽略；criteria 是必需的参数，表示条件，用于限定将对哪些单元格进行计数，条件可以是数字、表达式、单元格引用或文本字符串。

举例：=COUNTIF(B2:B5,"<>"&B4)，表示计算单元格区域 B2～B5 中值不等于 B4 单元格的值的单元格的个数。

说明：若要根据多个条件对单元格进行计数则使用 COUNTIFS 函数。

17.　最大值函数 MAX(number1,[number2],...)

功能：返回一组值中的最大值。

参数说明：number1,number2,...,number1 是必需的，后续数值是可选的，这些是要从中找出最大值的 1～255 个数字参数，参数可以是数字或者是包含数字的名称、数组或引用。

举例：=MAX(A2:A6)，表示求单元格区域 A2:A6 中数据的最大值。

18.　最小值函数 MIN(number1,[number2],...)

功能：返回一组值中的最小值。

参数说明：number1,number2,...,number1 是必需的，后续数值是可选的，这些是要从中找出最小值的 1～255 个数字参数，参数可以是数字或者是包含数字的名称、数组或引用。

举例：=MIN(A2:A6)，表示求单元格区域 A2:A6 中数据的最小值。

19.　取字符函数 MID(text,start_num,num_chars)

功能：返回文本字符串中从指定位置开始的特定数目的字符，该数目由用户指定。

参数说明：text 是必需的参数，表示包含要提取字符的文本字符串；start_num 是必需的参数，表示文本中要提取的第一个字符的位置，文本中第一个字符的 start_num 为 1，依此类推；num_chars 是必需的参数，用于指定希望 MID 从文本中返回字符的个数。

举例：=MID(A2,1,5)，表示从 A2 单元格中数据的第 1 个字符开始，提取 5 个字符。

说明：如果需要提取文本最开始的一个或多个字符，可以使用 LEFT 函数；如果需要提取文本最后的一个或多个字符，可以使用 RIGHT 函数。

20．求字符个数函数 LEN(text)

功能：返回文本字符串中的字符数。

参数说明：text 是必需的参数，表示要查找其长度的文本，空格将作为字符进行计数。

举例：=LEN("中国")，返回值为 2。

21．删除空格函数 TRIM(text)

功能：除了单词之间的单个空格外，清除文本中所有的空格。

参数说明：text 是必需的参数，表示需要删除其中空格的文本。

举例：=TRIM("FirstQuarterEarnings")，返回值为"FirstQuarterEarnings"，删除了文本首、尾部的空格。

22．垂直查询函数 VLOOKUP(lookup_value,table_array,col_index_num,[range_lookup])

功能：按列查找，搜索表区域首列满足条件的元素，确定待检索单元格在区域中的行序号，再进一步返回选定单元格的值。

参数说明：lookup_value 是必需的参数，表示要在表格或区域的第一列中搜索的值。lookup_value 参数可以是值或引用。如果为 lookup_value 参数提供的值小于 table_array 参数第一列中的最小值，则 VLOOKUP 将返回错误值#N/A。table_array 是必需的参数，表示包含数据的单元格区域，可以使用对区域或区域名称的引用。table_array 第一列中的值是由 lookup_value 搜索的值。这些值可以是文本、数字或逻辑值。文本不区分大小写。col_index_num 是必需的参数，表示 table_array 参数中必须返回的匹配值的列号。col_index_num 参数为 1 时，返回 table_array 第一列中的值；col_index_num 为 2 时，返回 table_array 第二列中的值，依此类推。如果 col_index_num 参数小于 1，则 VLOOKUP 返回错误值#VALUE!。如果 col_index_num 大于 table_array 的列数，则 VLOOKUP 返回错误值#REF!。range_lookup 是可选参数，表示一个逻辑值，指定希望 VLOOKUP 查找精确匹配值还是近似匹配值。如果 range_lookup 为 TRUE 或被省略，则返回精确匹配值或近似匹配值。如果找不到精确匹配值，则返回小于 lookup_value 的最大值。如果 range_lookup 参数为 FALSE，VLOOKUP 将只查找精确匹配值。如果 table_array 的第一列中有两个或更多值与 lookup_value 匹配，则使用第一个找到的值。如果找不到精确匹配值，则返回错误值 #N/A。

举例：=VLOOKUP(2,A2:C10,2,TRUE)，使用近似匹配搜索 A 列中的值 2，在 A 列中找到等于 2 的值，如果没有等于 2 的值，则找到最接近 2 的值，然后返回同一行中 B 列的值。这里函数中的第一个参数 2 表示要在第一列中搜索的值，第二个参数表示数据所在的单元格区域，第三个参数 2 表示返回第 2 列的值，即 B 列的值，第四个参数 TRUE，表示近似匹配查找关键值。

23．条件函数 IF(logical_test,[value_if_true],[value_if_false])

功能：如果指定条件的计算结果为 TRUE，IF 函数将返回某个值；如果该条件的计算结果为 FALSE，则返回另一个值。

参数说明：logical_test 是必需的参数，计算结果可能为 TRUE 或 FALSE 的任意值或表达式。例如，A10=100 就是一个逻辑表达式，如果单元格 A10 中的值等于 100，表达式的计算结果为 TRUE，否则为 FALSE，此参数可使用任何比较运算符。value_if_true 是可选的参数，表示 logical_test 参数的计算结果为 TRUE 时所要返回的值。value_if_false 是可选的参数，表示 logical_test 参数的计算结果为 FALSE 时所要返回的值。

举例：=IF(A2<=100,"预算内","超出预算")，如果单元格 A2 中的数字小于等于 100，公式将返回"预算内"；否则，函数显示"超出预算"。

6.7　应用案例——成绩单函数使用

在处理成绩单时，使用函数可以简化和缩短工作表中的公式，尤其在用公式执行很长或复杂的计算时。

6.7.1　案例描述

某企业职工进行计算机考试，要求对"职工计算机成绩单"文件进行如下处理：

（1）在"成绩单"工作表中，删除"姓名"列中所有的语拼音字母，只保留汉字。

（2）计算每个员工 5 个考核科目（Word、Excel、PowerPoint、Outlook 和 Visio）的平均成绩，并填写在"平均成绩"列中。

（3）在"等级"列中计算并填写每位员工的考核成绩等级，等级的计算规则如表 6-4 所示。

表 6-4　等级的计算规则

等级	分类计算规则
不合格	5 个考核科目中任一科目成绩低于 60 分
及格	60 分≤平均成绩<75 分
良	75 分≤平均成绩<85 分
优	平均成绩≥85 分

6.7.2　操作步骤

打开"职工计算机成绩单"文件，进行下列操作：

（1）删除姓名中的汉语拼音字母。

1）在"成绩单"工作表的 N3 单元格中输入公式"=LEFT(C3,LENB(C3)-LEN(C3))"，按 Enter 键确认输入，双击该单元格右下角的填充柄向下填充到 N336 单元格，如图 6-40 所示。在此表达式中，LEN 函数是返回文本字符串中的字符个数，LENB 函数是返回文本字符串中用于代表字符的字节数。

2）选中 N3:N336 单元格区域并右击，在弹出的快捷菜单中选择"复制"命令，再右击

C3 单元格，在弹出的快捷菜单中选择"粘贴选项"的"值"按钮 123 。

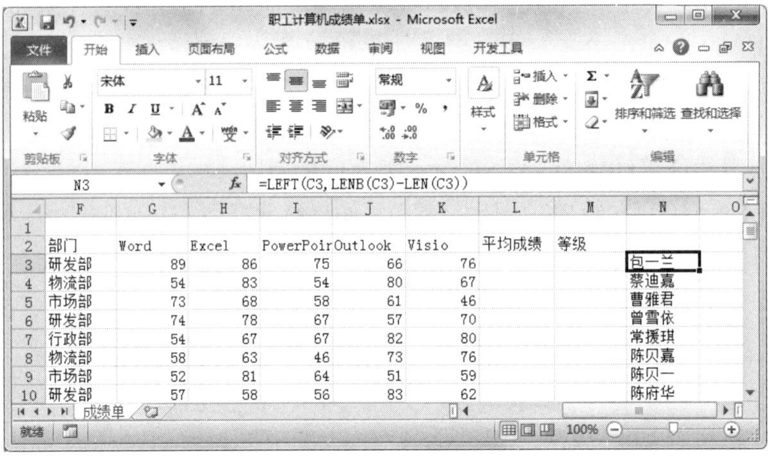

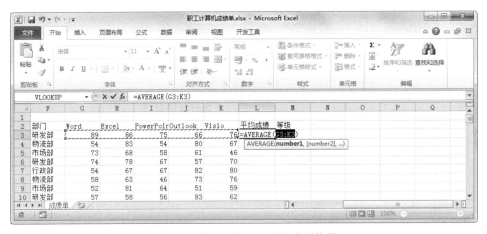

图 6-40　取出姓名列中的汉字姓名

3）删除 N3:N336 单元格区域中的数据。

（2）计算每个人的平均成绩。

1）单击"成绩单"工作表的 L3 单元格。

2）单击"开始"选项卡"编辑"组中的"求和"下拉按钮 Σ ，在下拉列表中选择"平均值"命令，如图 6-41 所示，按 Enter 键确认输入。

图 6-41　利用"求和"按钮求平均值

3）双击该单元格右下角的填充柄向下填充到 L336 单元格。

（3）计算等级。

1）单击"成绩单"工作表的 M3 单元格。

2）在单元格中输入公式"=IF(OR(G3<60,H3<60,I3<60,J3<60,K3<60),"不合格",IF(L3>=85,"优",IF(L3>=75,"良","及格")))"，按 Enter 键确认输入。

3）双击该单元格右下角的填充柄向下填充到 M336 单元格。

（4）单击快速访问工具栏中的"保存"按钮保存文件，单击"关闭"按钮关闭文件。

习题 6

一、思考题

1．在 Excel 中，设定与使用"主题"功能是指什么？

2．在 Excel 某列单元格中，快速填充 2015 年至 2017 年每月最后一天日期的最优操作方法是什么？

3．怎样在 Excel 中协同工作？

4．在 Excel 中，怎样显示公式与单元格之间的关系？

5．如果 Excel 单元格值大于 0，则在单元格中显示"已完成"；单元格值小于 0，则在单元格中显示"还未开始"；单元格值等于 0，则在单元格中显示"正在进行中"，最优的操作方法是什么？

6．公式与函数有什么关系和区别？

二、操作题

1．在"期末成绩.xlsx"文件中完成以下操作：

（1）对工作表"期末成绩"中的数据列表进行格式化操作：将第一列"学号"列设为文本，将所有成绩列设为保留两位小数，设置行高为 20、列宽为 15，改变字体、字号，设置对齐方式，设置适当的边框和底纹使工作表更美观。

（2）将语文、数学、英语 3 科中不低于 110 分的成绩所在的单元格以一种颜色填充，其他 4 科中高于 95 分的成绩以另一种字体颜色标出。

2．在"股票.xlsx"文件中完成以下操作：

（1）在 sheet1 工作表"日期"列的所有单元格中标注每个报销日期属于星期几，例如日期为"2016 年 1 月 20 日"的单元格应显示为"2016 年 1 月 20 日星期日"。

（2）在 sheet1 工作表中限制"股票"列仅能输入"A""B""C""D""E"。

3．在"学生基本情况表.xlsx"文件中完成以下操作：

（1）将 sheet2 工作表重命名为"学生情况"，将 sheet3 重命名为"成绩表"。

（2）在"学生情况"表"学号"列左侧插入一个空列，输入列标题为"序号"，并以 001、002、003、…的方式向下填充至该列到最后一个数据行。

（3）将"学生情况"工作表的标题跨列合并后居中，适当调整其字体、字号，并改变字体颜色；适当加大数据表行高和列宽，设置对齐方式及奖学金数据列的数值格式（保留两位小数），并为数据区域增加边框线。

4．在"习题 4.xlsx"文件中完成以下操作：

（1）将"学号对照"工作表中的区域 A3:A20 定义名称为"学号"。

（2）运用函数填写"第一学期期末成绩"工作表中 B 列姓名和 C 列班级，要求在公式中通过 VLOOKUP 函数自动在"学号对照"工作表中查找相关学号的姓名和班级。

（3）运用函数求 K 列总分和 L 列平均分的值。

5．在"习题 5.xlsx"文件中完成以下操作：

（1）将 sheet1 工作表的 A1:F1 单元格合并为一个单元格，内容水平居中。

（2）利用函数计算"总分"列的内容，按降序次序计算每人的总分排名（利用 RANK 函数）。

6．在"习题 6.xlsx"文件中完成以下操作：

（1）将 sheet1 工作表的 A1:E1 单元格合并为一个单元格，内容水平居中。

（2）在 E4 单元格内计算所有考生的平均分（利用 AVERAGE 函数，数值型，保留小数点后 1 位）。

（3）在 E5 和 E6 单元格内计算笔试人数和上机人数（利用 COUNTIF 函数）。

（4）在 E7 和 E8 单元格内计算笔试的平均分和上机的平均分（先利用 SUMIF 函数分别求总分，数值型，保留小数点后 1 位）。

第 7 章　Excel 图表操作

为了简洁、直观地表示工作表数据，可以将数据以图形方式显示在工作表中，即使用数据图表表示工作表数据。数据图表比数据本身更易于表达数据之间的关系，更加形象、生动。在 Excel 中，提供了柱形图、折线图、饼图、条形图等多种类型的图表，图表自动表示出工作表中的数值，当修改工作表中的数据时，数据图表也会被更新。

本章知识要点包括迷你图的类型及基本功能；创建、编辑迷你图的方法；图表的类型及基本作用；创建常用图表的方法；编辑与修饰常用图表的方法。

7.1　迷你图

迷你图是 Excel 2010 中的一个新功能，它是工作表单元格中的一个微型图表，可提供数据的直观表示。使用迷你图可以显示一系列数值的趋势。如季节性增加或减少、经济周期，或者可以突出显示最大值和最小值。

7.1.1　创建迷你图

在"插入"选项卡中，单击"迷你图"组中要创建的迷你图的类型：折线图、柱形图、盈亏图（如图 7-1 所示），打开"创建迷你图"对话框（如图 7-2 所示），选择数据范围，设定放置迷你图的位置，然后单击"确定"按钮，即可完成迷你图的插入。

图 7-1　"迷你图"组

图 7-2　"创建迷你图"对话框

完成第一个迷你图的插入后，利用填充柄可以完成后续数据的迷你图的插入。例如，要求给出某个班级学生某一门课程 3 个学期的成绩趋势，插入迷你折线图后的效果如图 7-3 所示。

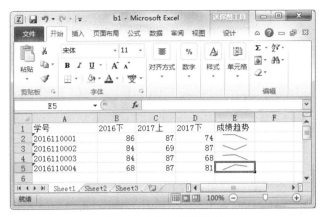

图 7-3　迷你折线图效果

7.1.2　编辑迷你图

创建迷你图后，如果需要向迷你图中添加文本、改变迷你图的类型等，可以通过"迷你图工具"选项卡对迷你图进行编辑。

1．向迷你图中添加文本

由于迷你图是以背景方式插入到单元格中的，所以当需要向迷你图中添加文本时，可以直接在单元格中键入文本，并可以按单元格的格式化方式对文本及单元格进行格式化设置。

2．改变迷你图的类型

单击迷你图，在窗口功能区中将会出现"迷你图工具"选项卡。打开"迷你图工具/设计"上下文选项卡，单击"分组"组中的"取消组合"按钮，将待修改的迷你图从图组中分离出来；单击"类型"组中的"图表类型"即可改变选中迷你图的类型。

3．显示或隐藏数据标记

在使用折线样式的迷你图上，可以显示数据标记以便突出显示各个值。打开"迷你图工具/设计"上下文选项卡，单击"显示"组中的"标记"复选框，可突出显示数据的所有标记，也可单击选择某一类标记显示。如需隐藏数据标记，取消勾选"显示"组中的任一选项即可。

4．处理空单元格或零值

单击"迷你图工具/设计"上下文选项卡"迷你图"组中的"编辑数据"按钮（如图 7-4 所示），打开如图 7-5 所示的"隐藏和空单元格设置"对话框，通过其中的选项可以控制迷你图如何处理数据区域中的空单元格。

图 7-4　"编辑数据"按钮

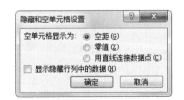

图 7-5　"隐藏和空单元格设置"对话框

5. 清除迷你图

单击待删除的迷你图，单击"迷你图工具/设计"上下文选项卡"分组"组中的"清除"按钮 🖉清除·即可清除迷你图。

7.2　图表的创建

图表用于以图形形式显示数值数据系列，使用户更容易理解大量数据以及不同数据系列之间的关系。

7.2.1　图表的类型

Excel 支持多种类型的图表。通过图表可以更直观地显示数据。创建图表或更改现有图表时，可以从各种图表类型及其子类型中进行选择，也可以通过在图表中使用多种图表类型来创建组合图。

（1）柱形图。柱形图用于显示一段时间内的数据变化或说明各项之间的比较情况。在柱形图中，通常沿横坐标轴组织类别，沿纵坐标轴组织值。

（2）折线图。折线图可以显示随时间变化的连续数据，因此非常适用于显示在相等时间间隔下数据的变化趋势。折线图中，类别数据沿水平轴均匀分布，所有的值数据沿垂直轴均匀分布。

（3）饼图。饼图显示一个数据系列中各项的大小与各项总和的比例。

（4）条形图。条形图显示各项之间的比较情况。

（5）面积图。面积图强调数量随时间而变化的程度，可用于引起对总值趋势的注意。通过显示所绘制的值的总和，面积图还可以显示部分与整体的关系。

（6）XY 散点图。散点图显示若干数据系列中各数值之间的关系，或者将两组数字绘制为 xy 坐标的一个系列。散点图有两个数值轴，沿横坐标轴（x 轴）方向显示一组数值数据，沿纵坐标轴（y 轴）方向显示另一组数值数据。散点图将这些数值合并到单一数据点并按不均匀的间隔或簇来显示它们。散点图通常用于显示和比较数值，例如科学数据、统计数据和工程数据。

（7）股价图。股价图通常用来显示股价的波动，也可用于科学数据。

（8）曲面图。曲面图用于表示两组数据之间的最佳组合。就像在地形图中一样，在曲面图中颜色和图案表示处于相同数值范围内的区域。

（9）圆环图。像饼图一样，圆环图显示各个部分与整体之间的关系，但是它可以包含多个数据系列。

（10）气泡图。气泡图用于比较成组的三个值而非两个值。第三个值确定气泡数据点的大小。

（11）雷达图。雷达图用于比较几个数据系列的聚合值。

7.2.2　创建图表

在 Excel 中，可以通过以下几步操作完成图表的创建：

（1）选择数据源。数据源指用于生成图表的数据对象，可以是一块连续或非连续的单元格区域内的数据。

（2）单击"插入"选项卡"图表"组右下角的"对话框启动器"按钮 ，在打开的"插入图表"对话框中单击需要插入的图表类型即可插入图表，如图 7-6 所示；也可在"图表"组中直接单击某一图表类别，选择要插入的图表类型。

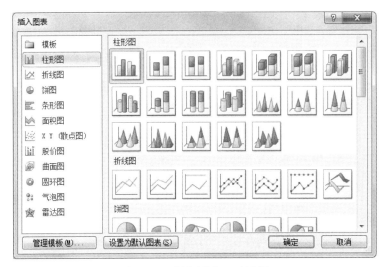

图 7-6   "插入图表"对话框

创建图表后，默认情况下图表作为一个嵌入对象插入工作表中，也可以通过改变图表的位置把图表作为一个单独的工作表插入。

7.3   图表的编辑与修饰

图表中包含许多元素。在 Excel 中插入图表后，用户可以通过对各个图表元素进行格式编辑来使图表呈现出更清晰的数据关系。

7.3.1   图表的元素

（1）图表区：表示整个图表及其全部元素。

（2）绘图区：指通过轴来界定的区域。在二维图表中，包括所有数据系列；在三维图表中，包括所有数据系列、分类名、刻度线标志和坐标轴标题。

（3）数据系列和数据点。

1）数据系列：在图表中绘制的相关数据点，这些数据源自数据表的行或列。图表中的每个数据系列具有唯一的颜色或图案并且在图表的图例中表示。可以在图表中绘制一个或多个数据系列。

2）数据点：在图表中绘制的单个值，这些值由条形、柱形、折线、饼图或圆环图的扇面、圆点和其他被称为数据标记的图形表示。相同颜色的数据标记组成一个数据系列。

（4）横（分类）和纵（值）坐标轴。坐标轴是界定图表绘图区的线条，用作度量的参照框架。y 轴通常为垂直坐标轴并包含数据，x 轴通常为水平轴并包含分类。数据沿着横坐标轴和纵坐标轴绘制在图表中。

（5）图例。图例是一个方框，用于标识图表中的数据系列或分类指定的图案或颜色。

（6）图表标题。说明性的文本，由用户自己定义，可以自动与坐标轴对齐或在图表顶部居中。

（7）数据标签。可以用来标识数据系列中数据点的详细信息，是为数据标记提供附加信息的标签。数据标签代表源于数据表单元格的单个数据点或值。

说明：默认情况下图表中会显示其中一部分元素，其他元素可以根据需要添加。

7.3.2　图表的编辑

在 Excel 中插入图表后，在功能区将会显示"图表工具"选项卡，通过"图表工具/设计""图表工具/布局"和"图表工具/格式"上下文选项卡中的按钮用户可以方便地调整各个图表元素的格式，实现更好的呈现效果。

1. 更改图表的布局和样式

Excel 中提供了大量预定义布局和样式，帮助用户快速更改图表的布局和样式。

单击图表区，在"图表工具/设计"上下文选项卡中单击"图表布局"组列表框中的"图表布局"选项，可将选定图表布局应用到图表中。如果需要改变图表样式，则单击"图表样式"组列表框中的"图表样式"选项。

2. 添加、删除标题或数据标签

插入图表后，可以给图表添加一个标题，表明图表所展现的大致内容。

（1）添加图表标题。

默认情况下，在图表区上方居中位置会显示"图表标题"，如图 7-7 所示，单击它可对标题进行修改。

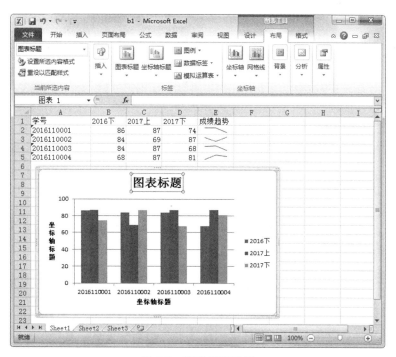

图 7-7　图表标题示例

　　如果在图表区没有显示"图表标题"，则单击图表区，在"图表工具/布局"上下文选项卡中单击"标签"组中的"图表标题"按钮，在下拉列表中单击标题显示位置"居中覆盖标题"或"图表上方"，均可显示图表标题。

　　（2）删除图表标题。单击"图表标题"边框选中图标标题，然后按 Delete 键；或者在图 7-8 所示的下拉列表中选择"无"选项，均可删除图表标题。

图 7-8　"图表标题"下拉列表

　　说明：给坐标轴添加标题，操作与添加图表标题类似，但需要单击"标签"组中的"坐标轴标题"按钮完成操作。

　　（3）添加数据标签。要给图表添加数据标签，先要选定待添加数据标签的数据系列。这里需要注意的是，鼠标单击的位置不同选中的对象不同：单击图表区，选中所有数据系列；单击某一个数据系列，则选中跟这个数据系列相同颜色的所有数据系列。

　　选中对象后，单击"图表工具/布局"上下文选项卡"标签"组中的"数据标签"按钮，在图 7-9 所示的下拉列表中选择数据标签的位置，即可插入数据标签。

　　如需对数据标签进行格式设置，可在图 7-9 所示的下拉列表中选择"其他数据标签选项"选项，打开"设置数据标签格式"对话框，如图 7-10 所示，可在其中对数据标签格式进行设置。

图 7-9　"数据标签"下拉列表

图 7-10　"设置数据标签格式"对话框

3. 显示或隐藏图例

　　单击图表区，单击"图表工具/布局"选项卡"标签"组中的"图例"按钮，在下拉列表中可以选择添加图例的位置。如需隐藏图例，则选择"无"选项；要对图例进行格式设置，则选择"其他图例选项"选项，在"设置图例格式"对话框中进行设置。

　　说明：当图表显示图例时，可以通过编辑工作表上的相应数据来修改各个图例项。

4. 显示或隐藏坐标轴或网格线

（1）显示或隐藏坐标轴。

单击图表区，在"图表工具/布局"上下文选项卡中单击"坐标轴"组中的"坐标轴"按钮，在下拉列表中可选择添加坐标轴的位置。如需隐藏坐标轴，则选择"无"选项；要对坐标轴进行格式设置，则选择"其他主要横（纵）坐标轴选项"选项，在"设置坐标轴格式"对话框中进行设置。

例如，要求设置纵坐标的刻度范围为[0,100]，刻度单位为 5，则选择"其他主要纵坐标轴选项"选项，打开"设置坐标轴格式"对话框，在左侧单击"坐标轴选项"，在右侧设置坐标轴选项，如图 7-11 所示。

图 7-11　"设置坐标轴格式"对话框

（2）显示或隐藏网格线。

单击图表区，在"图表工具/布局"上下文选项卡中单击"坐标轴"组中的"网格线"按钮，在下拉列表中可选择添加网格线的位置。如需隐藏网格线，则选择"无"选项；要对坐标轴进行格式设置，则选择"其他主要横（纵）网格线选项"选项，在"设置主要网格线格式"对话框中进行设置。

7.4　应用案例——成绩表的图表表示

在处理学生成绩表时，除了设置各种格式、利用函数进行各种计算外，还需要把成绩表中的数据用图表的形式直观地表示出来。

7.4.1 案例描述

小刘是一所初中的学生处负责人，负责本院学生的成绩管理。他通过 Excel 来管理学生成绩，现在第一学期期末考试刚刚结束，小刘将初一年级 3 个班级的部分学生成绩录入了文件名为"第一学期期末成绩.xlsx"的 Excel 工作簿文档中。

请根据下列要求帮助小刘老师对该成绩单进行整理和分析：

（1）请对"第一学期期末成绩"工作表进行格式调整，通过套用表格格式的方法将所有的成绩记录调整为统一的外观格式，并对该工作表"第一学期期末成绩"中的数据进行格式化操作：将第一列"学号"列设为文本，将所有成绩列设为保留两位小数的数值，设置对齐方式，增加适当的边框和底纹以使工作表更加美观。

（2）利用"条件格式"功能进行下列设置：将语文、数学、外语 3 科中不低于 110 分的成绩所在的单元格以一种颜色填充，所用颜色深浅以不遮挡数据为宜。

（3）利用 sum 和 average 函数计算每一个学生的总分及平均成绩。

（4）学号第 4、5 位代表学生所在的班级，例如"C170101"代表 17 级 1 班，如表 7-1 所示。请按下列对应关系填写所在"班级"。

表 7-1　学号与对应班级表

"学号"的 4、5 位	对应班级
01	1 班
02	2 班
03	3 班

（5）根据学号，请在"第一学期期末成绩"工作表的"姓名"列中，使用 VLOOKUP 函数完成姓名的自动填充。"姓名"和"学号"的对应关系在"学号对照"工作表中。

（6）以"姓名"和"总分"列为数据源创建一个簇状柱形图，对每个学生的总分进行比较。

7.4.2 案例操作说明

（1）对"第一学期期末成绩"工作表进行格式调整。

1）打开"第一学期期末成绩.xlsx"文件。

2）在"第一学期期末成绩"工作表中选中 A2:L20 区域，单击"开始"选项卡"样式"组中的"套用表格格式"下拉按钮，在弹出的下拉列表中选择一种表样式。

3）选中"学号"列并右击，在弹出的快捷菜单中选择"设置单元格格式"命令，弹出"设置单元格格式"对话框，切换至"数字"选项卡，在"分类"组中选择"文本"，单击"确定"按钮。

4）选中所有成绩列（D2:L20）并右击，在弹出的快捷菜单中选择"设置单元格格式"命令，弹出"设置单元格格式"对话框，切换至"数字"选项卡，在"分类"组中选择"数值"，在"小数位数"微调框中设置小数位数为"2"，单击"确定"按钮。

5）选中所有文字内容单元格，单击"开始"选项卡"对齐方式"组中的"居中"按钮。

6）选中 A2:L20 单元格区域并右击，在弹出的快捷菜单中选择"设置单元格格式"命令，打开"设置单元格格式"对话框。切换至"边框"选项卡，在"预置"区域中选择"外边框"和"内部"选项。再切换至"填充"选项卡，在"背景色"组中选择一种颜色，设置完毕后单击"确定"按钮。

（2）条件格式设置。

1）选中 D3:F20 单元格区域，单击"开始"选项卡"样式"组中的"条件格式"下拉按钮，选择"突出显示单元格规则"中的"其他规则"命令，打开"新建格式规则"对话框。

2）在"选择规则类型"中选择"只为包含以下内容的单元格设置格式"，在"编辑规则说明"下方的 3 个框中分别选择"单元格值""大于或等于""110"。

3）单击"格式"按钮，打开"设置单元格格式"对话框，在"填充"选项卡中选择一种填充颜色，单击"确定"按钮返回到"新建格式规则"对话框中，单击"确定"按钮退出对话框。

（3）函数使用。

1）在 K3 单元格中输入"=SUM(D3:J3)"，按 Enter 键后该单元格值为 629.50，双击 K3 右下角的填充柄完成"总分"列的填充。

2）在 L3 单元格中输入"=AVERAGE(D3:J3)"，按 Enter 键后该单元格值为 89.93，双击 L3 右下角的填充柄完成"平均分"列的填充。

（4）通过学号求出所在的班级。

在 C3 单元格中输入公式"=MID(A3,5,1)&"班""，按 Enter 键后该单元格值为"3 班"，双击 C3 右下角的填充柄完成班级的填充，如图 7-12 所示。

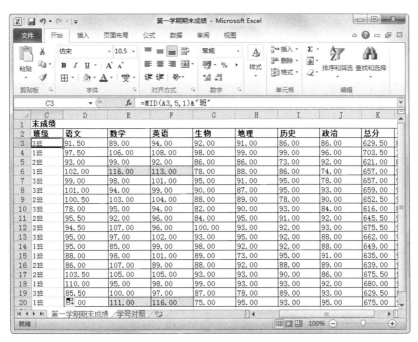

图 7-12　根据"学号"求"班级"结果

（5）VLOOKUP 函数使用。

1）选择 B3 单元格，单击编辑栏中的"插入函数"按钮 f_x，弹出"插入函数"对话框，在"选择函数"下拉列表中找到 VLOOKUP 函数，单击"确定"按钮，打开"函数参数"对话框。

2）在第 1 个参数框中用鼠标选择"A3"，在第 2 个参数框中选择"学号对照"工作表中的 A3:B20 数据区域，在第 3 个参数框中输入"2"，在第 4 个参数框中输入 FALSE 或者 0，如图 7-13 所示，单击"确定"按钮。

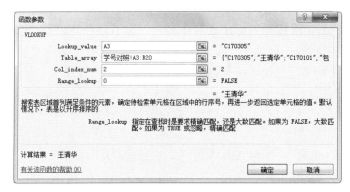

图 7-13 "函数参数"对话框

3）双击 B3 单元格右下角的填充柄完成姓名的自动填充。

（6）插入图表操作。

选中 B3:B20 和 K3:K20 数据区域，单击"插入"选项卡"图表"组中的"柱形图"下拉按钮，在下拉列表中选择"簇状柱形图"图表样式，此时会在当前工作表中生成一个图表，适当调整图表的大小和位置，如图 7-14 所示。

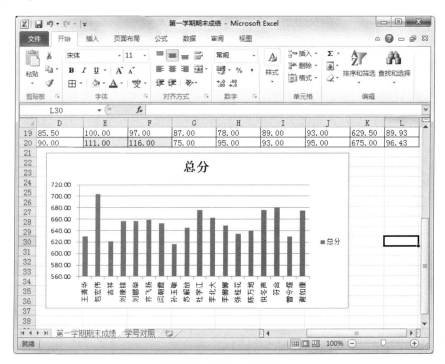

图 7-14 数据图表效果

（7）单击快速访问工具栏中的"保存"按钮，完成"第一学期期末成绩"文件的保存。

习题 7

一、思考题

1. 与普通图表相比，迷你图有什么特点？

2. 图表中有哪些图表元素？

3. 工作表中已经插入了图表，但在功能区中却没有显示"图表工具"选项卡，这是为什么？

二、操作题

1. 在"习题 1.xlsx"文件中完成以下操作：

（1）将下列数据建成一个数据表（存放在 A1:E5 的区域内），并求出"上升案例数"（保留小数点后两位），其计算公式是：上升案例数=去年案例数×上升比率，数据表保存在 sheet1 工作表中。

序号	地区	去年案例数	上升比率	上升案例数
1	A 地区	2400	1.00%	
2	B 地区	5300	0.50%	
3	C 地区	8007	2.00%	
4	D 地区	3400	2.10%	

（2）对建立的数据表选择"地区"和"上升案例数"两列数据建立"分离型三维饼图"，系列产生在"列"，图表标题为"地区案例上升情况调查图"，并将其嵌入到工作表的 A7:E17 区域中。

（3）将工作表 sheet1 更名为"案例调查表"。

2. 事务所的统计员小赵需要对本所外汇报告的完成情况进行统计分析，并据此计算员工奖金。按照下列要求帮助小赵完成相关的统计工作并对结果进行保存：

（1）在"习题 2"文件夹下，将"Excel 素材 1.xlsx"文件另存为 Excel.xlsx（.xlsx 为文件扩展名），除特殊指定外后续操作均基于此文件。

（2）将文档中以每位员工姓名命名的 5 个工作表内容合并到一个名为"全部统计结果"的新工作表中，合并结果自 A2 单元格开始，保持 A2～G2 单元格中的列标题依次为报告文号、客户简称、报告收费（元）、报告修改次数、是否填报、是否审核、是否通知客户，然后将其他 5 个工作表隐藏。

（3）在"客户简称"和"报告收费（元）"两列之间插入一个新列，列标题为"责任人"，限定该列中的内容只能是员工姓名高小丹、刘君赢、王铬争、石明砚、杨晓柯中的一个，并提供输入用下拉箭头，然后根据原始工作表名依次输入每个报告所对应的员工责任人姓名。

（4）利用条件格式"浅红色填充"标记重复的报告文号，按"报告文号"升序、"客户简称"笔画降序排列数据区域。将重复的报告文号后依次增加(1)、(2)格式的序号进行区分（使用西文括号，如 13(1)）。

（5）在数据区域的最右侧增加"完成情况"列，在该列中按以下规则运用公式和函数填写统计结果：当左侧 3 项"是否填报""是否审核""是否通知客户"全部为"是"时显示"完成"，否则为"未完成"，将所有"未完成"的单元格以标准红色突出显示。

（6）在"完成情况"列的右侧增加"报告奖金"列，按照下表要求对每个报告的员工奖金数进行统计计算（以元为单位）。另外当完成情况为"完成"时，每个报告多加 30 元的奖金，未完成时没有额外奖金。

报告收费金额（元）	奖金（元/每个报告）
小于等于 1000	100
大于 1000 小于等于 2800	报告收费金额的 8%
大于 2800	报告收费金额的 10%

（7）适当调整数据区域的数字格式、对齐方式、行高和列宽等格式，并为其套用一个恰当的表格样式，最后设置表格中仅"完成情况"和"报告奖金"两列数据不能被修改，密码为空。

（8）打开工作簿"Excel 素材 2.xlsx"，将其中的工作表 Sheet1 移动或复制到工作簿 Excel.xlsx 的最右侧。将 Excel.xlsx 中的 Sheet1 重命名为"员工个人情况统计"，并将其工作表标签颜色设为标准紫色。

（9）在工作表"员工个人情况统计"中，对每位员工的报告完成情况及奖金数进行计算统计并依次填入相应的单元格。

（10）在工作表"员工个人情况统计"中，生成一个三维饼图统计全部报告的修改情况，显示不同修改次数（0、1、2、3、4 次）的报告数所占的比例，并在图表中标示保留两位小数的比例值。图表放置在数据源的下方。

第 8 章 Excel 数据分析与管理

Excel 提供了强大的数据分析与管理功能，可以实现对数据的排序、分类汇总、筛选等操作，帮助用户有效地组织与管理数据。本章所介绍的各项操作，要求在数据清单中避免空行或空列；避免在单元格的开头或末尾键入空格；避免在一个工作表中建立多个数据清单；数据清单和工作表的其他数据之间至少留出一个空列和空行；关键数据置于数据清单的顶部或底部。

本章知识要点包括数据排序与筛选的方法；数据分类汇总的方法；数据合并计算的方法；建立数据透视表和数据透视图的方法；对数据的模拟运算和分析。

8.1 数据的排序与筛选

数据清单是指工作表中包含一行列标题和多行数据，且同列数据的类型和格式完全相同的数据区域。对数据进行排序和筛选是数据分析不可缺少的组成部分。例如，用户可能需要执行以下操作：将名称列表按字母顺序排列；按从高到低的顺序编制产品存货水平列表；筛选数据仅查看某一组或几组指定的值；快速查看重复值等。

8.1.1 数据排序

对数据进行排序有助于快速直观地显示数据并更好地理解数据，有助于组织并查找所需要的数据，有助于最终做出更有效的决策。

1. 单一关键字排序

选择工作表数据清单中作为排序关键字的那一列数据，或者使活动单元格位于排序关键字表列中。单击"数据"选项卡"排序和筛选"组中的"升序"按钮↓↑或"降序"按钮↓↑，数据清单将会按所选列数据值的升序或降序排列。

如果需要按所选列数据的颜色或图标排序，则单击"数据"选项卡"排序和筛选"组中的"排序"按钮，打开如图 8-1 所示的"排序"对话框，在"排序依据"下拉列表框中选择排序依据，然后单击"确定"按钮。当需要对排序条件进一步设置时，可单击"选项"按钮，在"排序选项"对话框中设置。

说明：排序的数据类型不同，排序的依据不同。对文本进行排序，将按数据值的字母顺序排列；对数值进行排序，将按数据值大小排列；对日期或时间进行排序，将按数据日期先后排序。值得注意的是，如果要排序的列中包含的数字既有作为数字存储的，又有作为文本存储的，则作为数字存储的数字将排在作为文本存储的数字之前。对日期或时间排序，需要确保数据均存储为日期时间格式。

2. 多关键字排序

在一般的数据处理中，更多的情况是需要按多个关键字对数据进行排序。这时，可在图 8-1 所示的"排序"对话框中单击"添加条件"按钮，添加次要关键字增加排序条件。

图 8-1   "排序"对话框和"排序选项"对话框

在多关键字排序中，数据清单将按如下顺序排序：

● 按主要关键字的设定顺序排序。

● 主要关键字值相同的数据，按第一次要关键字的设定顺序排序。

● 第一次要关键字值仍然相同的数据，按第二次要关键字的设定顺序排序，依此类推。

3．按自定义序列排序

在工作表中，数据除了可以按照升序或降序排列，Excel 还允许按用户定义的顺序进行排序。在图 8-2 所示的对话框中，单击"次序"下拉列表框中的"自定义序列"选项，打开"自定义序列"对话框选择一个序列，数据将按选中的序列顺序排序。需要注意的是，自定义序列需要预先定义好，且只能基于值（文本、数字、日期或时间）创建自定义序列，不能基于格式（单元格颜色、字体颜色、图标）创建自定义序列。

图 8-2   创建自定义序列次序

说明：工作表的排序条件随工作簿一起保存，这样，每当打开工作簿时，都会对该表重新应用排序，但不会保存单元格区域的排序条件。如果希望保存排序条件，以便在打开工作簿时可以定期重新应用排序，最好对表进行排序。这对于多列排序或花费很长时间创建的排序尤其重要。

需要注意的是，当重新应用排序时，可能由于以下原因而显示不同的结果：已在单元格区域或表列中修改、添加或删除数据；公式返回的值已改变，已重新计算工作表。

8.1.2　数据筛选

使用自动筛选来筛选数据，可以快速而又方便地查找和使用单元格区域或表中数据的子集。如果要筛选的数据需要复杂条件，则可以使用高级筛选。

1.　自动筛选

使用自动筛选可以创建 3 种筛选类型：按数值、按格式、按条件。这里的条件是指限制查询或筛选的结果集中包含哪些数据的条件。对于每个单元格区域或列表来说，这 3 种筛选类型是互斥的。按如下操作方式可进行自动筛选。

首先在数据清单的任一位置单击，该操作是为了保证活动单元格放置在数据清单中；然后单击"数据"选项卡"排序和筛选"组中的"筛选"按钮，这时在数据清单每一列的第一行会出现一个下拉按钮▼，单击筛选条件值所在数据列上的下拉按钮，如要求显示某成绩表中某门课的成绩在 60 分至 90 分之间的数据，则单击该学期成绩所在科目数据列上的筛选按钮，打开如图 8-3 所示的下拉列表；这时如果仅需要显示跟某个值相关的数据，则可在最下方的列表框中直接勾选相应的数据值，如果需要设定筛选条件，则单击"数字筛选"（如果数据列的值为文本，则显示"文本筛选"）选项，在级联菜单中单击相应的条件或"自定义筛选"命令，打开如图 8-4 所示的"自定义自动筛选方式"对话框设置筛选条件。

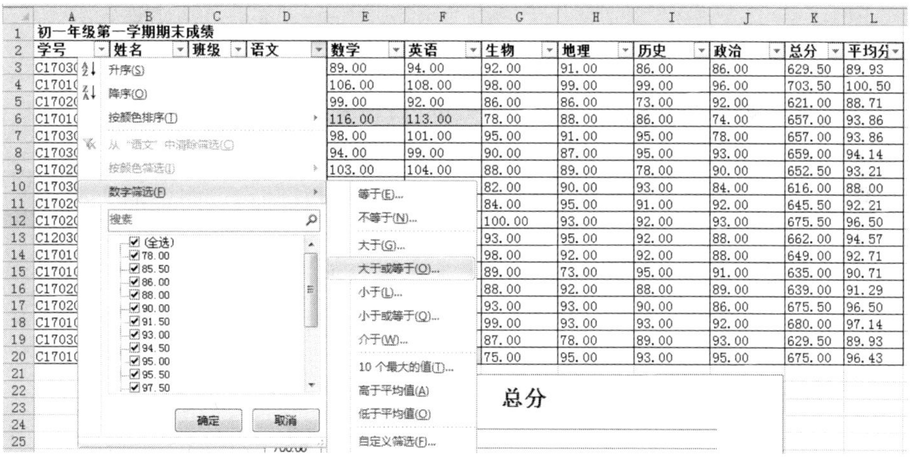

图 8-3　设置自动筛选

图 8-4　"自定义自动筛选方式"对话框

2. 高级筛选

如果要筛选的数据需要复杂条件时，如在某成绩表中查找语文成绩在 90 分以上或数学成绩在 90 分以上的数据，可使用高级筛选。

在"数据"选项卡下，单击"排序和筛选"组中的"高级"按钮，打开如图 8-5 所示的"高级筛选"对话框。在其中使用"列表区域"的数据选取按钮可选择要筛选的数据区域，使用"条件区域"的数据选取按钮可选择高级筛选条件。

需要注意的是，进行高级筛选的数据清单应有列标题，且在进行高级筛选之前需要先创建高级筛选条件。高级筛选条件的书写规则如下：条件区域的第一行写列标题，该列需要满足的条件跟列标题写在同一列；需要同时满足的条件写在条件区域的同一行，不需要同时满足的条件写在条件区域的不同行。如图 8-6 中所示的条件，表示语文成绩大于或等于 90 分或数学成绩大于或等于 90 分。

图 8-5　"高级筛选"对话框

语文	数学
>=90	
	>=90

图 8-6　高级筛选条件

3. 清除筛选

对单元格区域或表中的数据进行筛选后，可以重新应用筛选以获得最新的结果，或者清除筛选以重新显示所有数据。

当需要清除筛选结果时，单击"数据"选项卡"排序和筛选"组中的"清除"按钮即可清除筛选，显示所有数据。

说明：筛选过的数据仅显示那些满足指定条件的行并隐藏那些不希望显示的行。筛选数据之后，对于筛选过的数据的子集，不需要重新排列或移动就可以复制、查找、编辑、设置格式、制作图表和打印。

8.2　数据的分类汇总

分类汇总是将数据清单中的数据先按一定的标准分组，然后对同组的数据应用分类汇总功能得到相应行的统计或计算结果。

8.2.1　创建分类汇总

在 Excel 中，可以使用分类汇总命令快速创建分类汇总。需要注意的是，在创建分类汇总之前，数据清单应已经以分类项作为主要关键字进行了排序。

1. 创建分类汇总

分类汇总指的是对相同类别的数据进行统计汇总。分类汇总必须在数据已排序的基础上进行。如对"职员登记表"中的不同部门的工资求平均值，具体方法如下：

（1）对所需进行分类汇总的数据排序。本题中先对工作表按照"部门"降序排序。

（2）单击数据清单中的任意一个单元格。

（3）在"数据"选项卡下，单击"分级显示"组中的"分类汇总"命令，打开"分类汇总"对话框，根据需要设置"分类字段""汇总方式"等选项，如图 8-7 所示。

图 8-7　"分类汇总"对话框

（4）单击"确定"按钮，完成操作。

2．删除分类汇总

在已经创建分类汇总的数据清单中单击任一位置，保证活动单元格放置在数据清单中。单击"数据"选项卡"分级显示"组中的"分类汇总"按钮，在"分类汇总"对话框中单击"全部删除"按钮即可删除分类汇总。

8.2.2　分级显示数据

在工作表中，如果数据列表需要进行组合和汇总，则可以创建分级显示。分级最多为八个级别，每组一级。使用分级显示可以快速显示摘要行或摘要列，或每组的明细数据。

1．创建行的分级显示

在创建分级显示前，要确保要分级显示的每列数据在第一行都具有标签，在每列中都含有相似的内容，并且该区域不包含空白行或空白列。以用作分组依据的数据的列为关键字进行排序。

（1）创建分类汇总分级显示数据。如图 8-8 所示，对工作表数据进行分类汇总后，工作表的最左侧会出现分级显示符号 1 2 3 及显示、隐藏明细数据按钮。

（2）通过创建组分级显示数据。在工作表中除了通过插入分类汇总创建分级显示，也可通过创建组命令创建分级显示。

鼠标选中要创建组的所有行，单击"数据"选项卡"分级显示"组中的"创建组"按钮，打开"创建组"对话框，如图 8-9 所示，单击"确定"按钮，即可将选中行创建为一个组。以同样的方式创建其他组，数据可实现分级显示。

也可以通过对数据列创建分组来创建列的分级显示，方法与创建行的分级显示类似，只是在选定数据时需要选中数据列而不是数据行。

图 8-8　分级显示符号　　　　　　　　　图 8-9　打开"创建组"对话框

说明：分级显示符号是用于更改分级显示工作表视图的符号。通过单击代表分级显示级别的加号、减号和数字 1、2、3 或 4 可以显示或隐藏明细数据。明细数据是指在自动分类汇总和工作表分级显示中，由汇总数据汇总或分组的数据行或列。

2．显示或隐藏明细数据

已经建立了分组的数据，可以单击"分级显示"组中的"显示明细数据"或"隐藏明细数据"按钮显示或隐藏分组数据。需要注意的是，在显示或隐藏分组数据前，需要确保活动单元格在要显示或隐藏的组中。

也可通过单击每组数据前的 ⊞ 或 ⊟ 按钮显示或隐藏数据。

3．删除分级显示

单击鼠标使活动单元格位于分组数据中，再单击"数据"选项卡"分级显示"组中的"取消组合"按钮，在下拉列表中选择"清除分级显示"命令，即可删除分级显示。

8.3　数据的合并计算与数据透视表

在 Excel 中，若要汇总和报告多个单独工作表中数据的结果，可以使用合并计算操作将每个单独工作表中的数据合并到一个工作表（或主工作表）中。数据透视表是一种可以快速汇总大量数据的交互式方法，若要对多种来源（包括 Excel 的外部数据）的数据进行汇总和分析，则可以使用数据透视表。

8.3.1　数据的合并计算

在一个工作表中对数据进行合并计算，可以更加轻松地对数据进行定期或不定期的更新和汇总。

在"数据"选项卡下，单击"数据工具"组中的"合并计算"按钮，如图 8-10 所示，打开"合并计算"对话框，在其中单击"函数"下拉列表框选择合并计算的方式（如求和、计数、求平均值等），单击"引用位置"的选择按钮 ⊡，则可以拖动鼠标选择要进行合并计算的数据；单击"添加"按钮，可以将前面选中的数据添加到"所有引用位置"列表框中，如图 8-11 所示。所有合并数据选择完毕后，单击"确定"按钮完成合并计算。

在数据的合并计算中，所合并的工作表可以与主工作表位于同一工作簿中，也可以位于其他工作簿中。

图 8-10　"数据工具"组　　　　　　　　　图 8-11　"合并计算"对话框

8.3.2　数据透视表与数据透视图的使用

1. 数据透视表

数据透视表是一种交互的、交叉制表的 Excel 报表，对于汇总、分析、浏览和呈现汇总数据非常有用。使用数据透视表可以深入分析数值数据，并且可以回答一些预料不到的数据问题。

（1）创建数据透视表。

在"插入"选项卡下，单击"表格"组中的"数据透视表"按钮，在下拉列表中选择"数据透视表"命令，如图 8-12 所示，打开"创建数据透视表"对话框，如图 8-13 所示。在"表/区域"文本框中输入或选择数据区域；在"选择放置数据透视表的位置"区域选择数据透视表是以一个新的工作表插入还是插入到现有工作表中（如果是插入到现有工作表中，需要输入或选择插入的位置），单击"确定"按钮，打开如图 8-14 所示的界面，进行数据透视表布局。在"选择要添加到报表的字段"列表框中选择要布局的字段拖动到下面的"报表筛选""列标签""行标签"和"数值"列表框中，确定字段布局的位置或将要进行汇总的方式，在左边的数据透视表中将同步显示报表的布局变化情况。

图 8-12　"数据透视表"按钮

图 8-13　"创建数据透视表"对话框

（2）数据透视表工具。

插入数据透视表后，在功能区中将会显示"数据透视表工具"选项卡，如图 8-15 所示。

通过"数据透视表工具/选项"上下文选项卡中的命令可对数据透视表的位置、数据源、计算方式等进行更改。

例如，单击"数据"组中的"更改数据源"按钮，可以打开"更改数据透视表数据源"对话框，重新选择数据源；单击"操作"组中的"移动数据透视表"按钮，可以打开"移动数

据透视表"对话框，修改数据透视表的插入位置；单击"计算"组中的"按值汇总"按钮，在
下拉列表中可以选择汇总方式，修改值的计算方式；在"显示"组中单击"字段列表"按钮，
可以修改数据透视表的布局等。

图 8-14　创建数据透视表

图 8-15　数据透视表工具选项卡部分组

通过"数据透视表工具/设计"选项卡中的命令可以更改数据透视表的样式。

2．创建数据透视图

数据透视图报表提供数据透视表中的数据的图形表示形式。与数据透视表一样，数据透
视图报表也是交互式的。

单击鼠标将活动单元格放入到数据透视表中，然后单击"数据透视表工具/选项"上下文
选项卡"工具"组中的"数据透视图"按钮（如图 8-16 所示），打开"插入图表"对话框，选
择图表类型，单击"确定"按钮，即可插入数据透视图。

创建数据透视图报表后，相关联的数据透视表中的任何字段的布局或数据更改将同步在
数据透视图报表中反映出来。

插入数据透视图后，在功能区中将会显示如图 8-17 所示的"数据透视图工具/设计""数
据透视图工具/布局""数据透视图工具/格式"和"数据透视图工具/分析"上下文选项卡，在
其中可以对数据透视图的图表元素进行编辑及修改，编辑方法和普通图表的编辑方法类似。

3．删除数据透视表

单击鼠标将活动单元格放入到数据透视表中，然后单击"数据透视表工具/选项"选项卡
"操作"组中的"选择"按钮，在下拉列表中选择"整个数据表"选项。选中数据透视表后按
Delete 键，即可删除数据透视表。

图 8-16　"数据透视图"按钮

图 8-17　"数据透视图工具"选项卡

需要注意的是，删除数据透视表后，与之关联的数据透视图将变为普通图表，从数据源中取值。

如果需要删除数据透视图，则在数据透视图的图表区单击鼠标，再按 Delete 键。

8.4　数据模拟分析和运算

模拟分析可为工作表中的公式尝试各种值，显示某些值的变化对公式计算结果的影响。模拟运算使同时求解某一运算中所有可能的变化值的组合成为了现实。

8.4.1　单变量求解

单变量模拟运算主要用来分析当其他因素不变时，一个参数的变化对目标值的影响。当知道需要的结果时，常用单变量求解来寻找合适的输入。

例如，已经知道某商品的成本和价格，现在该商品的销售公司希望该商品每个月的利润总额不少于 50 万元，销售经理想要知道每月至少需要售出多少该商品才能完成盈利目标，则可以在 Excel 中进行如下操作：输入原始数据如图 8-18 所示，单击"数据"选项卡"数据工具"组中的"模拟分析"按钮，在下拉列表中选择"单变量求解"命令，如图 8-19 所示，打开"单变量求解"对话框，如图 8-20 所示，其中"目标单元格"（该单元格中需已填入计算公式）输入框的值为计算每月利润总额的单元格地址，"目标值"输入框中填入值为 50 万元，"可变单元格"输入框中输入销量所在单元格地址，单击"确定"按钮，计算结果如图 8-21 所示。

	B5	▼	f_x	=(B2-B1)*B3	
	A	B	C	D	
1	成本	500			
2	价格	800			
3	销量				
4					
5	月利润总额	0			

图 8-18　单变量求解原始数据

图 8-19　"模拟分析"按钮

图 8-20　"单变量求解"对话框

图 8-21　单变量求解结果

8.4.2　模拟运算表

模拟运算表是一个单元格区域，它可显示一个或多个公式中替换不同值时的结果。

例如，已经知道某新商品的成本，现在该商品的销售公司有一个保底的定价和保底的销量要求。但公司想要最大化地促进该商品的销量，以获取较高的市场占有率，也想保证较好的盈利，故现在公司相关部门决策者需要知道不同商品销量和价格组合的每个月的盈利可能值，则可以在 Excel 中进行如下操作：

（1）在工作表中列出可能的价格和销量，如图 8-22 所示。在销量和价格数据相交的单元格输入盈利计算公式。鼠标拖动选择由该单元格开始的需进行模拟分析运算的单元格区域。

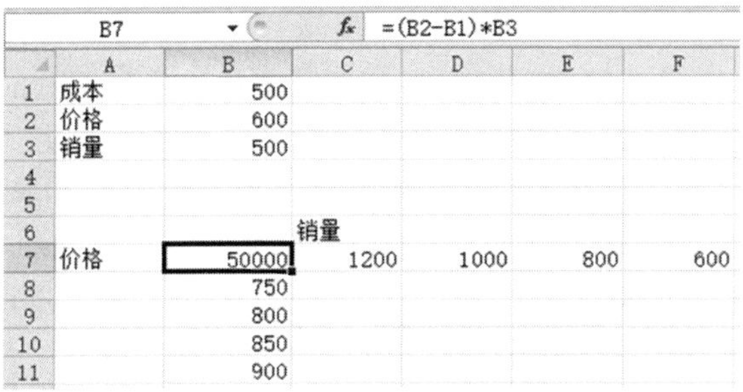

图 8-22　模拟运算表操作数据

（2）单击"数据"选项卡"数据工具"组中的"模拟分析"按钮，在下拉列表中选择"模拟运算表"命令，打开"模拟运算表"对话框，如图 8-23 所示。在"输入引用行的单元格"输入框中选择或填入盈利计算公式中销量的单元格地址,在模拟运算中将会用销量行的数据替换该单元格的值；在"输入引用列的单元格"输入框中选择或填入盈利计算公式中价格的单元格地址，在模拟运算中将会用价格列的数据值替换该单元格的值，单击"确定"按钮，结果如图 8-24 所示。

图 8-23　"模拟运算表"对话框

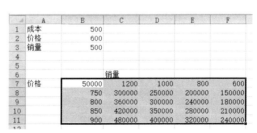

图 8-24　模拟运算结果

说明：使用模拟运算表，可以进行单变量或两个变量的模拟运算，如果需要对两个以上的变量进行模拟运算，则需要使用方案管理器。

8.4.3　方案管理器

方案管理器允许每个方案建立一组假设条件，自动产生多种结果，并可以直观地看到每个结果显示的过程。一个方案最多获取 32 个不同的值，但可以创建任意数量的方案。

1．创建方案

在上一节的示例中，如果除了考虑销量和价格，再考虑控制成本对盈利的影响，则需要设置 3 个变量，此时需要建立方案。

在"数据"选项卡下，单击"数据工具"组中的"模拟分析"按钮，在下拉列表中选择"方案管理器"选项，打开如图 8-25 所示的"方案管理器"对话框；单击"添加"按钮，打开如图 8-26 所示的"添加方案"对话框，为方案命名，选择可变单元格区域，即成本所在单元格，单击"确定"按钮，打开如图 8-26 所示的"方案变量值"对话框，设定为成本的可能值，单击"确定"按钮保存方案。

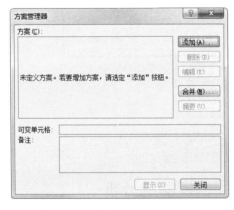

图 8-25　"方案管理器"对话框

图 8-26　添加方案

按相同的方式将其他成本可能值保存为不同的方案，即成本有多少个可能值，则可保存多少个方案。

2．显示及删除方案

打开"方案管理器"，单击选择要显示的方案，再单击"显示"按钮，如图 8-27 所示，在工作表中将显示应用方案的模拟运算结果。图 8-28 所示为在上节示例的操作结果基础上应用成本值为 400 和成本值为 500 两个方案的模拟运算结果，即价格 400 与销量行、价格列数据值的组合和价格 500 与销量行、价格列数据值的组合。可在模拟运算结果中看到随着成本、价格及销量的变化月盈利额的变化情况。如果还需要查看其他成本与销量行、价格列数据值的组合，显示该成本方案即可。

如果需要删除已经添加的方案，只需要在方案管理器中单击选中该方案后再单击"删除"按钮即可。

图 8-27　"方案管理器"对话框

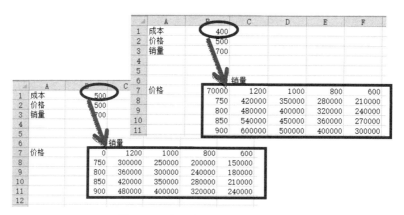

图 8-28　应用方案模拟运算结果

8.5　应用案例——产品销售情况分析

利用数据分析功能对产品销售情况进行分析，创建各种图表，方便对全年的销售计划进行评估。

8.5.1　案例描述

销售部助理小王需要针对公司上半年产品销售情况进行统计分析。按照如下要求完成该项工作：

（1）在"应用案例"文件夹下，打开"Excel 素材.xlsx"文件并另存为 Excel.xlsx（.xlsx 为扩展名），之后所有的操作均基于此文件。

（2）在"销售业绩表"工作表的"个人销售总计"列中，通过公式计算每名销售人员 1 月至 6 月的销售总和。

（3）依据"个人销售总计"列的统计数据，在"销售业绩表"工作表的"销售排名"列中通过公式计算销售排行榜，个人销售总计排名第一的显示"第 1 名"，个人销售总计排名第二的显示"第 2 名"，依此类推。

（4）在"按月统计"工作表中，利用公式计算 1 月至 6 月的销售达标率，即销售额大于 60000 元的人数所占的比例并填写在"销售达标率"行中。要求以百分比格式显示计算数据并保留 2 位小数。

（5）在"按月统计"工作表中，分别通过公式计算各月排名第 1、第 2 和第 3 的销售业绩，并填写在"销售第一名业绩""销售第二名业绩"和"销售第三名业绩"所对应的单元格中。要求使用人民币会计专用数据格式并保留 2 位小数。

（6）依据"销售业绩表"中的数据明细，在"按部门统计"工作表中创建一个数据透视表，并将其放置于 A1 单元格。要求可以统计出各部门的人员数量，以及各部门的销售额占销售总额的比例。数据透视表的效果可参考"按部门统计"工作表中的样例。

（7）在"销售评估"工作表中创建一个标题为"销售评估"的图表，借助此图表可以清晰地反映每月"A 类产品销售额"和"B 类产品销售额"之和及与"计划销售额"的对比情况。图表效果可参考"销售评估"工作表中的样例。

8.5.2　案例操作说明

（1）将"Excel 素材.xlsx"文件另存为 Excel.xlsx 文件。

1）打开"应用案例"文件夹下的"Excel 素材.xlsx"文件。

2）单击"文件"选项卡中的"另存为"命令，弹出"另存为"对话框，在其中将"文件名"设为 Excel，单击"保存"按钮，将其保存在"应用案例"文件夹下。

（2）利用 SUM 函数求销售总和。

1）选中"销售业绩表"中的 J3 单元格。

2）在 J3 单元格中输入公式"=SUM(D3:I3)"，按 Enter 键确认输入。

3）双击 J3 单元格右下角的填充柄，向下填充到 J46 单元格。

（3）rank.eq 函数应用。

1）选中"销售业绩表"中的 K3 单元格。

2）在 K3 单元格中输入公式"="第"&RANK.EQ([@个人销售总计],[个人销售总计])&"名""，按 Enter 键确认输入。

3）双击 K3 单元格右下角的填充柄，向下填充到 K46 单元格，如图 8-29 所示。

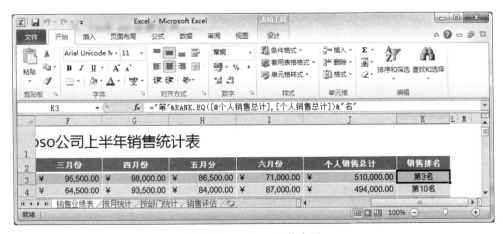

图 8-29　rank.eq 函数应用

（4）COUNTIF 函数应用。

1）选中"按月统计"工作表中的 B3:G3 单元格区域并右击。

2）在弹出的快捷菜单中选择"设置单元格格式"命令，弹出"设置单元格格式"对话框，在"数字"选项卡中选择"分类"列表框中的"百分比"，将右侧的"小数位数"设置为"2"，单击"确定"按钮。

3）选中 B3 单元格，输入公式"=COUNTIF(表 1[一月份],">60000")/COUNT(表 1[一月份])"，按 Enter 键确认输入，如图 8-30 所示。

图 8-30   COUNTIF 函数求销售达标率

4）使用鼠标拖动 B3 单元格的填充柄，向右填充到 G3 单元格。

（5）LARGE 函数应用。

1）选中"按月统计"工作表中的 B4:G6 区域并右击。

2）在弹出的快捷菜单中选择"设置单元格格式"命令，弹出"设置单元格格式"对话框，在"数字"选项卡中选择"分类"列表框中的"会计专用"，将右侧的"小数位数"设置为"2"，"货币符号（国家/地区）"设置为人民币符号"￥"，单击"确定"按钮。

3）选中 B4 单元格，输入公式"=LARGE(表 1[一月份],1)"，按 Enter 键确认输入。

4）使用鼠标拖动 B4 单元格的填充柄，向右填充到 G4 单元格。

5）选中 B5 单元格，输入公式"=LARGE(表 1[一月份],2)"，按 Enter 键确认输入，如图 8-31 所示。

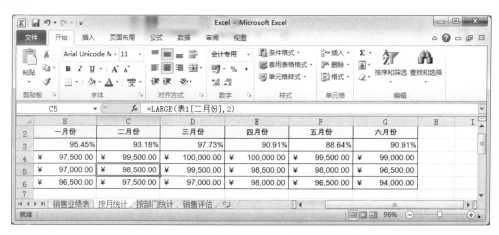

图 8-31   LARGE 函数应用

6）使用鼠标拖动 B5 单元格的填充柄，向右填充到 G5 单元格，然后把 E5 单元格中的公式 "=LARGE(表 1[四月份],2)" 改为 "=LARGE(表 1[四月份],3)"。

7）选中 B6 单元格，输入公式 "=LARGE(表 1[一月份],3)"，按 Enter 键确认输入。

8）使用鼠标拖动 B6 单元格的填充柄，向右填充到 G6 单元格，然后把 E6 单元格中的公式 "=LARGE(表 1[四月份],3)" 改为 "=LARGE(表 1[四月份],4)"。

说明：本题修改 E5 和 E6 单元格中的公式，是因为销售第一名业绩有两位，为了数据不重复，E5 和 E6 分别取第三名和第四名的业绩。

（6）插入数据透视表。

1）选中"按部门统计"工作表中的 A1 单元格。

2）单击"插入"选项卡"表格"组中的"数据透视表"按钮，在下拉列表中选择"数据透视表"命令，弹出"创建数据透视表"对话框，单击"表/区域"文本框右侧的"折叠对话框"按钮，使用鼠标单击"销售业绩表"，选择数据区域 A2:K46，按 Enter 键展开"创建数据透视表"对话框，最后单击"确定"按钮。

3）拖动"按部门统计"工作表右侧"数据透视表字段列表"中的"销售团队"字段到"行标签"区域中。

4）拖动"销售团队"字段到"数值"区域中。

5）拖动"个人销售总计"字段到"数值"区域中，效果如图 8-32 所示。

6）单击"数值"区域中"个人销售总计"右侧的下拉按钮，在弹出的快捷菜单中选择"值字段设置"命令，如图 8-33 所示，弹出"值字段设置"对话框，选择"值显示方式"选项卡，在"值显示方式"下拉列表框中选择"全部汇总百分比"，单击"确定"按钮，如图 8-34 所示。

图 8-32　数据透视表字段列表

图 8-33　"值字段设置"命令

7）双击 A1 单元格，输入标题名称"部门"；双击 B1 单元格，弹出"值字段设置"对话框，在"自定义名称"文本框中输入"销售团队人数"，单击"确定"按钮；同理双击 C1 单元格，弹出"值字段设置"对话框，在"自定义名称"文本框中输入"各部门所在地占销售比例"，单击"确定"按钮，效果如图 8-35 所示。

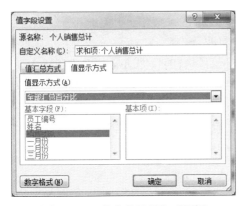

图 8-34　"值字段设置"对话框　　　　　图 8-35　数据透视表的效果

（7）插入图表。

1）选中"销售评估"工作表中的 A2:G5 单元格区域。

2）单击"插入"选项卡"图表"组中的"柱形图"下拉按钮，在下拉列表中选择"堆积柱形图"。

3）选中创建的图表，在"图表工具/布局"上下文选项卡中单击"标签"组中的"图表标题"下拉按钮，选择"图表上方"命令，如图 8-36 所示。选中添加的图表标题文本框，将图表标题修改为"销售评估"。

4）单击"图表工具/设计"上下文选项卡"图表布局"组中的"布局 3"样式，如图 8-37 所示。

图 8-36　"图表标题"下拉列表

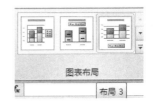

图 8-37　"布局 3"样式

5）选中图表区中的"计划销售额"图形并右击，在弹出的快捷菜单中选择"设置数据序列格式"命令，弹出"设置数据序列格式"对话框，选中左侧列表框中的"系列选项"，拖动右侧"分类间距"中的滑动块将比例调整到 25%，同时选择"系列绘制在"选项组中的"次坐标轴"单选项，如图 8-38 所示。

6）单击选中左侧列表框中的"填充"，在右侧的"填充"选项组中选择"无填充"单选项，如图 8-39 所示。

7）选中左侧列表框中的"边框颜色"，在右侧的"边框颜色"选项组中选择"实线"单选项，将颜色设置为标准色的"红色"，如图 8-40 所示。

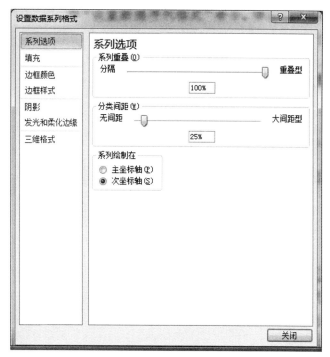

图 8-38　"设置数据序列格式"对话框的"系列选项"选项卡

图 8-39　"设置数据序列格式"对话框的"填充"选项卡

8）选中左侧列表框中的"边框样式"，在右侧的"边框样式"选项组中将"宽度"设置为"2 磅"，如图 8-41 所示，单击"关闭"按钮。

图 8-40　"设置数据序列格式"对话框的"边框颜色"选项卡

图 8-41　"设置数据序列格式"对话框的"边框样式"选项卡

9）单击选中图表右侧出现的"次坐标轴垂直（值）轴"，按 Delete 键将其删除。

10）适当调整图表的大小及位置。

习题 8

一、思考题

1. 在进行数据筛选时，什么情况下应该使用高级筛选？
2. 在进行数据汇总时，分类汇总与数据透视表有什么不同？
3. 什么是模拟运算，什么情况下应该使用模拟运算？

二、操作题

1. 创建文件 E3.xlsx，在其中创建工作表"工资表"，如图 8-42 所示。

	A	B	C	D	E	F	G
1	编号	部门	姓名	工资	奖金	代扣款	实发工资
2	1	人事部	徐宁	2400	5000	800	6600
3	2	销售部	简伟	1800	2600	0	4400
4	3	检验部	刘晓如	4000	8600	1200	11400
5	4	生产部	李力梅	1900	4500	350	6050
6	5	市场部	袁媛	1200	6100	1200	6100
7	6	销售部	赵颖	3300	2300	600	5000
8	7	检验部	张毅	1900	4560	300	6160
9	8	生产部	于同	4500	7800	1300	11000
10	9	市场部	李彬	1900	1600	200	3300
11	10	人事部	张松	4500	2540	330	6710
12	11	人事部	许巍	2000	3200	150	5050
13	12	销售部	詹利	2300	4400	800	5900

图 8-42　工资表

完成如下操作：

（1）将工作表"工资表"按照主要关键字"实发工资"的降序和次要关键字"编号"的升序排列。

（2）自动筛选：使用自动筛选的方法筛选出"工资"在 3000 元以上的人员记录，新建工作表"自动筛选"，将筛选结果保存在此表中，然后原表取消筛选。

（3）分类汇总：将"工资表"中的记录按照"部门"分类，汇总出各个部门的奖金总额，汇总方式为"求和"。

（4）保存对工作簿的更改。

2. 对"产品销售情况表.xlsx"文件进行如下操作：

（1）对工作表"产品销售情况表"内数据清单的内容按主要关键字"分公司"的降序次序和次要关键字"产品名称"的降序次序进行排序。

（2）完成对各分公司销售额总和的分类汇总，汇总结果显示在数据下方。

3. 对"习题 3.xlsx"文件进行如下操作：

（1）将 sheet1 工作表的 A1:D1 单元格区域合并为一个单元格，内容水平居中；计算员工的"平均年龄"置于 D13 单元格内（数值型，保留小数点后 2 位）；计算学历为本科、硕士、博士的人数置于 F5:F7 单元格区域（利用 COUNTIF 函数）。

（2）选取"学历"列（E4:E7）和"人数"列（F4:F7）数据区域的内容建立"簇状水平圆柱图"（系列产生在"列"），图表标题为"员工学历情况统计图"，在顶部显示图例，将图插入到表的 A15:F28 单元格区域内，将工作表命名为"员工学历情况统计表"。

（3）对工作表"产品销售情况表"内数据清单的内容建立数据透视表，按行为"产品名称"，列为"季度"，数据为"销售额（万元）"求和布局，并置于现工作表的 I5:M10 单元格区域。

第 9 章　Excel 宏与数据共享

在 Excel 中，如果要重复执行多个任务，可以通过录制一个宏来自动执行这些任务，以提高工作效率。如果要定期分析某些数据，可以连接到外部数据，以便实时跟踪数据的更新。

本章知识要点包括宏的录制和使用方法；在 Excel 中从外部数据源获取数据的方法。

9.1　录制和使用宏

宏是可重复执行的一个操作或一组操作。通过录制宏，可以录制鼠标单击操作和键盘击键操作的过程，将用户执行的每个操作均保存在宏中，以便需要时可以重复执行这些操作。

9.1.1　录制宏

1. 录制宏之前的准备工作

在录制宏之前，要确保功能区中显示有"开发工具"选项卡。默认情况下，不会显示"开发工具"选项卡，这时需要执行以下操作：单击"文件"→"选项"命令，在"Excel 选项"对话框中单击"自定义功能区"选项。在"自定义功能区"下的"主选项卡"列表中勾选"开发工具"复选项，再单击"确定"按钮，如图 9-1 所示。

图 9-1　显示"开发工具"选项卡

2．创建宏

单击"开发工具"选项卡"代码"组中的"录制宏"按钮（如图 9-2 所示），打开如图 9-3 所示的"录制新宏"对话框。输入宏名，选择保存位置，为宏添加必要的说明。单击"确定"按钮，开始录制宏。这时宏将记录下接下来在工作表中的所有操作，直到结束录制。录制完成后，单击"代码"组中的"停止录制"按钮（开始录制宏后，"录制宏"按钮将变为"停止录制"按钮），停止宏的录制。

图 9-2　"代码"组

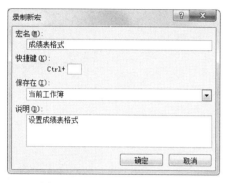

图 9-3　"录制新宏"对话框

说明：宏实际上是由 Excel 自动记录的一个小程序，宏名称必须以字母或下划线开头，不能包含空格等无效字符，不能使用单元格地址等工作簿内部名称。

3．保存宏

在工作簿中创建宏之后，要将宏保存下来，必须将工作簿保存为能够启用宏的文件类型。如图 9-4 所示，单击"文件"→"另存为"命令，打开"另存为"对话框，在"保存类型"中选择"Excel 启用宏的工作簿"文件类型。下次打开文件时，将会提示启用宏。

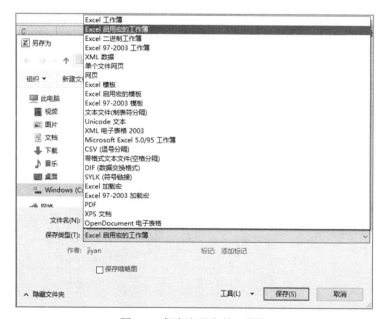

图 9-4　保存启用宏的工作簿

9.1.2 使用宏

在 Excel 中运行宏的方法有多种，最常用的是通过单击功能区中的"宏"命令运行宏。

1. 运行宏

单击要应用宏的工作表标签激活该工作表为活动工作表，单击"开发工具"选项卡"代码"组中的"宏"按钮，打开如图 9-5 所示的"宏"对话框。在其中选择要运行的宏名，单击"执行"按钮，可以对当前工作表快速执行选中宏记录的操作步骤。

图 9-5 "宏"对话框

例如，如果选中宏中记录的是某一个工作表格式设置的步骤，那么在活动工作表中执行宏后将会看到和该工作表一模一样的格式设置效果，如图 9-6 所示。

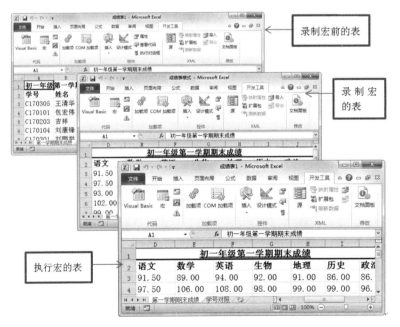

图 9-6 在工作表中应用宏

根据为宏指定的运行方式，还可以通过自定义的 Ctrl 组合快捷键，单击快速访问工具栏中或功能区"自定义"组中的按钮，或单击对象、图形或控件上的某个区域来运行宏。另外，也可以在打开工作簿时自动运行宏。

2．将宏分配给对象、图形或控件

在 Excel 中，可以将宏指定给工作表中的某个对象，单击该对象即可执行宏。

首先在工作表中插入一个对象，鼠标指向该对象并右击，在弹出的快捷菜单中选择"指定宏"，打开如图 9-7 所示的"指定宏"对话框，在其中为对象指定一个宏，单击"确定"按钮。然后在工作表中单击该对象，可对工作表应用指定宏记录的操作。

图 9-7 "指定宏"对话框

3．删除宏

打开包含宏的工作簿，然后单击"开发工具"选项卡"代码"组中的"宏"按钮，在弹出的"宏"对话框中选择要删除的宏名，再单击"删除"按钮即可删除选定宏。

9.2 与其他应用程序共享数据

在 Excel 中连接到外部数据的主要好处是可以在 Excel 中定期分析此数据，而不用重复复制数据。连接到外部数据之后，可以自动刷新（或更新）来自原始数据源的 Excel 工作簿，而不论该数据源是否用新信息进行了更新。

9.2.1 获取外部数据

通过获取外部数据命令，在 Excel 工作表中可以从文本、网站、数据库等文件中获取数据。

1．从文本文件中获取数据

（1）在"数据"选项卡下，单击"获取外部数据"组中的"自文本"按钮（如图 9-8 所示）。弹出"导入文本文件"对话框，在其中选择需要从中获取数据的文本文件，如图 9-9 所示。单击"导入"按钮，打开"文本导入向导"对话框。

（2）在文本导入向导第 1 步中选择文件原始格式，设置导入数据的起始行（即从文件的第几行开始提取数据）等，如图 9-10 所示。单击"下一步"按钮，进入文本导入向导第 2 步。

图 9-8 "获取外部数据"组

图 9-9 "导入文本文件"对话框

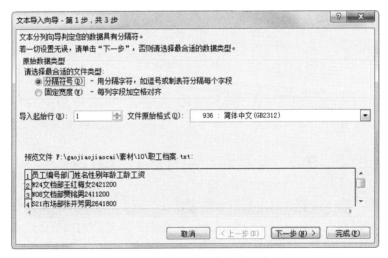

图 9-10 文本导入向导第 1 步

（3）在文本导入向导第 2 步中设置分列数据的分隔符。默认情况下分隔符是 Tab 键，如图 9-11 所示，可在数据预览列表框中预览数据分列效果。如果需要设置为其他符号，可以勾选"其他"复选项，输入分隔符。在导入数据时，数据将按此处指定的分隔符将数据分隔为多列。设置完成后，单击"下一步"按钮，进入文本导入向导第 3 步。

（4）在文本导入向导第 3 步中，可设置列数据格式。默认为"常规"格式，也可根据设置需求更改为其他格式，如图 9-12 所示。设置完成后单击"完成"按钮。打开"导入数据"对话框，如图 9-13 所示，指定导入数据存放的位置。单击"确定"按钮，即可将文本文件中的数据导入到指定工作表中。

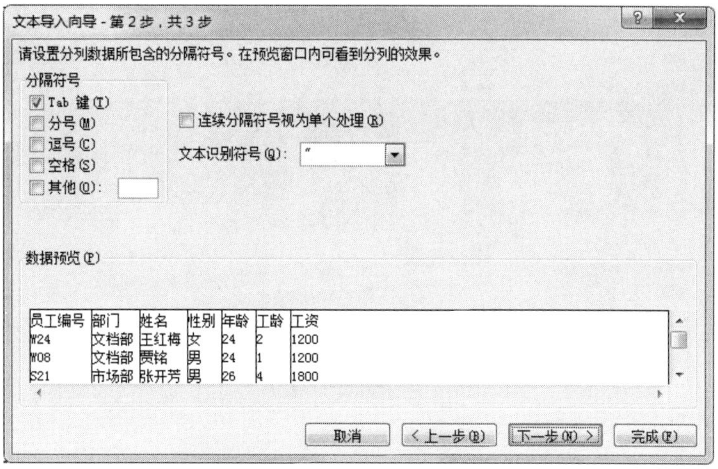

图 9-11　文本导入向导第 2 步

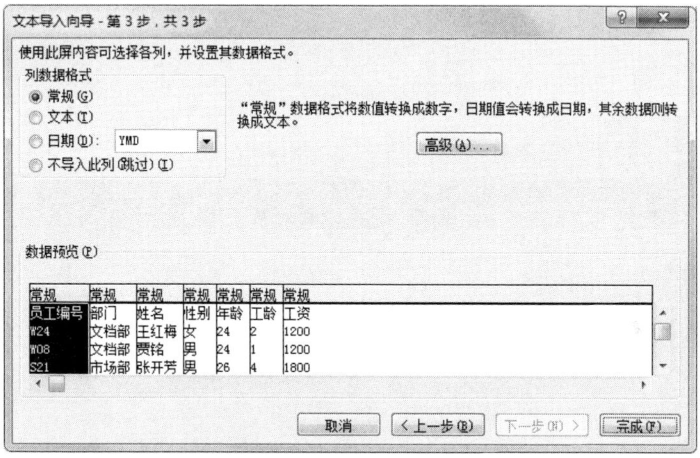

图 9-12　文本导入向导第 3 步

图 9-13　"导入数据"对话框

2. 从网站获取外部数据

单击"获取外部数据"组中的"自网站"按钮,打开如图 9-14 所示的"新建 Web 查询"对话框。在"地址"栏中输入要获取的数据所在的网址,如 http://gaokao.koolearn.com/zhuanti/fenshuxian/#beijing2。单击"转到"按钮,在"新建 Web 查询"对话框中打开网页,如图 9-15 所示。单击要导入数据前的箭头 选中数据,单击"导入"按钮。打开如图 9-13 所示的"导入数据"对话框,选择数据放置的位置,单击"确定"按钮导入数据。

图 9-14 "新建 Web 查询"对话框

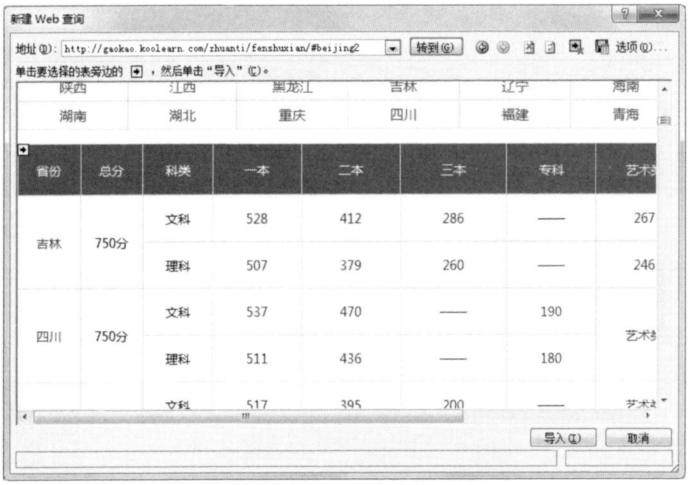

图 9-15 在网页中选取数据源

9.2.2 数据链接与共享

为了快速访问另一个文件中或网页上的相关信息，可以在工作表单元格中插入超链接，还可以在特定的图表元素中插入超链接。

1. 插入超链接

在工作表中单击要插入超链接的对象，再单击"插入"选项卡"链接"组中的"超链接"按钮。打开"插入超链接"对话框，在"链接到"列表框中可以选择要链接文件的位置。如果是与其他文件链接，则单击"现有文件或网页"选项，如图 9-16 所示；如果是与本文件中的对象链接，则单击"本文档中的位置"选项。在"查找范围"下拉列表框中可以选择具体要链接的对象，在"要显示的文字"文本框中可以设置单击链接时屏幕上显示的提示性文字。

设置完成后单击"确定"按钮，为指定对象插入超链接。当鼠标单击该对象时，即可跳转到所链接的对象。

图 9-16　"插入超链接"对话框

通过超链接，在 Excel 中可以实现不同位置、不同文件之间的跳转。

2．与其他程序共享数据

（1）与 Word、PowerPoint 共享数据。

在 Excel 中创建的表格可以方便地应用于 Word 或 PowerPoint 文件中。具体可以通过以下两种方式插入：

- 通过剪贴板。首先在 Excel 中复制要插入的数据，然后在 Word 或 PowerPoint 文件中右击，在弹出的快捷菜单的"粘贴选项"选项中选择粘贴方式，可将数据复制到指定的 Word 或 PowerPoint 文件中。
- 以对象方式插入。在 Word 文件中，单击"插入"选项卡"表格"组中的"表格"按钮，在下拉列表中选择"Excel 电子表格"命令，可在文件当前位置插入一个 Excel 表格；在 PowerPoint 文件中，单击"插入"选项卡"文本"组中的"对象"按钮，在"插入对象"中选择"MicrosoftExcel 工作表"命令，可在文件当前位置插入一个 Excel 表格。

在插入的表格中双击，即可像在 Excel 中一样对表格进行编辑修改。

（2）与早期版本的 Excel 用户交换工作簿。

在 Excel 文件中，如果希望使用低版本 Excel 软件的用户能够打开文件，可以将文件保存为"Excel 95-2003 工作簿"。单击"文件"→"另存为"命令，在打开的"另存为"对话框中可以选择文件的保存类型。需要注意的是，将文件保留为早期版本类型，文档中的某些格式和功能将不被保留。

根据应用需求，文件还可以保存为其他多种类型的文件。例如，当不希望文档中的格式或数据被轻易更改时，可将文件保存为 PDF 类型。

9.3　应用案例——数据导入

在 Excel 中，常常需要导入外部的各种数据，如文本文件、数据库文件中的表和网页文件等。

9.3.1　案例描述

打开"数据导入"文件，按下列不同要求导入不同外部数据到各工作表中：

（1）导入"学生情况.txt"文件到"学生情况表"工作表中，从 A2 单元格开始。

（2）导入"产品信息.accdb"文件中的"产品信息"表中的数据到"产品信息表"工作

表中，从 A1 单元格开始。

（3）浏览网页"第五次全国人口普查公报.htm"，将其中的"2000 年第五次全国人口普查主要数据"表格导入到工作表"第五次普查数据"中；浏览网页"第六次全国人口普查公报.htm"，将其中的"2010 年第六次全国人口普查主要数据"表格导入到工作表"第六次普查数据"中（要求均从 A1 单元格开始导入，不得对两个工作表中的数据进行排序）。

9.3.2　案例操作步骤

打开"数据导入"文件。

（1）导入文本文件。

1）在工作表"学生情况表"中选中 A2 单元格，在"数据"选项卡下，单击"获取外部数据"组中的"自文本"按钮，弹出"导入文本文件"对话框。

2）选定"学生情况.txt"文件，单击"导入"按钮，弹出如图 9-17 所示的"文本导入向导-第 1 步，共 3 步"对话框。

图 9-17　"文本导入向导-第 1 步，共 3 步"对话框

3）单击"下一步"按钮，弹出如图 9-18 所示的"文本导入向导-第 2 步，共 3 步"对话框。

图 9-18　"文本导入向导-第 2 步，共 3 步"对话框

4）单击"下一步"按钮，弹出如图 9-19 所示的"文本导入向导-第 3 步，共 3 步"对话框。

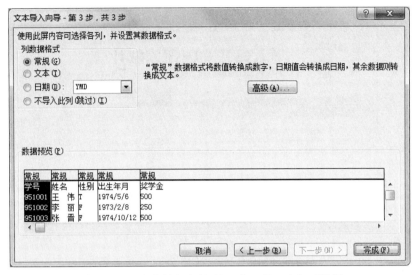

图 9-19　"文本导入向导-第 3 步，共 3 步"对话框

5）单击"完成"按钮，弹出如图 9-20 所示的"导入数据"对话框。

6）单击"确定"按钮即可完成导入文本文件的操作。

（2）导入 Access 数据库文件中的数据表到 Excel 表中。

1）在工作表"产品信息表"中选中 A1 单元格，在"数据"选项卡下，单击"获取外部数据"组中的"自 Access"按钮，弹出"选取数据源"对话框。

2）选定"产品信息.accdb"文件，单击"打开"按钮，弹出如图 9-21 所示的"选择表格"对话框。

图 9-20　"导入数据"对话框

图 9-21　"选择表格"对话框

3）选定"产品信息"表，单击"确定"按钮，弹出"导入数据"对话框。

4）单击"确定"按钮即可完成导入操作。

（3）导入网页上的数据到 Excel 工作表中。

1）双击打开网页"第五次全国人口普查公报.htm"，复制网页地址。

2）在工作表"第五次普查数据"中选中 A1 单元格，在"数据"选项卡下，单击"获取外部数据"组中的"自网站"按钮，弹出"新建 Web 查询"对话框，在"地址"文本框中粘贴输入网页"第五次全国人口普查公报.htm"的地址（也可以直接手动输入地址），单击右侧的"转到"按钮，结果如图 9-22 所示。

图 9-22 "新建 Web 查询"对话框

3）单击要选择的表旁边带方框的黑色箭头使黑色箭头变成对号，如图 9-23 所示，然后单击"导入"按钮。

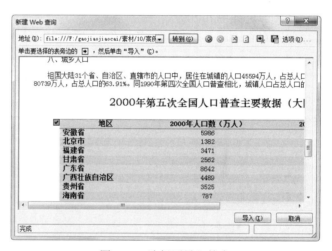

图 9-23 选择要导入的表

4）弹出"导入数据"对话框，选择"数据的放置位置"为"现有工作表"，在文本框中输入"=$A$1"，单击"确定"按钮。

5）按照上述方法浏览网页"第六次全国人口普查公报.htm"，将其中的"2010 年第六次全国人口普查主要数据"表格导入到工作表"第六次普查数据"中。

习题 9

一、思考题

1. 在 Excel 中，要多人同时访问一个工作簿需要具备什么条件？

2．什么情况下使用宏可以帮助用户高效地完成工作？

3．在 Excel 中链接外部数据的优点是什么？

二、操作题

1．打开"习题 1"文件夹中的"习题 1"文件，进行如下操作：

（1）在工作表 sheet1 中，从 B3 单元格开始导入"数据源.txt"中的数据。

（2）将工作表名称修改为"销售记录"。

2．打开"习题 2"文件夹中的"习题 2"文件，进行如下操作：

（1）把 sheet1 改名为"员工基础档案"。

（2）将以分隔符分隔的文本文件"员工档案.csv"自 A1 单元格开始导入到工作表"员工基础档案"中。

（3）将第 1 列数据从左到右依次分成"工号"和"姓名"两列显示。

（4）将"工资"列的数字格式设为不带货币符号的会计专用，适当调整行高和列宽。

（5）创建一个名为"档案"、包含数据区域 A1:N102、包含标题的表，同时删除外部链接。

3．财务部助理小王需要向主管汇报 2013 年度公司差旅报销情况，现在请按照如下需求在"习题 3"文件夹中的 Excel.xlsx 文档中完成工作：

（1）在"费用报销管理"工作表"日期"列的所有单元格中，标注每个报销日期属于星期几，例如日期为"2013 年 1 月 20 日"的单元格应显示为"2013 年 1 月 20 日星期日"，日期为"2013 年 1 月 21 日"的单元格应显示为"2013 年 1 月 21 日星期一"。

（2）如果"日期"列中的日期为星期六或星期日，则在"是否加班"列的单元格中显示"是"，否则显示"否"（必须使用公式）。

（3）使用公式统计每个活动地点所在的省份或直辖市，并将其填写在"地区"列所对应的单元格中，例如"北京市""浙江省"。

（4）依据"费用类别编号"列的内容，使用 VLOOKUP 函数生成"费用类别"列的内容。对照关系参考"费用类别"工作表。

（5）在"差旅成本分析报告"工作表的 B3 单元格中，统计 2013 年第二季度发生在北京市的差旅费用总金额。

（6）在"差旅成本分析报告"工作表的 B4 单元格中，统计 2013 年员工钱顺卓报销的火车票费用总额。

（7）在"差旅成本分析报告"工作表的 B5 单元格中，统计 2013 年差旅费用中，飞机票费用占所有报销费用的比例，并保留 2 位小数。

（8）在"差旅成本分析报告"工作表的 B6 单元格中，统计 2013 年发生在周末（星期六和星期日）的通讯补助总金额。

第 10 章 PowerPoint 演示文稿内容编辑

PowerPoint 生成的文件叫演示文稿文件，扩展名为.pptx。一个演示文稿包含若干页面，每个页面就是一张幻灯片。幻灯片是 PowerPoint 操作的主体。PowerPoint 演示文稿的创建、编辑等操作是使用 PowerPoint 的基础。

本章知识要点包括演示文稿的各种视图模式；演示文稿的基本操作与幻灯片的内容编辑。

10.1 PowerPoint 基本操作

演示文稿一般由一系列幻灯片组成，幻灯片是演示文稿编辑加工的主体。在组织编辑演示文稿时，为使文稿内容更连贯，文稿意图表达得更清楚，经常需要通过插入、删除、移动、复制幻灯片来逐渐完善演示文稿。

10.1.1 演示文稿视图模式

单击"视图"选项卡，在"演示文稿视图"组中有各种视图的按钮，单击按钮可切换到相应的视图，如图 10-1 所示。

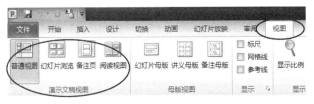

图 10-1 "演示文稿视图"组

1. 普通视图

普通视图是进入 PowerPoint 2010 的默认视图，是主要的编辑视图，可用于撰写或设计演示文稿。普通视图主要分为 3 个窗格：左侧为视图窗格，分"大纲"视图和"幻灯片"视图，右侧为编辑窗格，底部为备注窗格。

2. 幻灯片浏览视图

在幻灯片浏览视图中，既可以看到整个演示文稿的全貌，又可以方便地进行幻灯片的组织，可以轻松地移动、复制和删除幻灯片，设置幻灯片的放映方式、动画特效和进行排练计时，如图 10-2 所示。

3. 阅读视图

在阅读视图中，幻灯片在计算机上呈现全屏外观，用户可以在全屏状态下审阅所有的幻灯片。

4. 备注页视图

备注的文本内容虽然可通过普通视图的"备注"窗格输入，但是在备注页视图中编辑备注文字更方便一些。在备注页视图中，幻灯片和该幻灯片的备注页视图同时出现，备注页出现在下方，尺寸也比较大，用户可以拖动滚动条显示不同的幻灯片，以编辑不同幻灯片的备注页，如图 10-3 所示。

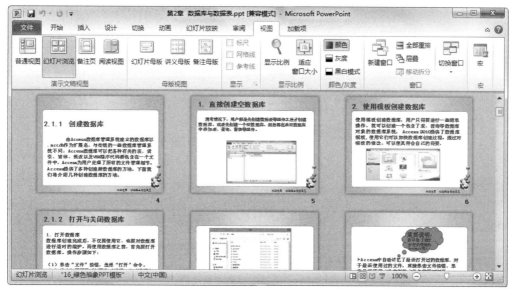

图 10-2　"幻灯片浏览"视图

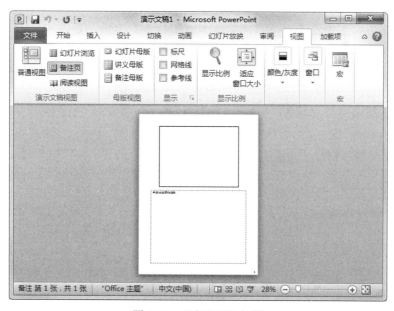

图 10-3　"备注页"视图

5．黑白效果

为了预先观看幻灯片打印为单色的效果，可以使用 PowerPoint 2010 提供的黑白视图命令，打开"视图"选项卡，单击"颜色/灰度"组中的"黑白模式"按钮，如图 10-4 所示。

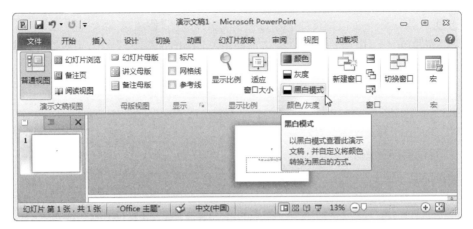

图 10-4　黑白效果

10.1.2　幻灯片的基本操作

在演示文稿中，可以对幻灯片进行操作，比如添加新幻灯片、删除无用的幻灯片、复制幻灯片、移动幻灯片的位置等。

1. 选择幻灯片

在"普通视图"下，只要单击左侧"大纲"窗格中的幻灯片编号后的图标或者单击"幻灯片"窗格中的幻灯片缩略图即可选定相应的幻灯片。

在"幻灯片浏览"视图下，只需单击窗口中的幻灯片缩略图即可选中相应的幻灯片。

在"备注页"视图中，若当前活动窗格为"幻灯片"窗格，要转到上一张幻灯片，可按 PageUp 键；要转到下一张幻灯片，可按 PageDown 键；要转到第一张幻灯片，可按 Home 键；要转到最后一张幻灯片，可按 End 键。

2. 插入幻灯片

一般情况下演示文稿都是由多张幻灯片组成，在 PowerPoint 2010 中用户可以根据需要在任意位置手动插入新的幻灯片，操作如下：选定当前幻灯片，单击"开始"选项卡"幻灯片"组中的"新建幻灯片"按钮（如图 10-5 所示），或者右击幻灯片缩略图并在弹出的快捷菜单中选择"新建幻灯片"命令，将会在当前幻灯片的后面快速插入一张版式为"标题和内容"的新幻灯片。

图 10-5　"新建幻灯片"按钮

如果要在插入新幻灯片的同时选择幻灯片的版式，可以单击"开始"选项卡"幻灯片"组中的"新建幻灯片"下拉按钮，弹出 Office 主题版式列表，在列表中可以选择所需要的幻灯片版式，如图 10-6 所示。

在当前演示文稿中还可以插入其他演示文稿中的幻灯片，具体操作如下：

（1）在"开始"选项卡下，单击"幻灯片"组中的"新建幻灯片"，在下拉列表中选择"重用幻灯片"命令，打开"重用幻灯片"对话框。

（2）单击"浏览"下拉按钮，在下拉列表中选择"浏览文件"，打开"浏览"对话框。

（3）选择要插入的幻灯片所在的演示文稿，单击"打开"按钮。从"重用幻灯片"列表框中选择幻灯片，直接单击幻灯片即可将选定的幻灯片插入到当前演示文稿中，如图 10-7 所示。

图 10-6　新建幻灯片版式选择

图 10-7　重用幻灯片

3. 移动幻灯片

移动就是将幻灯片从演示文稿的一处移到演示文稿中的另一处。移动幻灯片的方法如下：

（1）利用菜单命令或工具按钮移动。

选定要移动的幻灯片，单击"开始"选项卡"剪贴板"组中的"剪切"按钮，或者右击并选择快捷菜单中的"剪切"命令，选择目的点（目的点和幻灯片的插入点的选择相同），再单击"剪贴板"组中的"粘贴"按钮，或者选择右击快捷菜单中的"粘贴"命令。

（2）利用鼠标拖拽。

选定要移动的幻灯片，按住鼠标左键进行拖动，这时窗格上会出现一条插入线，当插入线出现在目的点时松开鼠标左键完成移动。

注意：如果要同时移动、复制或删除多张幻灯片，按住 Shift 键单击选定多张位置相邻的要执行操作的幻灯片，或者按住 Ctrl 键单击选定多张位置不相邻的要执行操作的幻灯片，然后执行相应的操作即可。

4. 复制幻灯片

（1）利用菜单命令或工具按钮复制。

单击"开始"选项卡"剪贴板"组中的"复制"按钮，或者右击并选择快捷菜单中的"复制"命令，选择目的点（目的点和幻灯片的插入点的选择相同），再单击"剪贴板"组中的"粘贴"按钮，或者选择右击快捷菜单中的"粘贴"命令。

（2）利用鼠标拖拽。

选定要复制的幻灯片，按住 Ctrl 键的同时按住鼠标左键进行拖动，这时窗格上会出现一条插入线，当插入线出现在目的点时松开 Ctrl 键和鼠标左键完成复制。

5．删除幻灯片

选定要删除的幻灯片，选择右击快捷菜单中的"删除幻灯片"命令或者按 Delete 键。

10.2　PowerPoint 中的各种对象

在 PowerPoint 幻灯片中，可以插入文本、图形、SmartArt、图像（片）、图表、音频、视频、艺术字等对象，从而增强幻灯片的表现力。

10.2.1　文本对象

文本对象是演示文稿幻灯片中的基本要素之一，合理地组织文本对象可以使幻灯片更清楚地说明问题，恰当地设置文本对象的格式可以使幻灯片更具吸引人的效果。

1．文本的插入

在幻灯片中插入文本有以下几种常用方法：

（1）利用占位符输入文本。通常，在幻灯片上添加文本最简易的方式是直接将文本输入到幻灯片的任何文本类占位符中。例如应用"标题幻灯片"版式，幻灯片上的占位符会提示"单击此处添加标题（文本）"，单击之后即可输入文本。

（2）利用文本框输入文本。如果要在占位符以外的地方输入文本，可以先在幻灯片中插入文本框，再向文本框中输入文本。如图 10-8 所示，有如下两种方法：

● 如果要添加不用自动换行的文本，则单击"插入"选项卡"文本"组中的"文本框"按钮，在下拉列表中选择"横排文本框"或"垂直文本框"命令，单击幻灯片上要添加文本框的位置即可开始输入文本，输入文本时文本框的宽度将增大自动适应输入文本的长度，但是不会自动换行。

图 10-8　插入文本框

- 如果要添加自动换行的文本，则单击"插入"选项卡"文本"组中的"文本框"按钮，在下拉列表中选择"横排文本框"或"垂直文本框"命令，并在幻灯片中拖动鼠标插入一个文本框，再向文本框中输入文本即可，这时文本框的宽度不变，但会自动换行。

（3）在大纲视图下输入文本。在"大纲"选项卡下，定位插入点，直接通过键盘输入文本内容即可，按 Enter 键新建一张幻灯片。如果在同一张幻灯片上继续输入下一级的文本内容，按 Enter 键后再按 Tab 键产生降级。相同级别的用 Enter 键换行，不同级别的可以使用 Tab 键降级和 Shift+Tab 键升级进行切换。

2．文本格式的设置

如同 Word 2010 一样，在"开始"选项卡的"字体"和"段落"功能区中可以设置文本格式，设置段落格式的项目符号、编号、行距、段落间距等。

10.2.2　图片对象

图片是 PowerPoint 演示文稿最常用的对象之一，图片可以是剪贴画也可以来自文件，使用图片可以使幻灯片更加生动形象。可直接向幻灯片中插入图片，也可使用图片占位符插入图片。

1．在带有图片版式的幻灯片中插入图片

将要插入图片的幻灯片切换为当前幻灯片，插入一张带有图片占位符版式的幻灯片，如图 10-9 所示，然后在"单击此处添加文本"占位符中单击"插入图片"按钮，弹出"插入图片"对话框，选择要插入的图片，然后单击"插入"按钮即可插入。

图 10-9　带有图片占位符版式的幻灯片

2．在带有图片占位符版式的幻灯片中插入剪贴画

选择带有剪贴画占位符的幻灯片，单击"插入剪贴画"按钮，弹出如图 10-10 所示的"剪贴画"任务窗格，在"搜索文字"文本框中输入要搜索的主题，如输入"人物"，然后单击"搜索"按钮，选择要插入的剪贴画，单击该剪贴画即可插入。

图 10-10 "剪贴画"任务窗格

3．直接插入来自文件的图片

选定要插入图片的幻灯片，单击"插入"选项卡"图像"组中的"图片"按钮，弹出"插入图片"对话框，选择要插入的图片，然后单击"插入"按钮即可插入，如图 10-11 所示。

图 10-11 "插入图片"对话框

4．直接插入剪贴画

选定要插入剪贴画的幻灯片，单击"插入"选项卡"图像"组中的"剪贴画"按钮，弹出"剪贴画"任务窗格，在"搜索文字"文本框中输入要搜索的主题，如输入"人物"，然后单击"搜索"按钮，选择要插入的剪贴画，单击该剪贴画即可插入。

10.2.3　表格对象

在 PowerPoint 中，可直接向幻灯片中插入表格，也可在带有表格占位符版式的幻灯片中插入表格。

1. 在带有表格占位符版式的幻灯片中插入表格

插入一张"标题与内容"版式的幻灯片，然后在"单击此处添加文本"占位符中单击"插入表格"按钮，弹出"插入表格"对话框，输入"列数"和"行数"，再单击"确定"按钮即可插入，如图 10-12 所示。

图 10-12　占位符插入表格

2. 直接插入表格

选定要插入表格的幻灯片，单击"插入"选项卡"表格"组中的"表格"下拉按钮，有 4 种插入表格的方法：拖动鼠标、"插入表格"命令、"绘制表格"命令、"Excel 电子表格"命令，如图 10-13 所示。

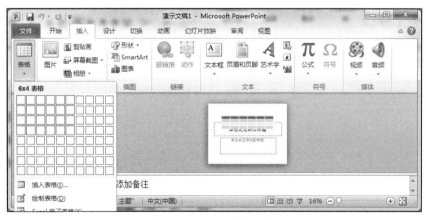

图 10-13　直接插入表格

10.2.4　图表对象

图表能比文字更直观地描述数据，而且它几乎能描述任何数据信息。所以，当需要用数据来说明一个问题时,就可以利用图表直观明了地表达信息特点。可直接向幻灯片中插入图表,也可在带有图表占位符版式的幻灯片中插入图表。方法与表格插入类似。

(1)在选择了包含有图表占位符版式的幻灯片中插入图表,只需单击"插入图表"按钮,弹出"插入图表"对话框,其中列出了默认样式的图表,如图 10-14 所示。

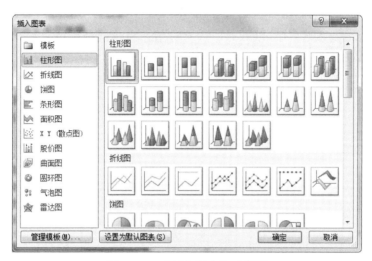

图 10-14　"插入图表"对话框

(2)在其中选择一种图形,单击"确定"按钮,就会自动弹出"Microsoft PowerPoint 中的图表"Excel 电子表格,如图 10-15 所示。

图 10-15　"Microsoft PowerPoint 中的图表"Excel 电子表格

(3)在该电子表格中输入相应的数据,即可把根据这些数据生成的图表插入到幻灯片中,如图 10-16 所示。

要编辑图表,只需双击该图表,即可弹出"设置绘图区格式"对话框,在其中可以对填充、边框颜色、边框样式、阴影、发光和柔化边缘、三维格式进行修改,修改完成后单击"关闭"按钮关闭对话框,如图 10-17 所示。

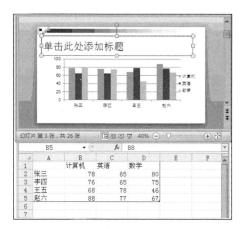

图 10-16　数据与生成的图表　　　　　　图 10-17　"设置绘图区格式"对话框

　　如果要更改图表的类型，重新编辑数据，则在图表中右击，在弹出的快捷菜单中选择相应的命令，如图 10-18 所示。

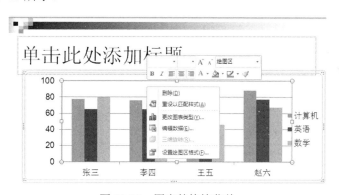

图 10-18　图表的快捷菜单

10.2.5　SmartArt 图形对象

　　从 Office 2007 开始，包括 Office 2010、Office 2012 等，Office 提供了一种全新的 SmartArt 图形，用来取代以前的组织结构图。SmartArt 图形是信息和观点的视觉表示形式。可以通过从多种不同布局中进行选择来创建 SmartArt 图形，从而快速、轻松、有效地传达信息。创建 SmartArt 图形时，系统将提示您选择一种 SmartArt 图形类型，例如流程、层次结构、循环、关系等。

　　在 PowerPoint 2010 中，可直接向幻灯片中插入 SmartArt 图形，也可在带有表格占位符版式的幻灯片中插入 SmartArt 图形。在选择了包含有表格占位符版式的幻灯片中插入 SmartArt 图形，只需单击"插入 SmartArt 图形"按钮，在弹出的"选择 SmartArt 图形"对话框（如图 10-19 所示）中选择一种图示类型，单击"确定"按钮完成插入。接下来可以在插入的 SmartArt

图形中键入文字，如图 10-20 所示。

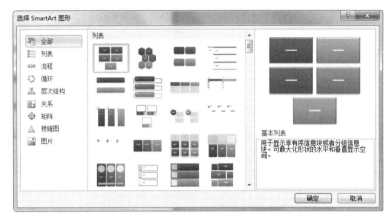

图 10-19　"选择 SmartArt 图形"对话框

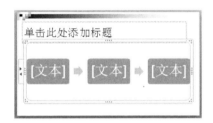

图 10-20　SmartArt 图形

10.2.6　艺术字对象

在 PowerPoint 2010 中，可直接向幻灯片中插入艺术字。

选定要插入艺术字的幻灯片，单击"插入"选项卡"文本"组中的"艺术字"下拉按钮，选定一种艺术字即可插入，如图 10-21 所示。

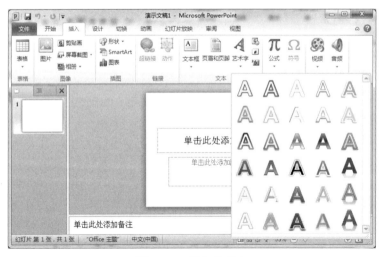

图 10-21　插入艺术字

如同 Word 2010 一样，PowerPoint 2010 还可插入自选图形、公式等，如图 10-22 所示。

图 10-22　"插入"选项卡的各种对象

10.2.7　幻灯片中对象的定位与调整

对象是表、图表、图形、等号或其他形式的信息。

1. 选取对象

● 选取一个对象：单击对象的选择边框。

● 选取多个对象：按住 Shift 键的同时单击每个对象。

2. 移动对象

选取要移动的对象，将对象拖动到新位置，若要限制对象使其只进行水平或垂直移动，请在拖动对象时按住 Shift 键。

3. 改变对象叠放层次

添加对象时，它们将自动叠放在单独的层中。当对象重叠在一起时用户将看到叠放次序，上层对象会覆盖下层对象上的重叠部分。右击某一对象，在弹出的快捷菜单中指向"置于顶层"会弹出子菜单"置于顶层"和"上移一层"，如果指向"置于底层"则会弹出子菜单"置于底层"和"下移一层"，通过这些命令可以调整对象的叠放层次，如图 10-23 所示。也可以选中对象，再单击"开始"选项卡"绘图"组中的"排列"下拉按钮，在下拉列表中选择相应的命令，如图 10-24 所示。

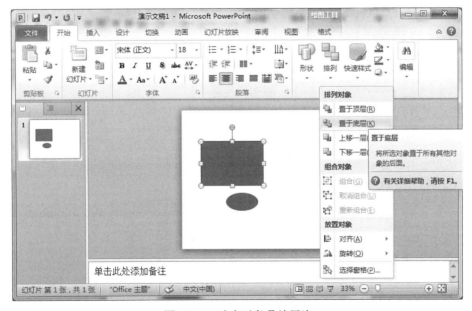

图 10-23　改变对象叠放层次

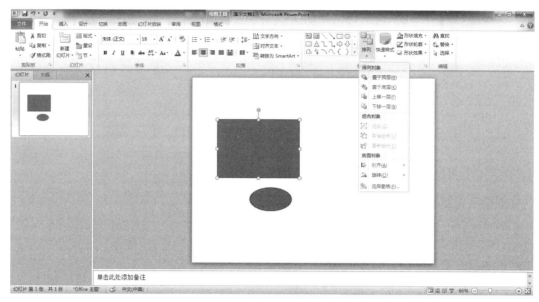

图 10-24 "绘图"功能区

4. 排列对象

选取至少 3 个要排列的对象，单击"开始"选项卡"绘图"组中的"排列"下拉按钮，然后指向"对齐"命令，在弹出的子菜单中进行相应的选择，如图 10-25 所示。

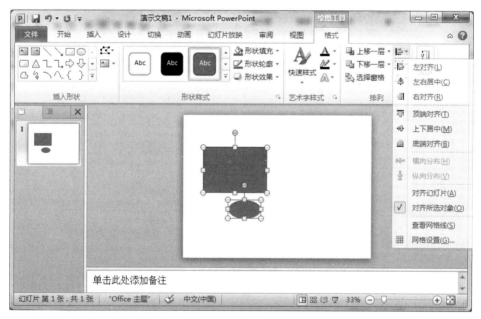

图 10-25 "对齐"命令

5. 组合和取消组合对象

用户可以将几个对象组合在一起，以便能够像使用一个对象一样地使用它们，用户可以将组合中的所有对象作为一个对象来进行翻转、旋转、调整大小或缩放等操作，还可以同时更改组合中所有对象的属性。

（1）组合对象。选择要组合的对象（按住 Ctrl 键依次单击要选择的对象），单击"绘图工具/格式"选项卡"排列"组中的"组合"下拉按钮，在下拉列表中选择"组合"命令，如图 10-26 所示。

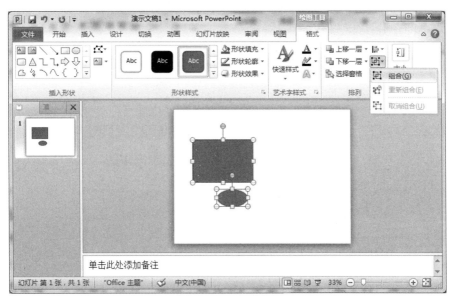

图 10-26　"组合"命令

（2）取消组合对象。选择要取消组合的组，单击"绘图工具/格式"选项卡"排列"组中的"组合"下拉按钮，在下拉列表中选择"取消组合"命令。

（3）重新组合对象。选择先前组合的任意一个对象，单击"绘图工具/格式"选项卡"排列"组中的"组合"下拉按钮，在下拉列表中选择"重新组合"命令。

10.2.8　页眉、页脚、编号和页码的插入

单击"插入"选项卡"文本"组中的"页眉和页脚"按钮，弹出如图 10-27 所示的"页眉和页脚"对话框。

图 10-27　"页眉和页脚"对话框

1. "幻灯片"选项卡

"幻灯片包含内容"选项组用来定义每张幻灯片下方显示的日期、时间、幻灯片编号和
页脚，其中"日期和时间"复选框下包含两个按钮，如果选中"自动更新"单选按钮，则显示
在幻灯片下方的时间随计算机当前时间自动变化；如果选中"固定"单选按钮，则可以输入一
个固定的日期和时间。

"标题幻灯片中不显示"复选框可以控制是否在标题幻灯片中显示其上方所定义的内容。

选择完毕，可单击"全部应用"按钮或"应用"按钮。

2. "备注和讲义"选项卡

"备注和讲义"选项卡主要用于设置供演讲者备注使用的页面要包含的内容，如图 10-28
所示。在此选项卡中设置的内容只有在幻灯片以备注和讲义的形式进行打印时才有效。

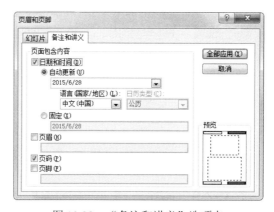

图 10-28   "备注和讲义"选项卡

选择完毕，单击"全部应用"按钮用于将设置的信息应用于当前演示文稿中的所有备注
和讲义。

10.2.9 影片和声音对象

PowerPoint 2010 提供在幻灯片放映时播放音乐、声音和影片功能。用户可以将声音和影
片置于幻灯片中，这些影片和声音既可以是来自文件的，也可以是来自 PowerPoint 2010 系统
所自带的剪辑管理器。

1. 插入声音文件

准备好*.mid、*.wav 等具有 PowerPoint 2010 能够支持格式的声音文件，在普通视图中，
选中要插入声音文件的幻灯片，再单击"插入"选项卡"媒体"组中的"音频"下拉按钮，如
图 10-29 所示。选择"文件中的音频"命令，弹出"插入音频"对话框，在其中找到所需声音
文件，然后单击"插入"按钮。

图 10-29   "媒体"组

此时，幻灯片中显示出一个小喇叭符号，如图 10-30 所示，表示在此处已经插入了一个音频。

图 10-30　幻灯片中的图标

点中小喇叭图标，功能区中出现"音频工具"上下文选项卡，单击"播放"选项卡，即可对播放的时间、循环、淡入淡出效果等进行设置，如图 10-31 所示。

图 10-31　"音频工具/播放"选项卡

2. 录音

在 PowerPoint 2010 中，用户可以录制声音到单张幻灯片中。

在普通视图中，选择要添加声音的幻灯片，再单击"插入"选项卡"媒体"组中的"音频"下拉按钮，选择"录制音频"命令，如图 10-32 所示，弹出"录音"对话框，如图 10-33 所示。

图 10-32　录制音频命令

图 10-33　"录音"对话框

单击"录音"按钮录音，完成时单击"停止"按钮；在"名称"文本框中输入录下的声音文件名称，单击"确定"按钮，幻灯片上会出现一个声音图标。

3. 插入影片

在幻灯片中插入影片的方法与插入声音文件类似。单击"插入"选项卡"媒体"组中的"视频"下拉按钮，在下拉列表中选择"文件中的视频"命令，弹出"插入视频文件"对话框，在其中找到所需视频文件，然后单击"插入"按钮。

此时，系统会将影片文件以静态图片的形式插入到幻灯片中，只有进行幻灯片放映才能看到影片真实的动态效果。

10.3　应用案例——夏令营活动演示文稿创建

插入素材中的图片与文本内容，制作夏令营活动的演示文稿。

10.3.1　案例描述

小明加入了学校的旅游社团组织，正在参与组织暑期到台湾日月潭的夏令营活动，现在需要制作一份关于日月潭的演示文稿。根据以下要求，并参考"参考图片.docx"文件中的样例效果，完成演示文稿的制作：

（1）新建一个空白演示文稿，命名为 ppt.pptx（.pptx 为扩展名）并保存。

（2）演示文稿包含 8 张幻灯片，第 1 张版式为"标题幻灯片"，第 2、第 3、第 5 和第 6 张为"标题和内容"版式，第 4 张为"两栏内容"版式，第 7 张为"仅标题"版式，第 8 张为"空白"版式；每张幻灯片中的文字内容可以从"素材"文件夹下的"PPT_素材.docx"文件中找到，并参考样例效果将其置于适当的位置；对所有幻灯片应用名称为"流畅"的内置主题；将所有文字的字体统一设置为"幼圆"。

（3）在第 1 张幻灯片中，参考样例将"素材"文件夹下的"图片 1.jpg"插入到合适的位置，并应用恰当的图片效果。

（4）将第 2 张幻灯片中标题下的文字转换为 SmartArt 图形，布局为"垂直曲型列表"，并应用"白色轮廓"的样式，字体为幼圆。

（5）将第 3 张幻灯片中标题下的文字转换为表格，表格的内容参考样例文件，取消表格的标题行和镶边行样式，并应用镶边列样式；表格单元格中的文本水平和垂直方向都居中对齐，中文设为"幼圆"字体，英文设为 Arial 字体。

（6）在第 4 张幻灯片的右侧，插入"素材"文件夹下名为"图片 2.jpg"的图片，并应用"圆形对角，白色"的图片样式。

（7）参考样例文件效果，调整第 5 和 6 张幻灯片标题下文本的段落间距，并添加或取消相应的项目符号。

（8）在第 5 张幻灯片中，插入"素材"文件夹下的"图片 3.jpg"和"图片 4.jpg"，参考样例文件将它们置于幻灯片中合适的位置；将"图片 4.jpg"置于底层。

（9）在第 6 张幻灯片的右上角插入"素材"文件夹下的"图片 5.gif"，并将其到幻灯片上侧边缘的距离设为 0 厘米。

（10）在第 7 张幻灯片中，插入"素材"文件夹下的"图片 6.jpg"、"图片 7.jpg"和"图片 8.jpg"，参考样例文件，为其添加适当的图片效果并进行排列，将它们顶端对齐，图片之间的水平间距相等，左右两张图片到幻灯片两侧边缘的距离相等；在幻灯片右上角插入"素材"文件夹下的"图片 9.gif"，并将其顺时针旋转 300°。

（11）为文本框添加白色填充色和透明效果。

10.3.2　操作步骤

（1）新建一个空白演示文稿。

1）在"素材"文件夹下右击，在弹出的快捷菜单中选择"新建"→"Microsoft PowerPoint 演示文稿"命令。

2）将文件名重命名为 ppt。

（2）新建不同版式的幻灯片。

1）打开 ppt.pptx 文件。

2）在"开始"选项卡下，单击"幻灯片"组中的"新建幻灯片"下拉按钮，在下拉列表中选择"标题幻灯片"命令。根据题目的要求，建立剩下的 7 张幻灯片（此处注意新建幻灯片的版式）。

3）打开"PPT_素材.docx"文件，按照素材中的顺序依次将各张幻灯片的内容复制到"PPT.pptx"对应的幻灯片中去。

4）选中第 1 张幻灯片，单击"设计"选项卡"主题"组"样式"列表框中的内置主题样式"流畅"。

5）在左窗格中，将幻灯片切换到"大纲"视图，使用 Ctrl+A 组合键将所有内容全部选定，再单击"开始"选项卡"字体"组中的"字体"下拉按钮，在下拉列表中选择"幼圆"字体，设置完成后切换回"幻灯片"视图。

（3）插入图片并设置效果。

1）选中第 1 张幻灯片，单击"插入"选项卡"图像"组中的"图片"按钮，浏览"素材"文件夹，选择"图片 1.jpg"文件，单击"插入"按钮。

2）选中图片 1，根据"参考图片.docx"文件的样式适当调整图片的大小和位置。

3）选择图片，单击"图片工具/格式"上下文选项卡"图片样式"组中的"图片效果"下拉按钮，在下拉列表中选择"柔化边缘"→"柔化边缘选项"命令，如图 10-34 所示。

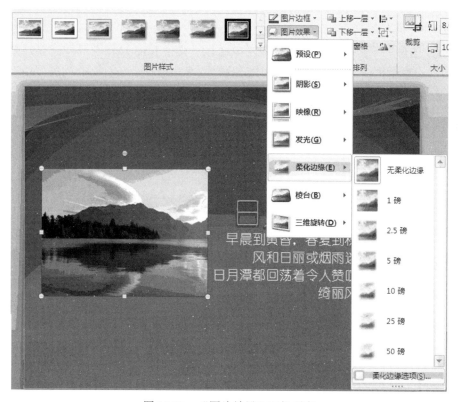

图 10-34　"图片效果"下拉列表

4）弹出"设置图片格式"对话框，在"发光和柔化边缘"组中设置"柔化边缘"大小为"30 磅"，效果如图 10-35 所示。

图 10-35 图片"柔化边缘"后的效果

（4）将文本框转换成 SmartArt 图形。

1）选中第 2 张幻灯片下的内容文本框，在"开始"选项卡下，单击"段落"组中的"转换为 SmartArt 图形"下拉按钮，在下拉列表中选择"其他 SmartArt 图形"命令，弹出"选择 SmartArt 图形"对话框，在左侧的列表框中选择"列表"选项，在右侧的列表框中选择"垂直曲形列表"样式，单击"确定"按钮，效果如图 10-36 所示。

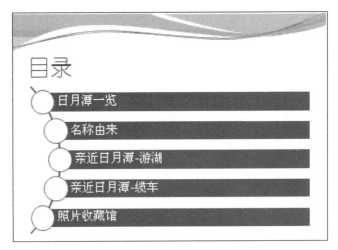

图 10-36 文本框转换为 SmartArt 图形

2）选择"SmartArt 工具/设计"上下文选项卡"SmartArt 样式"组中的"白色轮廓"样式，如图 10-37 所示。

3）按住 Ctrl 键，依次选择 5 个列表标题文本框，在"开始"选项卡下，单击"字体"组中的"字体"下拉按钮，在下拉列表中选择"幼圆"字体。

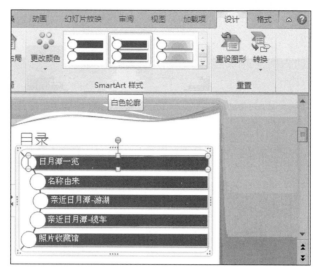

图 10-37　"白色轮廓"样式应用

（5）插入表格。

1）选中第 3 张幻灯片。

2）在"插入"选项卡下，单击"表格"组中的"表格"下拉按钮，在下拉列表中使用鼠标拖选 4 行 4 列的表格样式，如图 10-38 所示。

3）选中表格对象，取消勾选"表格工具/设计"选项卡"表格样式选项"组中的"标题行"和"镶边行"复选项，勾选"镶边列"复选项，如图 10-39 所示。

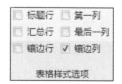

图 10-38　"表格"下拉列表　　　　　图 10-39　"表格样式选项"组设置

4）参考"参考图片.docx"文件的样式将文本框中的文字复制粘贴到表格对应的单元格中。

5）选中表格中的所有内容，在"开始"选项卡下，单击"段落"组中的"居中"按钮。选中表格对象并右击，在弹出的快捷菜单中选择"设置形状格式"命令，弹出"设置形状格式"对话框，在左侧的列表框中选择"文本框"选项，在右侧的"垂直对齐方式"列表框中选择"中部对齐"选项，单击"关闭"按钮。

6）删除幻灯片中的内容文本框，并调整表格的大小和位置使其与参考图片文件相同。

7）选中表格中的所有内容，在"开始"选项卡下，单击"字体"组右下角的"对话框启动器"按钮,在弹出的"字体"对话框中设置"西文字体"为 Arial,设置"中文字体"为"幼圆",单击"确定"按钮。

（6）利用占位符插入图片并设置样式。

1）选中第 4 张幻灯片。

2）单击右侧的图片占位符按钮,弹出"插入图片"对话框,在"素材"文件夹下选择图片文件"图片 2.jpg",单击"插入"按钮, 效果如图 10-40 所示。

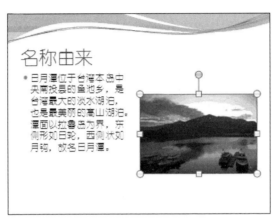

图 10-40 占位符"插入图片"

3）选中图片,单击"图片工具/格式"上下文选项卡"图片样式"组"样式"下拉列表中的"圆形对角,白色"样式,如图 10-41 所示。

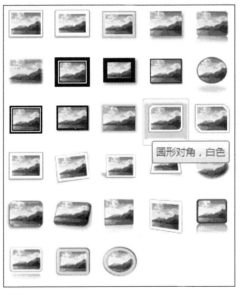

图 10-41 "图片样式"组"样式"下拉列表

（7）幻灯片中的段落格式设置。

1）选中第 5 张幻灯片。

2）将光标置于标题下的第一段中,在"开始"选项卡下,单击"段落"组中的"项目符号"下拉按钮，在下拉列表中选择"无"选项。

3）将光标置于第二段中，在"开始"选项卡下，单击"段落"组中的"对话框启动器"按钮，弹出"段落"对话框，在"缩进和间距"选项卡中将"段前"设置为"25 磅"，单击"确定"按钮。

4）按照上述同样的方法调整第 6 张幻灯片。

（8）插入图片和图形。

1）选中第 5 张幻灯片。

2）在"插入"选项卡下，单击"图像"组中的"图片"按钮，弹出"插入图片"对话框，浏览"素材"文件夹，插入"图片 3.jpg"文件。

3）按照同样的方法，插入"素材"文件夹下的"图片 4.jpg"文件。

4）选中图片 4 并右击，在弹出的快捷菜单中选择"置于底层"→"置于底层"命令。

5）参考"参考样例"文件，调整两张图片的位置。

6）在"插入"选项卡下，单击"插图"组中的"形状"下拉按钮，在下拉列表中选择"标注"→"椭圆形标注"形状，在图片合适的位置上按住鼠标左键不放绘制图形。

7）选中"椭圆形标注"图形，单击"绘图工具/格式"上下文选项卡"形状样式"组中的"形状填充"下拉按钮，在下拉列表中选择"无填充颜色"命令，在"形状轮廓"下拉列表中选择"虚线-短划线"命令。

8）选中"椭圆形标注"图形并右击，在弹出的快捷菜单中选择"编辑文字"命令，选择字体颜色为"蓝色"，向形状图形中输入文字"开船啰!"，继续选中该图形，单击"格式"选项卡"排列"组中的"旋转"下拉按钮，在下拉列表中选择"水平翻转"命令。

（9）插入图片到第 6 张幻灯片。

1）选中第 6 张幻灯片。

2）在"插入"选项卡下，单击"图像"组中的"图片"按钮，弹出"插入图片"对话框，浏览"素材"文件夹，插入"图片 5.gif"文件。

3）选中幻灯片中的图片，单击"图片工具/格式"上下文选项卡"排列"组中的"对齐"下拉按钮，在下拉列表中选择"顶端对齐"和"右对齐"命令，适当调整图片的大小。

（10）插入图片到第 7 张幻灯片。

1）选中第 7 张幻灯片。

2）在"插入"选项卡下，单击"图像"组中的"图片"按钮，弹出"插入图片"对话框，在"素材"文件夹中选择"图片 6.jpg"文件，单击"插入"按钮。

3）按照同样的方法插入"图片 7.jpg"文件和"图片 8.jpg"文件。

4）按住 Ctrl 键依次单击选中 3 张图片，单击"图片工具/格式"上下文选项卡"图片样式"组中的"图片效果"下拉按钮，在下拉列表中选择"映像"→"紧密映像，接触"命令，如图 10-42 所示。

5）按住 Ctrl 键依次选中 3 张图片，单击"图片工具/格式"上下文选项卡"排列"组中的"对齐"下拉按钮 ，在下拉列表中选择"顶端对齐"和"横向分布"命令，如图 10-43 所示。

6）选择任意一张图片，单击"图片工具/格式"上下文选项卡"排列"组中的"对齐"按钮，勾选"查看网格线"复选框，根据出现的网格线来调整左右两张图片到幻灯片两侧边缘的距离相等，再次单击"查看网格线"可取消网格线的显示。

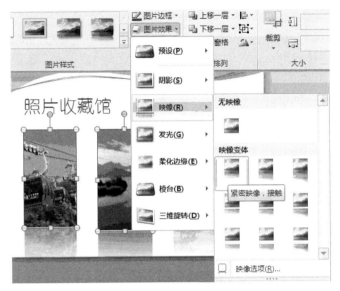
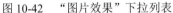

图 10-42 "图片效果"下拉列表　　　　　　图 10-43 "对齐"下拉列表

7）单击"插入"选项卡"图像"组中的"图片"按钮，弹出"插入图片"对话框，在"素材"文件夹下选择"图片 9.gif"文件，单击"插入"按钮。

8）选中图片 9，单击"图片工具/格式"上下文选项卡"排列"组中的"对齐"下拉按钮，在下拉列表中选择"顶端对齐"和"右对齐"命令；单击"大小"组中的"对话框启动器"按钮，弹出"设置图片格式"对话框，在右侧的"尺寸和旋转"选项组中设置"旋转"角度为300，设置完成后单击"关闭"按钮。

（11）文本框的设置。

1）选中第 8 张幻灯片。

2）选中幻灯片中的文本框，单击"绘图工具/格式"上下文选项卡"艺术字样式"组中的"艺术字样式"按钮，在下拉列表中选择"填充-无，轮廓-强调文字颜色 2"样式，切换到"开始"选项卡，在"字体"组中设置字体为"幼圆"，字号为48。

3）选中幻灯片中的文本框，在"开始"选项卡的"段落"组中单击"居中"按钮。

4）选中幻灯片中的文本框，单击"绘图工具/格式"上下文选项卡，在"形状样式"组中单击"形状填充"下拉按钮，在下拉列表中选择"主题颜色"→"白色，背景 1"命令，再次单击"形状填充"下拉按钮，在下拉列表中选择"其他填充颜色"命令，弹出"颜色"对话框，在"标准"选项卡中拖动下方的"透明度"滑块，使右侧的比例值显示为50%，单击"确定"按钮。

习题 10

一、思考题

1. 如何创建演示文稿？描述具体方法与操作过程。

2. 如何插入文本框？

3．如何插入页眉页码？

二、操作题

1．打开素材文件 10.pptx 演示文稿，完成如下操作：
（1）插入新幻灯片，版式为"标题幻灯片"。
（2）在"标题"占位符中输入"大学计算机"。
（3）在"副标题"占位符中输入"幻灯片制作"。
（4）把演示文稿另存为 10_1.pptx。
2．打开素材文件 10.pptx 演示文稿，完成如下操作：
（1）插入新幻灯片，版式为"标题和内容"。
（2）在"标题"占位符中输入"大学计算机"。
（3）在"插入表格"占位符中插入一个 3 行 4 列的表格。
（4）把演示文稿另存为 10_2.pptx。
3．打开素材文件 10.pptx 演示文稿，完成如下操作：
（1）插入新幻灯片，版式为"空白"。
（2）插入横排文本框"大学计算机"。
（3）插入任意一幅剪贴画。
（4）把演示文稿另存为 10_3.pptx。

第 11 章　PowerPoint 演示文稿外观设计

演示文稿内容编辑实现了幻灯片内容的输入以及幻灯片各种对象的插入，而利用幻灯片的主题设置、背景的设置、幻灯片母版的设计等功能对整个幻灯片进行统一的调整，能够在较短的时间内制作出风格统一、画面精美的幻灯片。

本章知识要点包括演示文稿幻灯片的主题设置；演示文稿幻灯片的背景设置；演示文稿幻灯片的母版设计。

11.1　幻灯片的主题设置

为幻灯片应用不同的主题配色方案，可以增强演示文稿的表现力。PowerPoint 提供大量的内置主题方案可供选择，必要时还可以自己设计背景颜色、字体搭配以及其他展示效果。

11.1.1　应用内置主题方案

单击"设计"选项卡，在"主题"组中选择所需要的主题。如果主题列表中没有所需要的主题，则单击主题列表右边的下拉按钮，如图 11-1 所示，弹出"所有主题"下拉列表，在其中选择所需要的主题，如图 11-2 所示。

图 11-1　"主题"组

如果在列表中还未找到合适的主题，则在列表底部选择"浏览主题"命令，则可打开"选择主题或主题文档"对话框，在其中用户可以选择更多的主题。

图 11-2　"所有主题"下拉列表

11.1.2　创建新主题

打开现有演示文档或新建一个演示文稿，作为新建主题的基础，更改演示文稿的设置以符合要求。单击"设计"选项卡"主题"组主题列表右边的下拉按钮，弹出"所有主题"下拉列表，然后选择"保存当前主题"命令。

11.2　幻灯片的背景设置

在 PowerPoint 中，没有应用设计模板的幻灯片背景默认是白色的，为了丰富演示文稿的视觉效果，用户可以根据需要为幻灯片添加合适的背景颜色，设置不同的填充效果，也可以在已经应用了设计模板的演示文稿中修改其中个别幻灯片的背景。PowerPoint 2010 提供了多种幻灯片的填充效果，包括渐变、纹理、图案和图片。

11.2.1　设置幻灯片的背景颜色

操作步骤如下：

（1）单击"设计"选项卡"背景"组右下角的"对话框启动器"按钮　；或者在幻灯片空白处右击，在弹出的快捷菜单中选择"设置背景格式"命令，打开"设置背景格式"对话框，选择"填充"选项卡，如图 11-3 所示。

（2）选择"纯色填充"单选项，单击"填充颜色"区域中的"颜色"下拉列表框，在其中选择所需要的颜色。

11.2.2　设置幻灯片背景的填充效果

操作步骤如下：

（1）渐变填充。打开如图 11-3 所示的"设置背景格式"对话框，选择"渐变填充"单选项，在其中进行颜色、类型、方向、角度、渐变光圈等的设置，如图 11-4 所示。

图 11-3　"设置背景格式"对话框

图 11-4　渐变填充设置

（2）图片或纹理填充。打开如图 11-3 所示的"设置背景格式"对话框，选择"图片或纹理填充"单选项，在其中可以选择纹理来填充幻灯片。单击"插入自："下方的"文件"按钮，则可以插入图片作为填充图案，如图 11-5 所示。

图 11-5　图片或纹理填充设置

在设置完成后，单击"关闭"按钮，确认所做的设置并返回到幻灯片视图。如果要将设置的背景应用于演示文稿中所有的幻灯片，则单击"全部应用"按钮。

11.3　幻灯片母版设计

演示文稿的每一张幻灯片都有两个部分：一个是幻灯片本身，另一个是幻灯片母版，这两者就像两张透明的胶片叠放在一起，上面的一张就是幻灯片本身，下面的一张就是母版。在幻灯片放映时，母版是固定的，更换的是上面的一张。PowerPoint 提供了 3 种母版，分别是幻灯片母版、讲义母版和备注母版。

11.3.1　幻灯片母版

幻灯片母版是所有母版的基础，通常用来统一整个演示文稿的幻灯片格式。它控制除标题幻灯片之外演示文稿的所有默认外观，包括讲义和备注中的幻灯片外观。幻灯片母版控制文字格式、位置、项目符号的字符、配色方案、图形项目。

单击"视图"选项卡"母版视图"组中的"幻灯片母版"按钮，打开"幻灯片母版"视图，同时屏幕上显示出"幻灯片母版"选项卡，如图 11-6 和图 11-7 所示。

图 11-6　"幻灯片母版"视图

图 11-7　"幻灯片母版"选项卡

在其中对幻灯片的母版进行修改和设置。默认的幻灯片母版有 5 个占位符，即标题区、对象区、日期区、页脚区和数字区。在"标题区"和"对象区"中添加的文本不在幻灯片中显示，在"日期区""页脚区"和"数字区"中添加文本会给基于此母版的所有幻灯片添加这些文本。全部修改完成后，单击"幻灯片母版视图"工具条中的"关闭模板视图"按钮退出，制作"幻灯片母版"完成。

11.3.2　讲义母版

讲义母版用于控制幻灯片按讲义形式打印的格式，可设置一页中的幻灯片数量、页眉格式等。讲义只显示幻灯片而不包括相应的备注。

显示讲义母版的方法为：单击"视图"选项卡"母版视图"组中的"讲义母版"按钮，打开"讲义母版"视图的同时显示出"讲义母版"选项卡，可以设置每页讲义容纳的幻灯片数目，如图 11-8 所示设置为 6 页。

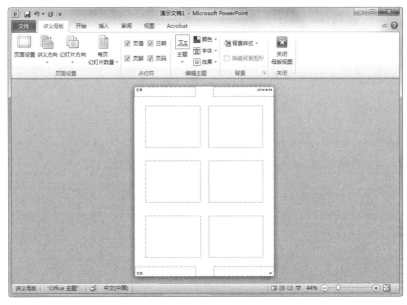

图 11-8　讲义母版

11.3.3　备注母版

每一张幻灯片都可以有相应的备注。用户可以为自己创建备注或为观众创建备注，还可以为每一张幻灯片打印备注。备注母版用于控制幻灯片按备注页形式打印的格式。单击"视图"选项卡"母版视图"组中的"备注母版"按钮，打开"备注母版"视图，同时屏幕上显示出"备注母版"选项卡，如图 11-9 所示。

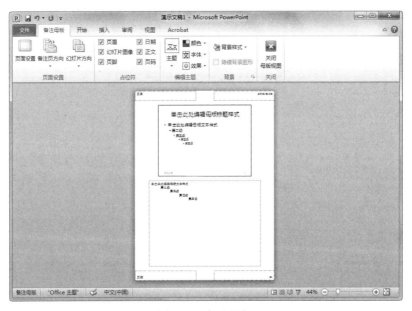

图 11-9　备注母版

11.4　应用案例——《中秋诗词》演示文稿的外观设计

幻灯片制作好后，对其外观进行设计，使其外观风格统一、画面精美。

11.4.1　案例描述

对"中秋诗词选.pptx"演示文稿按如下要求进行外观设计：

（1）把"标题幻灯片"的母版标题样式设置为"华文隶书""红色"。

（2）为所有幻灯片应用"素材"文件夹中的主题 Moban03.potx。

（3）为第 1 张幻灯片设置"蓝色面巾纸"纹理背景。

（4）为第 3 张幻灯片设置 zq.jpg 图片文件背景。

11.4.2　案例操作步骤

（1）设置母版样式。

1）在"视图"选项卡下，单击"母版视图"组中的"幻灯片母版"按钮。

2）单击"标题幻灯片"母版，选定"单击此处编辑母版标题样式"。

3）在"开始"选项卡下，单击"字体"组中的"字体"下拉按钮，在下拉列表中选择"华文隶书"选项，单击"字体颜色"下拉按钮，在下拉列表中选择"标准色""红色"命令，如图 11-10 所示。

图 11-10　"标题幻灯片"母版

4）在"幻灯片母版"选项卡下，单击"关闭"组中的"关闭母版视图"按钮。

（2）应用主题。

1）在"设计"选项卡下，单击"主题"组中的"其他"下拉按钮，在下拉列表中选择"浏览主题"命令。

2）弹出如图 11-11 所示的"选择主题或主题文档"对话框，单击主题文件 Moban03.potx，再单击"应用"按钮。

图 11-11 "选择主题或主题文档"对话框

（3）设置纹理背景。

1）单击第 1 张幻灯片，在"设计"选项卡下，单击"背景"组右下角的"对话框启动器"按钮 ，或者在幻灯片空白处右击，在弹出的快捷菜单中选择"设置背景格式"命令，打开"设置背景格式"对话框，选择"填充"选项卡。

2）单击"图片或纹理填充"单选按钮，再单击"纹理"下拉按钮，在下拉列表框中选择"蓝色面巾纸"选项，如图 11-12 所示。单击"关闭"按钮应用于本张幻灯片，如果单击"全部应用"按钮则应用于所有幻灯片。

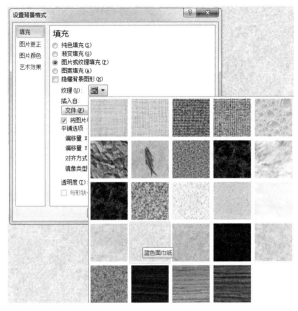

图 11-12 填充纹理设置

（4）设置图片文件作为背景。

1）右击第 3 张幻灯片，在弹出的快捷菜单中选择"设置背景格式"命令，打开"设置背景格式"对话框，选择"填充"选项卡。

2）单击"图片或纹理填充"单选按钮，再单击"文件"按钮，弹出"插入文件"对话框，选择"素材"文件夹下的图片文件，如图 11-13 所示。单击"插入"按钮返回"设置背景格式"对话框，再单击"关闭"按钮。

图 11-13　"插入图片"对话框

习题 11

一、思考题

1．如何应用"主题"？
2．如何设置幻灯片的背景颜色？
3．什么是幻灯片母版？

二、操作题

1．打开素材文件 11.pptx 演示文稿，完成如下操作：
（1）设置第 1 张幻灯片的主题为"暗香扑面"。
（2）设置第 2 张幻灯片的主题为"波形"。
（3）设置第 3 和 4 张幻灯片的主题为"龙腾四海"。
（4）把演示文稿另存为 11_1.pptx。
2．打开素材文件 11.pptx 演示文稿，完成如下操作：
（1）设置第 1 张幻灯片的背景为：纯色填充，"绿色"。

（2）设置第 2 张幻灯片的背景为：渐变填充，"茵茵绿原"。

（3）设置第 3、4 张幻灯片的背景为：纹理，"画布"。

（4）把演示文稿另存为 11_2.pptx。

3．打开素材文件 11.pptx 演示文稿，完成如下操作：

（1）设置第 1 张幻灯片的母版，标题为黑体红色，副标题为华文隶书绿色。

（2）设置第 2 张幻灯片的母版，标题为加粗倾斜。

（3）设置第 3 张幻灯片的母版，背景为：渐变填充，"雨后初晴"。

（4）把演示文稿另存为 11_3.pptx。

第 12 章　PowerPoint 演示文稿放映设计

在幻灯片制作中，除了合理设计每一张幻灯片的内容和布局外，还需要设置幻灯片的放映效果，使幻灯片放映过程既能突出重点、吸引观众的注意力，又富有趣味性。在 PowerPoint 中，演示文稿的放映效果设计包括对象的动画设置、超链接的设置和动作按钮的设置，以及幻灯片的切换设置。

本章知识要点包括演示文稿的动画设置；演示文稿的幻灯片切换设置；演示文稿的超链接和动作按钮的设置；制作演示文稿的过程。

12.1　对象动画设置

为了使幻灯片放映时引人注意、更具视觉效果，在 PowerPoint 2010 中可以给幻灯片中的文本、图形、图表及其他对象添加动画效果、超链接和声音。本节主要介绍在 PowerPoint 2010 中创建对象动画的基本方法。

在 PowerPoint 2010 中，进行动画设置可以使幻灯片上的文本、形状、声音、图像和其他对象动态地显示，这样就可以突出重点，控制信息的流程，并提高演示文稿的趣味性。

动画设置主要有两种情况：一是动画设置，为幻灯片内的各种元素，如标题、文本、图片等设置动画效果；二是幻灯片切换动画，可以设置幻灯片之间的过渡动画。

1. 动画设置

用户可以利用动画设置为幻灯片内的文本、图片、艺术字、SmartArt 图形、形状等对象设置动画效果，灵活控制对象的播放。

选取需要设置动画的对象，单击"动画"选项卡"动画"组右边的下拉按钮，在下拉列表中选择所需要的动画效果，选中动画以后，再单击"效果选项"按钮，不同类型的动画有不同的效果选项，如选择"彩色脉冲"动画，则会有如图 12-1 所示的效果选项。

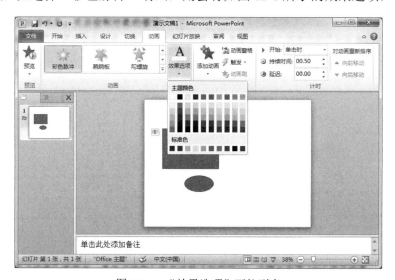

图 12-1　"效果选项"下拉列表

单击"动画"选项卡"动画"组右边的下拉按钮 ，会弹出如图 12-2 所示的更多动画效果列表，各种动画分成"进入""强调"和"退出"三大类，同时还能设置动作路径。如果在列表中没有找到所需要的动画效果，可以选择"更多进入效果""更多强调效果"和"更多退出效果"命令。

图 12-2   "更多动画效果"下拉列表

注：动画设置中"进入""强调""退出"表示什么意思呢？进入某一张幻灯片后，原来没有那个对象，单击鼠标（或者其他操作）后对象以某种动画形式出现了，这叫做"进入"；我们再单击一下鼠标，对象再一次以某种动画形式变换一次，这叫做"强调"；再单击鼠标，对象以某种动画形式从幻灯片中消失，这叫做"退出"。

2. 动画顺序的设置

进行动画设置后，每个添加了效果的对象左上角都有一个编号，代表着幻灯片中各对象出现的顺序。如果要改变各动画的出场顺序，则单击"动画"选项卡"高级动画"组中的"动画窗格"按钮，如图 12-3 所示，会弹出"动画窗格"任务窗格，如图 12-4 所示。在任务窗格中选中动画，单击"重新排序"左侧的上箭头 或右侧的下箭头 进行调整。还可以选择要修改动画效果的对象，再单击右侧的下拉箭头，打开如图 12-5 所示的下拉列表。

选择"效果选项"命令，打开"效果选项"对话框，如图 12-6 所示。

图 12-3　"高级动画"组

图 12-4　"动画窗格"任务窗格

图 12-5　"动画顺序"下拉列表

图 12-6　"效果选项"对话框

其中"效果"选项卡，可对其"声音"和"动画播放后"等进行设置。

12.2　幻灯片切换设置

切换效果是指幻灯片放映时切换幻灯片的特殊效果。在 PowerPoint 2010 中，可以为每一张幻灯片设置不同的切换效果使幻灯片放映更加生动形象,也可以为多张幻灯片设置相同的切换效果。

在幻灯片浏览视图或其他视图中,选择要添加切换效果的幻灯片,如果要选中多张幻灯片,可以按住 Ctrl 键进行选择。单击"切换"选项卡"切换到此幻灯片"组中所需要的切换效果,如图 12-7 所示。

图 12-7   设置幻灯片切换效果

可以单击列表框右下角的下拉按钮,在弹出的下拉列表中选择所需要的切换效果即可将其设置为当前幻灯片的切换效果。如果要进行进一步的设置,可以单击"效果选项"下拉按钮。

在"声音"下拉列表中选择合适的切换声音,如果要求在幻灯片演示的过程中始终有声音,可以选中"播放下一段声音之前一直循环"复选框。在"换片方式"选项组中选择"单击鼠标时"换片还是在上一幻灯片结束多长时间后自动换片。如果选择自动换片,则需要设置自动换片时间。

如果希望以上设置对所有幻灯片有效,则单击"全部应用"按钮。

12.3   链接与导航设置

在 PowerPoint 2010 中,用户可以为幻灯片中的文本、图形和图片等可视对象添加动作或超链接,从而在幻灯片放映时单击该对象跳转到指定的幻灯片,增加演示文稿的交互性。

12.3.1   超链接

1. 创建超链接

选定要插入超链接的位置,单击"插入"选项卡"链接"组中的"超链接"按钮,如图 12-8 所示;也可以在对象上右击,在弹出的快捷菜单中选择"超链接"命令,打开"插入超链接"对话框,如图 12-9 所示。

图 12-8   "超链接"按钮

在左侧的"链接到"区域中选择链接的目标。

● 原有文件或网页:超链接到本文档以外的文件或者链接打开某个网页。

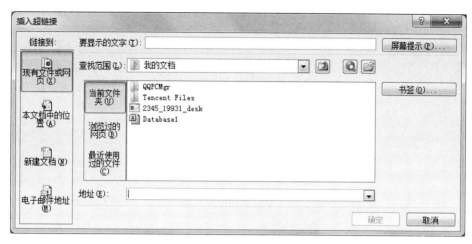

图 12-9　"插入超链接"对话框

- 本文档中的位置：超链接到"请选择文档中的位置"列表中所选定的幻灯片。
- 新建文档：超链接到新建演示文稿。
- 电子邮件地址：超链接到某个邮箱地址，如 syxysz16@163.com 等。

在"超链接"对话框中单击"屏幕提示"按钮，输入提示文字内容，放映演示文稿时在链接位置旁边显示提示文字。

2．编辑、取消超链接

当用户对设置的超链接不满意时，可以通过编辑、取消超链接来修改或更新。选中超链接对象并右击，在弹出的快捷菜单中选择"编辑超链接"或"取消超链接"命令进行编辑和取消，如图 12-10 所示。

图 12-10　"超链接"快捷菜单

12.3.2　动作按钮

选中要插入动作按钮的幻灯片，单击"插入"选项卡"插图"组中的"形状"下拉按钮，单击"动作按钮"中的图形，如图 12-11 所示。这时鼠标变为"+"，拖动鼠标画出动作按钮。同时弹出"动作设置"对话框，如图 12-12 所示。

图 12-11　插入动作按钮

图 12-12   "动作设置"对话框

在其中设置单击鼠标时的动作，然后单击"确定"按钮关闭对话框。

12.4   应用案例

要设置幻灯片的放映效果，对其中的对象进行动画、超链接及动作按钮的设置，以及所有幻灯片的切换设置。

12.4.1   案例描述

在课程结业时，需要制作一份介绍第二次世界大战的演示文稿。参考"参考图片.docx"文件示例效果完成演示文稿的制作。

（1）依据"文本内容.docx"文件中的文字创建共包含 14 张幻灯片的演示文稿，将其保存为 ppt.pptx（.pptx 为扩展名），后续操作均基于此文件。

（2）为演示文稿应用自定义主题"历史主题.thmx"，并按照如下要求修改幻灯片版式：

幻灯片编号	幻灯片版式
幻灯片 1	标题幻灯片
幻灯片 2-5	标题和文本
幻灯片 4-9	标题和图片
幻灯片 6-14	标题和文本

（3）除标题幻灯片外，将其他幻灯片的标题文本字体全部设置为微软雅黑、加粗，标题以外的内容文本字体全部设置为幼圆。

（4）设置标题幻灯片中的标题文本字体为方正姚体，字号为 60，并应用"靛蓝：强调文字颜色 2，深色 50%"的文本轮廓；在副标题占位符中输入"过程和影响"文本，适当调整其字体、字号和对齐方式。

（5）在第 2 张幻灯片中，插入"图片 l.png"图片，将其置于项目列表下方，并应用恰当的图片样式。

（6）在第 5 张幻灯片中，插入布局为"垂直框列表"的 SmartArt 图形，图形中的文字参考"文本内容.docx"文件；更改 SmartArt 图形的颜色为"彩色轮廓-强调文字颜色 6"；为 SmartArt 图形添加"淡出"的动画效果，并设置为在单击鼠标时逐个播放，再将包含战场名称的 6 个形状的动画延时修改为 1 秒。

（7）在第 4～9 张幻灯片的图片占位符中分别插入"图片 2.png""图片 3.png""图片 4.png"和"图片 5.png"，并应用恰当的图片样式；设置第 6 张幻灯片中的图片在应用黑白模式显示时以"黑中带灰"的形式呈现。

（8）适当调整第 6～14 张幻灯片中的文本字号；在第 11 张幻灯片文本的下方插入 3 个同样大小的"圆角矩形"形状，并将其设置为顶端对齐及横向均匀分布；在 3 个形状中分别输入文本"成立联合国""民族独立"和"两极阵营"，适当修改字体和颜色；为这 3 个形状插入超链接，分别链接到之后标题为"成立联合国""民族独立"和"两极阵营"的 3 张幻灯片；为这 3 个圆角矩形形状添加"劈裂"进入动画效果，并设置单击鼠标后从左到右逐个出现，每两个形状之间的动画延迟时间为 0.5 秒。

（9）在第 12～14 张幻灯片中，分别插入名为"第一张"的动作按钮，设置动作按钮的高度和宽度均为 2 厘米，距离幻灯片左上角水平 15 厘米、垂直 15 厘米，并设置当鼠标移过该动作按钮时可以链接到第 11 张幻灯片；隐藏第 12～14 张幻灯片。

（10）除标题幻灯片外，为其余所有幻灯片添加幻灯片编号，并且编号值从 1 开始显示。

（11）为演示文稿中的全部幻灯片应用一种合适的切换效果，并将自动换片时间设置为 20 秒。

12.4.2　案例操作步骤

（1）插入文本内容。

1）新建一个 PowerPoint 文件，并将该文件命名为 PPT。

2）打开新建的 PPT 文件，在"开始"选项卡中，单击"幻灯片"组中的"新建幻灯片"按钮，在下拉列表中选择"幻灯片（从大纲）"，弹出"插入大纲"对话框，浏览文件夹，选中"文本内容.docx"素材文件，单击"插入"按钮。

（2）主题文件应用。

1）选中第 1 张幻灯片，单击"设计"选项卡"主题"组中的"其他"按钮，在下拉列表中选择"浏览主题"，弹出"选择主题或主题文档"对话框。

2）浏览文件夹，选中"历史主题.thmx"素材文件，单击"应用"按钮。

3）选中第 1 张幻灯片，单击"开始"选项卡"幻灯片"组中的"版式"按钮，在下拉列表中选择"标题幻灯片"。

4）按照同样的方法，将第 2～5 张幻灯片的版式设置为"标题和文本"；将第 4～9 张幻灯片的版式设置为"标题和图片"；将第 6～14 张幻灯片的版式设置为"标题和文本"。

（3）母版设置。

1）单击"视图"选项卡"母版视图"组中的"幻灯片母版"按钮，切换到幻灯片母版视图。

2）在左侧的母版中选择"标题和文本版式：由幻灯片 2～5，6～14 使用"，在"开始"选项卡的"字体"组中将右侧的"标题"字体设置为"微软雅黑"，字形设置为"加粗"，将下方内容文本框字体设置为"幼圆"。

3）继续在左侧的母版中选择"标题和图片版式：由幻灯片 4～9 使用"，将右侧的"标题"字体设置为"微软雅黑"，字形设置为"加粗"，将下方内容文本框字体设置为"幼圆"。

4）设置完成后，关闭幻灯片母版视图。

5）在第 2～14 张幻灯片上右击，从弹出的快捷菜单中选择"重设幻灯片"，应用字体格式。

（4）文本框和艺术字设置。

1）选中第 1 张幻灯片的主标题文本框，在"开始"选项卡的"字体"组中将字体设置为"方正姚体"，将字号设置为 60；单击"绘图工具/格式"选项卡"艺术字样式"组中的"文本轮廓"按钮，在下拉列表中选择"靛蓝：强调文字颜色 2，深色 50%"。

2）在副标题文本框中输入文本"过程和影响"，适当设置字体、字号和对齐方式。

（5）插入图片。

1）选中第 2 张幻灯片，单击"插入"选项卡"图像"组中的"图片"按钮，弹出"插入图片"对话框，浏览文件夹，选择"图片 1.png"文件，单击"插入"按钮。

2）选中插入的图片对象，适当调整其大小与位置，使其位于项目列表下方，然后单击"图片工具/格式"选项卡，在"图片样式"组中选择一种合适的图片样式。

（6）文本转换为 SmartArt 图形。

1）选中第 5 张幻灯片中的内容文本框，单击"开始"选项卡"段落"组中的"转换为 SmartArt 图形"按钮，在下拉列表中选择"其他 SmartArt 图形"，弹出"其他 SmartArt 图形"对话框，在左侧的列表框中选择"列表"，在右侧的列表框中选择"垂直框列表"，单击"确定"按钮。

2）选中该 SmartArt 对象，单击"SmartArt 工具/设计"选项卡"SmartArt 样式"组中的"更改颜色"按钮，在下拉列表中选择"彩色轮廓-强调文字颜色 6"。

3）选中该 SmartArt 对象，单击"动画"选项卡"动画"组中的"其他"按钮，在下拉列表中选择"进入"→"淡出"，单击"动画"组右侧的"效果选项"按钮，在下拉列表中选择"逐个"。

4）单击"高级动画"组中的"动画窗格"按钮，打开"动画窗格"任务窗格，单击窗口空白区域，取消全选；然后选中第一个动画对象，在"计时"组中将"延迟"修改为 01.00；按照同样的方法选中第 3、5、7、9、11 个动画对象，分别将"延迟"修改为 01.00。

（7）图片插入与格式调整。

1）选中第 6 张幻灯片，单击图片占位符中的"插入来自文件的图片"按钮，弹出"插入图片"对话框，浏览文件夹，选中"图片 2.png"文件，单击"插入"按钮。

2）选中插入的图片对象，单击"图片工具/格式"选项卡"图片样式"组中的"其他"按钮，在下拉列表中选择"复杂框架，黑色"样式，适当调整图片大小和位置。

3）单击"调整"组中的"颜色"按钮，在下拉列表中选择"重新着色"→"灰度"。

4）按照上述方法，在第 7、8、9 张幻灯片中分别插入"图片 3.png""图片 4.png"和"图片 5.Png"文件，并应用恰当的图片样式，适当调整图片大小和位置。

（8）插入形状并设置动画。

1）分别选中第 6～14 张幻灯片中的内容文本框，在"开始"选项卡"字体"组中设置文本字号，并适当调整文本框的大小，具体可参考"参考图片.docx"文档。

2）选中第 11 张幻灯片，单击"插入"选项卡"插图"组中的"形状"按钮，在下拉列表中选择"矩形"→"圆角矩形"。

3）参考"参考图片.docx"文档，在幻灯片中绘制一个圆角矩形形状，选中该形状对象，单击"绘图工具/格式"选项卡"形状样式"组中的"其他"按钮，在下拉列表中选择一种样式。

4）选中该形状对象，按住 Ctrl 健，然后使用鼠标左键拖动到该形状对象的右侧，按照同样的方法，再复制一个同样的形状对象。

5）选中 3 个圆角矩形形状对象，单击"绘图工具/格式"选项卡"排列"组中的"对齐"按钮，在下拉列表中选择"顶端对齐"命令；再次单击"对齐"命令，在下拉列表中选择"横向分布"命令。

6）选中第 1 个圆角矩形对象并右击，在弹出的快捷菜单中选择"编辑文字"，在形状对象中输入文本"成立联合国"，适当修改字体和颜色；按照同样的方法，设置其他的圆角矩形对象，并修改字体和颜色。

7）选中第 1 个圆角矩形对象并右击，在弹出的快捷菜单中选择"超链接"，弹出"插入超链接"对话框，选择左侧的"本文档中的位置"，在右侧列表框中选择"12 成立联合国"，单击"确定"按钮；按照同样的方法，将第 2 个形状和第 3 个形状分别链接到"13 民族独立"和"14 两极阵营"两张幻灯片上。

8）选中第 1 个圆角矩形对象，单击"动画"选项卡"动画"组中的"进入"→"劈裂"效果；选中第 2 个圆角矩形对象，按照同样的方法，设置动画效果为"劈裂"，同时在"计时"组中将"开始"设置为"上一动画之后"，将"延迟"设置为 00.50；选中第 3 个圆角矩形对象，按照上述同样的方法，将动画效果设置为"劈裂"，同时将"计时"组中的"开始"设置为"上一动画之后"，将"延迟"设置为 00.50。

（9）插入动作按钮。

1）选中第 12 张幻灯片，单击"插入"选项卡"插图"组中的"形状"按钮，在下拉列表中选择最后一行"动作按钮"中的"动作按钮：第一张"，在幻灯片左侧绘制一个动作按钮图形，弹出"动作设置"对话框，切换到"鼠标移过"选项卡，在"超链接到"中选择"幻灯片…"，弹出"超链接到幻灯片"对话框，在"幻灯片标题"列表框中选择第 11 张幻灯片，单击"确定"按钮关闭对话框。

2）选中插入的动作按钮，单击"绘图工具/格式"选项卡"大小"组右下角的"对话框启动器"按钮，弹出"设置形状格式"对话框，在其右侧的设置窗格中，将"高度"和"宽度"均调整为"2 厘米"；单击左侧列表框中的"位置"，在对话框右侧的设置窗格中，将"水平"调整为"15 厘米"，将"垂直"调整为"15 厘米"，设置完成后单击"关闭"按钮。

3）选中第 12 张幻灯片中设置完成的动作按钮，复制该对象，将其粘贴到第 13 张和第 14 张幻灯片中。

4）选中第 12～14 张幻灯片并右击，在弹出的快捷菜单中选择"隐藏幻灯片"。

（10）页眉和页脚设置。

1）单击"插入"选项卡"文本"组中的"幻灯片编号"按钮，弹出"页眉和页脚"对话框，在"幻灯片"选项卡中，勾选"幻灯片编号"和"标题幻灯片中不显示"复选项，单击"全部应用"按钮。

2）单击"设计"选项卡"页面设置"组中的"页面设置"按钮，弹出"页面设置"对话框，将"幻灯片编号起始值"设置为 0，单击"确定"按钮。

（11）切换计时设置。

1）选中第 1 张幻灯片，单击"切换"选项卡"切换到此幻灯片"组中的"其他"按钮，在下拉列表中选择一种合适的切换效果。

2）在"计时"组中，勾选"设置自动换片时间"复选项，并将时间设置为 00:20.00，设置完成后单击"计时"组中的"全部应用"按钮。

（12）单击快速访问工具栏中的"保存"按钮，关闭当前演示文稿文件。

习题 12

一、思考题

1. 动画设置中"进入""强调"和"退出"表示什么意思？
2. 如何制作演示文稿中的动画？
3. 如何设置一张幻灯片和所有幻灯片的切换方式？

二、操作题

1. 打开素材文件 12.pptx 演示文稿，完成如下操作：
（1）把第 1 张幻灯片的切换效果设置为：百叶窗，水平。
（2）把第 2 张幻灯片的切换效果设置为：棋盘，自顶部。
（3）设置第 2 张幻灯片中的图片动画效果为：自左侧飞入。
（4）把演示文稿另存为 12_1.pptx。

2. 打开素材文件 12.pptx 演示文稿，完成如下操作：
（1）对第 1 张幻灯片中的"动画"建立超链接，单击鼠标，链接到"最后一张幻灯片"。
（2）对第 2 张幻灯片中的图片建立超链接，单击鼠标，链接的 URL 为 Http://www.163.com/。
（3）对第 4 张幻灯片中的"背景填充"建立超链接，单击鼠标，链接到"第一张幻灯片"。
（4）把演示文稿另存为 12_2.pptx。

3. 打开素材文件 12.pptx 演示文稿，完成如下操作：
（1）在演示文稿的第 2 张幻灯片中插入"基本形状：笑脸"，建立超链接，单击鼠标，链接到文件 12_2.pptx。
（2）在演示文稿的第 3 张幻灯片中插入"动作按扭：自定义"，添加文字"结束"，动作设置为：单击鼠标，超链接到"结束放映"。
（3）在演示文稿的第 4 张幻灯片中插入"动作按钮：上一张"，动作设置为：单击鼠标，超链接到"最近观看的幻灯片"。
（4）把演示文稿另存为 12_3.pptx。

第 13 章　PowerPoint 演示文稿保护与输出

如果只想让人浏览演示文稿而不让其对文稿进行编辑修改，可以对演示文稿设置文档保护。PowerPoint 提供了多种保护、输出演示文稿的方法，用户可以将制作的演示文稿输出为多种形式，以满足在不同环境下的需要。

本章知识要点包括演示文稿的保护方法；演示文稿的幻灯片放映设置；演示文稿的输出设置与打印。

13.1　演示文稿的保护

保护 PowerPoint 2010 演示文稿，包括标记为最终状态，将演示文稿设为只读，防止别人修改文档内容；密码加密，为文档设置密码；按人员限制权限，安装 Windows 权限管理以限制权限；添加数字签名，添加可见或不可见的数字签名。

13.1.1　标记为最终状态

标记为最终状态将文档设为只读，具体步骤如下：

（1）打开需要设置的演示文稿。

（2）单击"文件"→"信息"命令。

（3）在"权限"栏中，单击"保护演示文稿"按钮，此时显示如图 13-1 所示。

图 13-1　保护演示文稿

（4）选择"标记为最终状态"选项。

将演示文稿标记为最终状态后，将禁用或关闭键入、编辑命令和校对标记，并且演示文稿将变为只读。"标记为最终状态"命令有助于让其他人了解到您正在共享已完成的演示文稿版本。该命令还可防止审阅者或读者无意中更改演示文稿。

13.1.2　用密码进行加密保护

用密码进行加密，为文档设置密码。在 Microsoft Office 中，可以使用密码防止其他人打开或修改文档、工作簿和演示文稿。

1. PowerPoint 2010 演示文稿设置密码

操作步骤如下：

（1）打开演示文稿。

（2）单击"文件"→"信息"命令。

（3）在"权限"栏中，单击"保护演示文稿"按钮，此时显示如图 13-1 所示。

（4）选择"用密码进行加密"选项，弹出如图 13-2 所示的"加密文档"对话框。

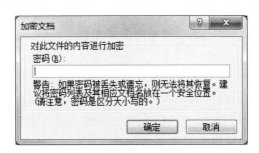

图 13-2　"加密文档"对话框

（5）在"密码"文本框中键入密码，然后单击"确定"按钮。

（6）在"确认密码"对话框中再次键入密码，然后单击"确定"按钮。

（7）若要保存密码，请保存文件。

2. 在 PowerPoint 演示文稿中删除密码保护

操作步骤如下：

（1）使用密码打开演示文稿。

（2）单击"文件"→"信息"命令，再单击"保护演示文稿"按钮，最后选择"用密码进行加密"选项。

（3）在"加密文档"对话框的"密码"文本框中删除加密密码，然后单击"确定"按钮。

（4）保存演示文稿。

3. 设置修改 PowerPoint 演示文稿密码

除了设置打开 PowerPoint 演示文稿密码外，还可以设置密码以允许其他人修改演示文稿。

（1）单击"文件"→"另存为"命令，然后在"另存为"对话的底部单击"工具"下拉按钮。

（2）在"工具"下拉列表中选择"常规选项"命令，如图 13-3 所示，打开"常规选项"对话框，如图 13-4 所示。

图 13-3　"另存为"对话框

图 13-4　"常规选项"对话框

（3）在"此文档的文件共享设置"下方，在"修改权限密码"文本框中键入密码，然后单击"确定"按钮。

（4）在"确认密码"对话框中再次键入密码，单击"确定"按钮。

（5）单击快速访问工具栏中的"保存"按钮。

要删除修改密码，请重复这些步骤，然后从"修改权限密码"文本框中删除密码，单击"保存"按钮。

注意： Microsoft 不能取回丢失或忘记的密码，因此应将设置好的密码和相应文件名的列表存放在安全的地方。

13.1.3　按人员限制权限

按人员限制权限，可以授予用户访问权限，同时限制其编辑、复制和打印极限。要设置限制权限，如图 13-5 所示。

如果尝试查看文档或电子邮件时收到文件权限错误，则表示有内容越过了信息权限管理（IRM）。可使用 IRM 限制对 Office 中的文档、工作簿和演示文稿内容的权限。IRM 允许用户设置访问权限，有助于防止敏感信息被未授权的人员打印、转发或复制。使用 IRM 限制文件权限时，即使文件传到意外收件人处，也会强制实施访问和使用限制。这是因为访问权限存储在文档、工作簿、演示文稿或电子邮件本身，并且这些权限必须通过 IRM 服务器进行身份验证。

图 13-5　限制访问设置

13.1.4　添加数字签名

添加数字签名是一项比较实用的安全保护功能。数字签名以加密技术作为基础，帮助用户减轻商业交易及文档安全相关的风险。具体操作如下：

（1）打开要签名的演示文稿。在"信息"选项面板中单击"保护演示文稿"按钮，在展开的下拉列表中选择"添加数字签名"选项，如图 13-5 所示。

（2）弹出 Microsoft PowerPoint 提示框，直接单击"确定"按钮。若用户下次不想再见到该提示，则可勾选"不再显示此消息"复选项。

（3）弹出"获取数字标识"对话框，选择采用哪种方法来获取数字标识，这里选中"创建自己的数字标识"单选按钮，然后单击"确定"按钮。

（4）弹出"创建数字标识"对话框，输入要在数字标识中包含的信息，这里输入名称、电子邮件地址和组织，输入完毕后单击"创建"按钮。

（5）弹出"签名"对话框，在"签署此文档的目的"下面填写签署目的，单击"签名"按钮。

（6）弹出"签名确认"对话框，单击"确定"按钮即可完成签名操作。

13.2　幻灯片放映设置

制作演示文稿的最终目的是为了放映，因此设置演示文稿的放映是重要的步骤。

13.2.1　设置放映时间

在放映幻灯片时可以为幻灯片设置放映时间间隔，这样可以达到幻灯片自动播放的目的。

用户可以手工设置幻灯片的放映时间，也可以通过排练计时进行设置。

1. 手工设置放映时间

在幻灯片浏览视图下，选中要设置放映时间的幻灯片，再单击"切换"选项卡"计时"组中的"设置自动换片时间"复选项，在其后的文本框中设置好自动换片时间，如图 13-6 所示。

图 13-6　设置自动换片时间

我们输入希望幻灯片在屏幕上的停留时间，比如 1 秒。如果将此时间应用于所有的幻灯片，则单击"全部应用"按钮，否则只应用于选定的幻灯片。相应的幻灯片下方会显示播放时间。

2. 排练计时

演示文稿的播放，大多数情况下是由用户手动操作控制播放的，如果要让其自动播放，需要进行排练计时。为设置排练计时，首先应确定每张幻灯片需要停留的时间，它可以根据演讲内容的长短来确定，然后进行以下操作来设置排练计时：切换到演示文稿的第 1 张幻灯片，单击"幻灯片放映"选项卡"设置"组中的"排练计时"按钮，进入演示文稿的放映视图，同时弹出"录制"工具栏，如图 13-7 所示。在该工具栏中，幻灯片放映时间框将会显示该幻灯片已经滞留的时间。如果对当前的幻灯片播放不满意，则单击"重复"按钮 🔁 重新播放和计时；单击"下一步"按钮 ➡ 播放下一张幻灯片。当放映到最后一张幻灯片后，系统会弹出"排练时间"提示框，如图 13-8 所示。该提示框显示整个演示文稿的总播放时间，并询问用户是否要使用这个时间。单击"是"按钮完成排练计时设置，则在幻灯片浏览视图下会看到每张幻灯片下显示了播放时间；单击"否"按钮取消所设置的时间。

图 13-7　"录制"工具栏

图 13-8　"排练时间"提示框

进行了排练计时后，如果播放时单击"幻灯片放映"选项卡"设置"组中的"使用计时"复选项（如图 13-9 所示），则会按照排练好的计时自动播放幻灯片。

13.2.2　幻灯片的放映

用户可以根据不同的需要采用不同的方式来放映演示文稿，如果有必要还可以自定义放映。

1. 设置放映方式

单击"幻灯片放映"选项卡"设置"组中的"设置幻灯片放映"按钮，如图 13-10 所示。弹出"设置放映方式"对话框，如图 13-11 所示。PowerPoint 2010 为用户提供了 3 种放映类型：演讲者放映，用于演讲者自行播放演示文稿，这是系统默认的放映方式；观众自行浏览，是指幻灯片显示在小窗口中，用户可在放映时移动、编辑、复制和打印幻灯片；在展台浏览（全屏幕），适用于使用了排练计时的情况下，此时鼠标不起作用，按 Esc 键才能结束放映。

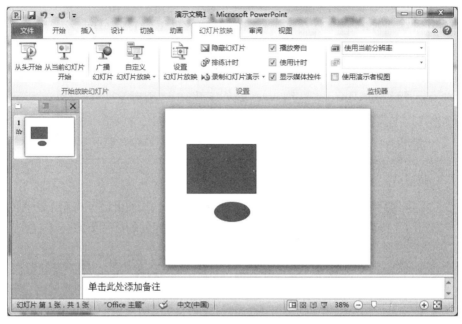

图 13-9　"使用计时"复选项

图 13-10　"设置幻灯片放映"按钮

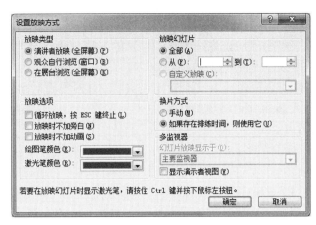

图 13-11　"设置放映方式"对话框

在"放映选项"选项组中能够设置"循环放映，按 Esc 键终止""放映时不加旁白""放映时不加动画"等选项。

在"放映幻灯片"选项组中可以设置幻灯片的放映范围，缺省时为"全部"。

用户还可以根据需要设置换片方式为"手动"或"排练计时"播放。

2.　自定义放映

默认情况下，播放演示文稿时幻灯片按照在演示文稿中的先后顺序从第一张向最后一张进行播放。PowerPoint 2010 提供了自定义放映的功能，使用户可以从演示文稿中挑选出若干幻灯片进行放映，并自己定义幻灯片的播放顺序。

单击"幻灯片放映"选项卡"开始放映幻灯片"组中的"自定义幻灯片放映"按钮，打开"自定义放映"对话框，如图 13-12 所示。

在其中单击"新建"按钮，打开"定义自定义放映"对话框，如图 13-13 所示。

图 13-12　"自定义放映"对话框

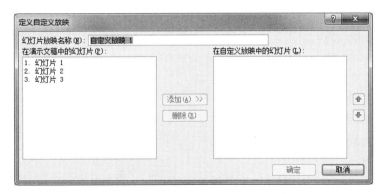

图 13-13　"定义自定义放映"对话框

在"幻灯片放映名称"文本框中输入自定义放映的名称，在"在演示文稿中的幻灯片"列表框中列出了当前演示文稿中的所有幻灯片的名称，选择其中要放映的幻灯片，单击"添加"按钮将其添加到"在自定义放映中的幻灯片"列表框中。

利用列表框右侧的 ⬆ 和 ⬇ 按钮可以调整幻灯片播放的先后顺序。要将幻灯片从"在自定义放映中的幻灯片"列表框中删除，先选中该幻灯片的名称，然后单击"删除"按钮。完成所有设置后，单击"确定"按钮返回"自定义放映"对话框，此时新建的自定义放映的名称将出现在其中的列表中。用户可以同时定义多个自定义放映，并对已有的自定义放映进行编辑、复制或修改。单击"放映"按钮即可播放幻灯片。

3. 隐藏部分幻灯片

如果文稿中的某些幻灯片只提供给特定的对象，则不妨先将其隐藏起来。

切换到"幻灯片浏览"视图下，选中需要隐藏的幻灯片并右击，在弹出的快捷菜单中选择"隐藏幻灯片"选项；或者单击"幻灯片放映"选项卡"设置"组中的"隐藏幻灯片"按钮，播放时，该幻灯片将不显示。如果要取消隐藏，只需再执行一次上述操作。

4. 放映演示文稿

当演示文稿中所需幻灯片的各项播放设置完成后，就可以放映幻灯片观看其放映效果了。

（1）启动演示文稿放映。

启动演示文稿放映的方法有以下 3 种：

● 单击"幻灯片放映"选项卡"开始放映幻灯片"组中的"从头开始"按钮。

● 单击 PowerPoint 窗口底部状态栏中的"幻灯片放映"按钮 🖵。

● 按 F5 快捷键。

如果将幻灯片的切换方式设置为自动，则幻灯片按照事先设置好的自动顺序切换；如果将切换方式设置为手动，则需要用户单击鼠标或使用键盘上的相应键切换到下一张幻灯片。

（2）控制演示文稿放映。

在放映演示文稿时，右击幻灯片，弹出"幻灯片放映"快捷菜单，如图 13-14 所示。"指针选项"子菜单设置演示过程中的标记，如设置绘图笔、墨迹颜色、橡皮擦和有关箭头选项，"定位至幻灯片"子菜单可在放映时快速切换到指定的幻灯片。

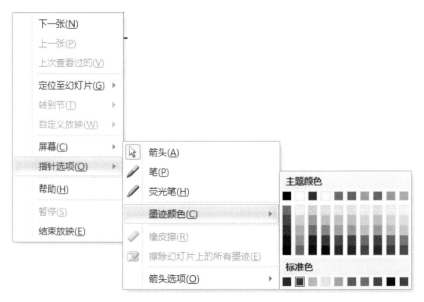

图 13-14　"幻灯片放映"快捷菜单

（3）停止演示文稿放映。

演示文稿播放完后，会自动退出放映状态，返回 PowerPoint 2010 的编辑窗口。如果希望在演示文稿放映过程中停止播放，有以下两种方法：

- 在幻灯片放映过程中右击，在弹出的快捷菜单中选择"结束放映"命令。
- 如果幻灯片的放映方式设置为"循环放映"，则按 Esc 键退出放映。

13.3　演示文稿的输出

PowerPoint 提供了多种保存和输出演示文稿的方法，用户可以将制作出来的演示文稿输出为多种形式，以满足不同环境下的需要。本节将介绍打印输出和打包演示文稿。

13.3.1　打印演示文稿

在 PowerPoint 2010 中，演示文稿制作好以后，不仅可以在计算机上展示最终效果，还可以将演示文稿打印出来长期保存。PowerPoint 的打印功能非常强大，它可以将幻灯片打印到纸上，也可以打印到投影胶片上通过投影仪来放映，还可以制作成 35mm 的幻灯片通过幻灯机来放映。演示文稿可以打印成幻灯片、讲义、备注页、大纲等形式。

在打印演示文稿之前，应先进行打印机的设置和页面设置工作。

1. 页面设置

在打印演示文稿之前，需要先进行页面设置。单击"设计"选项卡"页面设置"组中的"页面设置"按钮，如图 13-15 所示。弹出"页面设置"对话框，如图 13-16 所示。

图 13-15　"页面设置"按钮

图 13-16　"页面设置"对话框

在其中可以设置幻灯片大小，分别针对幻灯片和备注、讲义和大纲设置打印方向，最后单击"确定"按钮。

2. 打印设置

打印之前，如果需要对打印范围、打印内容进行设置，则单击"文件"→"打印"命令，出现"打印"任务窗格，如图 13-17 所示。

选择要使用的打印机名称，设置打印范围、打印份数，单击"打印版式"列表栏，出现如图 13-18 所示的列表框，在列表中选择打印的内容：整页幻灯片、备注页、大纲和讲义。如果选择打印内容为"讲义"，需要设置每页打印的幻灯片数及幻灯片的顺序。单击"打印"按钮即可开始打印。

图 13-17　"打印"任务窗格

图 13-18　"打印版式"设置

13.3.2　打包演示文稿

打包演示文稿，就是把演示文稿打包成一个文件夹，把整个文件夹转移到其他没有 Office 软件的计算机上也能被打开。按照下述步骤可通过创建 CD 在另一台计算机上进行幻灯片放映。

在打包演示文稿之前，先检查演示文稿中是否存在隐藏的数据和个人信息，然后决定这些信息是否适合包含在复制的演示文稿中。隐藏的信息可能包括演示文稿创建者的姓名、公司的名称，以及其他可能不希望外人看到的机密信息。另外还要检查演示文稿中是否存在设置为不可见格式的对象或隐藏幻灯片。

（1）打开要复制的演示文稿。如果正在处理尚未保存的新演示文稿，则先保存该演示文稿。

（2）单击"文件"→"保存并发送"命令，如图 13-19 所示。

图 13-19　"保存并发送"任务窗格

（3）单击"将演示文稿打包成 CD"，然后在右窗格中单击"打包成 CD"按钮，弹出如图 13-20 所示的对话框。

图 13-20　"打包成 CD"对话框

（4）单击要复制的文件，单击"复制到文件夹"按钮，弹出如图 13-21 所示的对话框。

图 13-21　"复制到文件夹"对话框

（5）单击"确定"按钮。

13.4 应用案例——《圆明园》演示文稿的放映设置

13.4.1 案例描述

对演示文稿"圆明园"进行如下设置：
（1）为所有幻灯片设置自动换片，换片时间为 5 秒。
（2）为除首张幻灯片之外的所有幻灯片添加编号，编号从"1"开始。
（3）设置打印内容为"讲义"、"2 张幻灯片"、幻灯片加边框。
（4）为文稿加密码"123456"。

13.4.2 案例操作步骤

（1）幻灯片自动换片设置。

在"切换"选项卡下，勾选"计时"组中的"设置自动换片时间"复选项，在右侧的文本框中设置换片时间为 5 秒，单击"计时"组中的"全部应用"按钮，如图 13-22 所示。

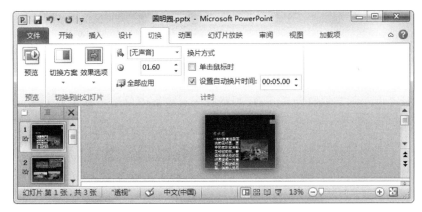

图 13-22 设置自动换片时间

（2）为幻灯片添加编号。

1）选中第 1 张幻灯片，在"设计"选项卡下，单击"页面设置"组中的"页面设置"按钮，弹出"页面设置"对话框，将"幻灯片编号起始值"设置为 0，如图 13-23 所示，单击"确定"按钮。

图 13-23 "页面设置"对话框

2）在"插入"选项卡下，单击"文本"组中的"幻灯片编号"按钮，弹出"页眉和页脚"对话框，勾选"幻灯片编号"和"标题幻灯片中不显示"复选项，如图 13-24 所示，单击"全部应用"按钮。

图 13-24　"页眉和页脚"对话框

（3）设置打印内容。

单击"文件"→"打印"命令，出现"打印"任务窗格，如图 13-25 所示，选择"讲义"中的"2 张幻灯片"，勾选"幻灯片加框"复选项。

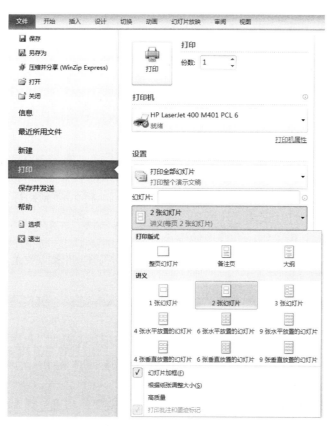

图 13-25　"打印"任务窗格

（4）为文稿加密码。

单击"文件"→"信息"命令，在"权限"栏中单击"保护演示文稿"下拉按钮，在下拉列表中选择"用密码进行加密"选项，弹出"加密文档"对话框，在"密码"文本框中键入密码，然后单击"确定"按钮，在"确认密码"对话框中，再次键入密码，然后单击"确定"按钮。

习题 13

一、思考题

1．如何设置幻灯片的高度和宽度？
2．如何加密演示文稿？
3．如何打包演示文稿？

二、操作题

1．根据素材文件"百合花.docx"制作演示文稿，具体要求如下：

（1）幻灯片不少于 5 页，选择恰当的版式并且版式要有变化。

（2）第一页上要有艺术字形式的"百年好合"字样。有标题页，有演示主题，并且演示文稿中的幻灯片至少要有两种以上的主题。

（3）幻灯片中除了有文字外还要有图片。

（4）采用"由观众手动自行浏览方式"放映演示文稿，动画效果要贴切，幻灯片切换效果要恰当、多样。

（5）在放映时要全程自动播放背景音乐。

（6）将制作完成的演示文稿以"百合花.pptx"为文件名进行保存。

2．某公司新员工入职，需要对他们进行入职培训。为此，人事部门负责此事的小吴制作了一份入职培训的演示文稿。但人事部经理看过之后，觉得文稿整体做得不够精美，还需要再美化一下。请根据提供的"入职培训.pptx"文件对制作好的文稿进行美化，具体要求如下：

（1）将第 1 张幻灯片设为"垂直排列标题与文本"，将第 2 张幻灯片的版式设为"标题和竖排文字"，第 4 张幻灯片设为"比较"。

（2）为整个演示文稿指定一个恰当的设计主题。

（3）通过幻灯片母版为每张幻灯片增加利用艺术字制作的水印效果，水印文字中应包含"员工守则"字样，并旋转一定的角度。

（4）为第 3 张幻灯片左侧的文字"必遵制度"加入超链接，链接到 Word 素材文件"必遵制度.docx"。

（5）根据第 5 张幻灯片左侧的文字内容创建一个组织结构图，结果应类似 Word 样例文件"组织结构图样例.docx"中所示，并为该组织结构图添加"轮子"动画效果。

（6）为演示文稿设置不少于 3 种幻灯片切换方式。

（7）将制作完成的演示文稿以"入职培训.pptx"为文件名进行保存。

3．打开已有的演示文稿 yswg.pptx，按照下列要求完成对此文稿的制作：

（1）使用"暗香扑面"演示文稿设计主题修饰全文。

（2）将第 2 张幻灯片版式设置为"标题和内容"，把这张幻灯片移为第 3 张幻灯片。

（3）为 3 张幻灯片设置动画效果。

（4）要有两个超链接进行幻灯片之间的跳转。

（5）演示文稿播放的全程需要有背景音乐。

（6）将制作完成的演示文稿以 bx.ppttx 为文件名进行保存。

4．请根据提供的"入职培训.pptx"文件对制作好的文稿进行美化，具体要求如下：

（1）将第 1 张幻灯片设为"节标题"，并在其中插入一幅人物剪贴画。

（2）为整个演示文稿指定一个恰当的设计主题。

（3）为第 2 张幻灯片上面的文字"公司制度意识架构要求"加入超链接，链接到 Word 素材文件"公司制度意识架构要求.docx"。

（4）在该演示文稿中创建一个演示方案，该演示方案包含第 1、3、4 张幻灯片，并将该演示方案命名为"放映方案 1"。

（5）为演示文稿设置不少于 3 种幻灯片切换方式。

（6）将制作完成的演示文稿以"入职培训.pptx"为文件名进行保存。

5．为了更好地控制教材编写的内容、质量和流程，小李负责起草了图书策划方案。他将图书策划方案 Word 文档中的内容制作成了可以向教材编委会进行展示的 PowerPoint 演示文稿。现在，请你根据已制作好的演示文稿"图书策划方案.pptx"完成下列要求：

（1）为演示文稿应用一个美观的主题样式。

（2）将演示文稿中的第 1 张幻灯片调整为"仅标题"版式，并调整标题到适当的位置。

（3）在标题为"2012 年同类图书销量统计"的幻灯片中插入一个 6 行 6 列的表格，列标题分别为"图书名称""出版社""出版日期""作者""定价""销量"。

（4）为演示文稿设置不少于 3 种幻灯片切换方式。

（5）在该演示文稿中创建一个演示方案，该演示方案包含第 1、3、4、6 张幻灯片，并将该演示方案命名为"放映方案 1"。

（6）演示文稿播放的全程需要有背景音乐。

（7）保存制作完成的演示文稿，并将其命名为 PowerPoint.pptx。

参考文献

[1] 教育部高等学校计算机基础课程教学指导委员会. 高等学校计算机基础核心课程教学实施方案[M]. 北京：高等教育出版社，2011.

[2] 古燕. 全国计算机等级考试二级教程——MS Office 高级应用（2018 版）[M]. 北京：高等教育出版社，2017.

[3] 未来教育教学与研究中心. 全国计算机等级考试上机考试题库：二级 MS Office 高级应用[M]. 成都：电子科技大学出版社. 2018.

[4] 刘卫国，杨长兴. 大学计算机[M]. 4 版. 北京：高等教育出版社，2017.

[5] 谢兵，刘远军，牛莉. 大学计算机基础教程[M]. 长沙：中南大学出版社，2016.